AF571084

EUL
VERLAG

Biologische und organisationale Resilienz

Das menschliche Immunsystem als Inspirationsquelle resilienter Verhaltensmuster

J. Felix Rippel

Vollständiger Abdruck der von der Fakultät für Wirtschafts- und Organisationswissenschaften der Universität der Bundeswehr München zur Erlangung des akademischen Grades eines

Doktors der Wirtschafts- und Sozialwissenschaften (Dr. rer. pol.)

genehmigten Dissertation.

Gutachter/Gutachterin:

1. Univ.-Prof. Dr. Hans A. Wüthrich
2. Univ.-Prof. Dr. Stephan Kaiser

Die Dissertation wurde am 30.10.2016 bei der Universität der Bundeswehr München eingereicht und durch die Fakultät für Wirtschafts- und Organisationswissenschaften am 21.03.2017 angenommen. Die mündliche Prüfung fand am 26.04.2017 statt.

Schriften des Instituts für Entwicklung zukunftsfähiger Organisationen · Band 8
Herausgegeben von Prof. Sonja A. Sackmann, Ph. D., Prof. Dr. Stephan Kaiser, Prof. Dr. Hans A. Wüthrich und Prof. Dr. Axel Schaffer, Universität der Bundeswehr München

J. Felix Rippel

Biologische und organisationale Resilienz

Das menschliche Immunsystem als Inspirationsquelle resilienter Verhaltensmuster

Mit einem Geleitwort von
Prof. Dr. Hans A. Wüthrich, Universität der Bundeswehr München

Bibliografische Information der Deutschen Nationalbibliothek

Die Deutsche Nationalbibliothek verzeichnet diese Publikation in der Deutschen Nationalbibliografie; detaillierte bibliografische Daten sind im Internet über <http://dnb.d-nb.de> abrufbar.

Dissertation, Universität der Bundeswehr München, 2017

ISBN 978-3-8441-0518-6
1. Auflage Juli 2017

JOSEF EUL VERLAG GmbH
Brandsberg 6
53797 Lohmar
Tel.: 0 22 05 / 90 10 6-80
Fax: 0 22 05 / 90 10 6-88
E-Mail: info@eul-verlag.de
https://www.eul-verlag.de

Bei der Herstellung unserer Bücher möchten wir die Umwelt schonen. Dieses Buch ist daher auf säurefreiem, 100% chlorfrei gebleichtem, alterungsbeständigem Papier nach DIN 6738 gedruckt.

Geleitwort

Resilienz muss zum Ersatz werden für das längst uneinlösbar gewordene Versprechen von Stabilität.

Dennis J. Snower

Die Thematik der Resilienz bildet Gegenstand vieler wissenschaftlicher Disziplinen. In jüngster Zeit haben auch die Forschungsbemühungen und das Wissen in der Betriebswirtschaftslehre zur organisationalen Resilienz zugenommen. Nach Finke bedeutet Resilienz »*... die Belastbarkeit eines Systems durch und seine Elastizität gegenüber Störungen*« von außen. Je nach Anwendungsfeld lassen sich verschiedene Formen der Resilienz erkennen. In der Technik steht die engineering resilience für die Fähigkeit des Systems, nach einem Schock wieder ins Gleichgewicht zu kommen. Bei Unternehmen gibt es dieses stabile Gleichgewicht nicht. Die organisationale Resilienz stellt somit die Fähigkeit einer Organisation dar, mit Schocks und Störungen selbstregulierend so umzugehen, dass die Vitalität des Systems erhalten bleibt.

Da der Ansatz für realwissenschaftliche Phänomene von Bedeutung ist, liegt es nahe, das menschliche Immunsystem als Inspirationsquelle zur Verbesserung organisationaler Resilienz zu nutzen. Hier setzt die interdisziplinäre Arbeit von Herrn Felix Rippel an, in dem er versucht, resiliente Verhaltensmuster zu erkennen. Im Zentrum steht die forschungsleitende Fragestellung was Organisationen vom menschlichen Immunsystem und dessen Umgang mit komplexen unsicheren Situationen lernen können.

Mit den detektierten komplexitätsreduzierenden und komplexitätsbewältigenden Meta-Routinen gelingt Felix Rippel eine wertvolle Perspektivenerweiterung. Er weist nach, dass resiliente Verhaltensmuster die Abkehr von starren Gebilden und ein ausgeprägtes Maß an Selbstorganisationsfähigkeit bedingen. Ich wünsche den postulierten Ideen die verdiente Verbreitung und Resonanz in der Wissenschaft und Praxis.

München, im Juli 2017 Univ.-Prof. Dr. Hans A. Wüthrich

Vorwort

Es gibt auf der Welt kaum ein schöneres Übermaß als das der Dankbarkeit.

Jean de La Bruyère

Die vorliegende Arbeit ist das Ergebnis einer erkenntnisreichen Reise, an deren Ende ich meine Dankbarkeit gegenüber den Menschen ausdrücken möchte, die mich hierbei begleitet haben.

Mein erster Dank gilt meinem Doktorvater Herrn Univ.-Prof. Dr. Hans A. Wüthrich für die geduldige und vertrauensvolle Betreuung meiner Arbeit sowie für die fortwährende Ermutigung, das eigene Denken zu hinterfragen. Ebenso bedanke ich mich bei Herrn Univ.-Prof. Dr. Stephan Kaiser für die Übernahme des Zweitgutachtens und für die wertvollen inhaltlichen sowie methodischen Hinweise.

Diese Arbeit wäre nicht möglich gewesen ohne die fruchtbaren Gespräche mit Herrn Univ.-Prof. Dr. Tobias Bopp. Ihm verdanke ich den detaillierten Einblick in das menschliche Immunsystem. Des Weiteren gilt mein Dank meinen Interviewpartnern. Ihre Ehrlichkeit und Offenheit haben es mir erlaubt, meine konstruierten Erkenntnisse aus einer praxisrelevanten Perspektive zu reflektieren.

Mein besonderer Dank gilt meiner Partnerin Lisa Eiserloh. Über den gesamten Entstehungsprozess dieser Arbeit war sie mein bedeutendster Kritiker wie auch wichtigster „Sparringspartner" und stand jederzeit geduldig und verständnisvoll an meiner Seite. Auch gilt mein herzlicher Dank meinen Eltern Karin Eberhart und Frank Rippel, die mich nicht nur im Rahmen dieser Arbeit bedingungslos unterstützt haben.

Mainz, im Oktober 2016

Jan Felix Rippel

Lisa, Karin und Frank

Inhaltsübersicht

Inhaltsverzeichnis

Abbildungsverzeichnis

Abkürzungsverzeichnis

Ag	Antigen
AG	Aktiengesellschaft
AK	Antikörper
Anm. d. Verf.	Anmerkung des Verfassers
Aufl.	Auflage
BALT	bronchio-associated lymhoid tissue (*dt.* bronchio-alveolar assoziiertes lymphatisches Gewebe)
BCR	B cell antigen receptor (*dt.* B-Zell-Rezeptor)
Bd.	Band
bzw.	beziehungsweise
CEO	chief executive officer
CIRS	Critical Incident Reporting System
CRP	C-reaktives Protein
CTL	cytotoxischer T-Lymphozyt
d. h.	das heißt
DC	dendritic cell (*dt.* dendritische Zelle)
dt.	deutsch
et al.	et alii; et aliae; et alia (*dt.* und andere)
etc.	et cetera (*dt.* und so weiter)
f.	folgende
ff.	fortfolgende
gAG	gemeinnützige Aktiengesellschaft

GALT	gut-associated lymphoid tissue (*dt.* Darm-assoziiertes lymphatisches Gewebe)
gGmbH	gemeinnützige Gesellschaft mit beschränkter Haftung
GM-CSF	granulocyte-macrophage colony-stimulating factor (*dt.* Granulozyten-Makrophagen-Kolonie-stimulierender Faktor)
Hervorh. i. O.	Hervorhebung im Original
Hrsg.	Herausgeber
IFN	Interferon
Ig	Immunglobulin
IL	Interleukin
iT_{reg}-Zelle	induzierte regulatorische T-Zelle
JAK	Janus-Kinase
MALT	mucosa-associated lymphoid tissue (*dt.* Mucosa-assoziiertes lymphatisches Gewebe)
MBL	Mannose bindendes Lektin
MHC	major histocompatibility complex (*dt.* Haupthistokompatibilitätskomplex)
NALT	nasopharynx-associated lymphoid tissue (*dt.* Nasen-assoziiertes lymphatisches Gewebe)
NK-Zelle	Natürliche Killer-Zelle
o. ä.	oder ähnliche[s]
PAMP	pathogen-associated molecular patterns (*dt.* pathogen-assoziierte molekulare Muster)
PRR	pathogen recognition receptor (*dt.* Mustererkennungsrezeptor)
S.	Seite
s.l.	sine loco (*dt.* ohne Ortsangabe)

SALT	skin-associated lymphoid tissue (*dt.* Haut-assoziiertes lymphatisches Gewebe)
TCR	T cell antigen receptor (*dt.* T-Zell-Rezeptor)
TGF	transforming growth factor (*dt.* transformierender Wachstumsfaktor)
T_H-Zelle	T-Helferzelle
TNF	Tumornekrosefaktor
T_{reg}-Zelle	regulatorische T-Zelle
u. a.	unter anderem
usf.	und so fort
usw.	und so weiter
vgl.	vergleiche

Teil I: Einleitung

1.1 Relevanz und forschungsleitende Fragestellung der Arbeit

Der Blick in die Tageszeitungen konfrontiert den Leser tagtäglich mit Meldungen über Naturkatastrophen, Terroranschläge, geopolitische Konflikte und andere Krisenherde. Solche Ereignisse, ob humanitärer oder wirtschaftlicher Natur, nehmen einen festen Platz im Alltag von Individuen, aber auch in Organisationen ein. Neben ihren verheerenden und tragischen Konsequenzen haben solche Krisen gemeinsam, dass sie für einen Großteil der Betroffenen unvorhersehbar sind und existenziell bedrohende Ausmaße annehmen können.

Die Auswirkungen lokaler disruptiver Ereignisse sind durch die voranschreitende Globalisierung und die damit einhergehenden Verflechtungen nicht mehr nur regional limitiert, sondern strahlen oftmals global aus. Insbesondere für Unternehmen können Krisen durch komplexe internationale Verbindungen ungeahnte Folgen haben. So führte im Jahr 2011 die Nuklearkatastrophe von Fukushima (Japan) dazu, dass die deutsche Politik sich dazu gezwungen sah, einen unverzüglichen Atomausstieg zu verkünden. Als Folge wurden Energiekonzerne wie EON und RWE zum einen mit milliardenschweren Abschreibungen und zum anderen mit der zwingenden Überarbeitung ihrer gesamten Businessmodelle konfrontiert.[1] Die Terroranschläge von 9/11 in New York (USA) verursachten eine branchenweite Krise in der Luftfahrtindustrie, in der als Konsequenz u. a. US Airways Konkurs anmelden musste.[2] Geopolitische Krisen wie die Krim-Annexion und die darauffolgenden Sanktionen gegen Russland sowie die damit einhergehende russische Wirtschaftskrise erschweren Geschäfte deutscher Unternehmen beträchtlich.[3]

Es bedarf aber nicht zwangsweise Katastrophen in solch einem verheerenden Ausmaß, um eine Unternehmenskrise herbeizuführen. Auch das Zusammenkommen von an sich kleinen Krisenherden kann sich zu einem unvorhersehbaren Ereignis akkumulieren. Im Jahr 2013 fiel über mehrere Tage das Eisenbahnstellwerk am Mainzer Hauptbahnhof aus und sorgte für „das größte Chaos der Firmengeschichte"[4] der Deutschen Bahn. Ursache dafür war eine unerwartete Kombination aus einem hohen Krankenstand und zahlreichen Urlaubstagen der Belegschaft, was dazu führte, dass nicht ausreichend Personal zur Verfügung stand. Zwar vermerkten Kritiker in diesem Fall, dass eine solche Krise abzusehen war, die Deutsche Bahn

---

1 Vgl. u. a. Student 2014, Student 2015a sowie Student 2015b.
2 Vgl. Gittell et al. 2006, S. 308.
3 Vgl. u. a. manager magazin 2015a, manager magazin 2015b sowie manager magazin 2015c.
4 Vgl. Patalong 2016.

wurde offensichtlich jedoch völlig unvorbereitet von dieser Verstrickung von Ereignissen getroffen.[5]

Die Komplexität und Unsicherheit ihrer Umwelt stellt Organisationen somit kontinuierlich vor Herausforderungen, sodass Unternehmenskrisen unterschiedlichster Intensität mittlerweile zum beruflichen Alltag gehören. Dabei grassiert das Empfinden, dass die Häufigkeit solcher Ereignisse in den letzten Jahren stetig angestiegen ist. Entsprechend schreibt Thießen, dass „[...] Krisen [..] nicht mehr als ein für Unternehmen normales Phänomen [sind]. Die spannende Frage ist somit nicht, ob die Anzahl Krisen zugenommen hat oder nicht, sondern wie sie eintreffen und man mit ihnen umgeht."[6]

Besonders plötzlich auftretende, von Unsicherheit geprägte Krisen verursachen erhebliche Schäden und stellen eine große Gefahr für Unternehmen dar. Aufgrund ihrer Unabsehbarkeit sind die Möglichkeiten für präventive Maßnahmen stark limitiert. Ferner befassen sich Modelle des Risikomanagements vorwiegend mit Krisen, die zu einem gewissen Grad absehbar sind,[7] und können daher in unsicheren Situationen schnell an ihre Grenzen stoßen. Organisationen sind deshalb aufgrund des unkalkulierbaren Charakters solcher Krisen nicht in der Lage, diese proaktiv zu neutralisieren. Stattdessen sollten Unternehmen akzeptieren, dass Situationen möglich sind, in denen ausschließlich reaktiv agiert werden kann. Demnach ist es entscheidend, Fähigkeiten zu entwickeln, die es Organisationen ermöglichen, nach Erschütterungen unverzüglich wieder in einen Gleichgewichtszustand zu kommen. Eben jene Fertigkeiten werden durch die organisationale Resilienz beschrieben. In der Resilienzforschung sind viele unterschiedliche detaillierte Begriffsverständnisse aufzufinden. Zusammengefasst können sie als die Fähigkeit einer Organisation beschrieben werden, im Angesicht einer Krise die Identität zu wahren, sich den neuen Umständen anzupassen und einen neuen Gleichgewichtszustand herzustellen.[8]

Die existierende Literatur zur organisationalen Resilienzforschung befasst sich umfassend mit den Treibern der Resilienz und, damit zusammenhängend, mit der Gestaltung resilienter Organisationen[9] sowie der Rolle des Menschen[10] in diesen. Der konkreteren Ausgestaltung resilienter Verhaltensmuster wurde dagegen weit weniger Beachtung geschenkt. Lengnick-Hall

---

5 Vgl. u. a. Schwenn 2013.
6 Thießen 2013, S. 5.
7 Vgl. u. a. Berthod et al. 2013, S. 144 sowie Müller-Seitz 2014, S. 111. Auf die Charakteristika des Risikomanagements wird an späterer Stelle näher eingegangen (vgl. Abschnitt 4.2.1.2).
8 Teil II widmet sich der Aufgabe, für die vorliegende Arbeit ein einheitliches Begriffsverständnis zu konstruieren.
9 Vgl. u. a. Weick 1993, Handmer und Dovers 1996, Weick et al. 1999, Fiksel 2003, Hamel und Välikangas 2003, Kendra und Wachtendorf 2003, Sutcliffe und Vogus 2003 sowie Crichton et al. 2009.
10 Vgl. u. a. Hind et al. 1996, Horne III und Orr 1998, Mallak 1998, Coutu 2002, Gittel et al. 2006, Lengnick-Hall und Beck 2009, Lengnick-Hall et al. 2011 sowie Ungericht und Wiesner 2011.

et al.[11] beschreiben zwar die Bedeutung von Routinen, also von repetitiven Handlungsmustern[12], oder Crichton et al.[13] den Mehrwert von Vorbereitungen und gehen damit grob auf ein Ablaufmuster resilienten Verhaltens ein. Jedoch existieren, soweit bekannt, keine Arbeiten, die sich umfassend und detailliert mit der Aufbau- und Ablaufstruktur resilienter Verhaltensmuster befassen.

Diese Einschätzung des aktuellen Forschungsstandes stimmt weitestgehend mit der Auffassung von Müller-Seitz überein.[14] In seinem Beitrag „Von Risiko zu Resilienz – Zum Umgang mit Unerwartetem aus Organisationsperspektive“ geht er der Frage nach, ob sich eine Auseinandersetzung mit dem Unerwarteten lohnt, indem er den Stand der Forschung sowie gängige Ansätze in der Managementpraxis analysiert. Dabei kommt er zu dem Schluss, „[...] dass nicht nur konzeptionelle Fragen offen sind, sondern auch die Vorbereitung auf unerwartete Ereignisse in der Managementpraxis auf Basis gängiger Konzepte häufig unzureichend sind.“[15] Forschungsbemühungen in diesem Bereich widmen sich zumeist lediglich der Betrachtung von Risiken.[16] Der Autor fordert daher mehr Aufmerksamkeit für den Umgang mit unsicheren Ereignissen und plädiert für eine stärkere Auseinandersetzung mit der Thematik der organisationalen Resilienz.[17] Denn nach Müller-Seitz „[...] ist es erstaunlich, dass dieses Phänomen der Unsicherheit bis dato [...] aus Sicht des Managements kaum näher untersucht wurde, hat es doch für die Überlebens- und Zukunftsfähigkeit von Organisationen eine zentrale Bedeutung.“[18]

Ausgehend von der beschriebenen praxisrelevanten Problematik sowie der identifizierten Forschungslücke in der organisationalen Resilienzforschung strebt die vorliegende Arbeit an, einen Beitrag zu diesem Forschungsgebiet und einen ersten Schritt zur explorativen Erforschung der besagten Lücke zu liefern.

Die wissenschaftstheoretische Relevanz einer Arbeit im Bereich der Betriebswirtschaftslehre ergibt sich nach der Auffassung von Ulrich, der die Betriebswirtschaftslehre als anwendungsorientierte Sozialwissenschaft beschreibt, aus einer praxisrelevanten Problematik. Der angestrebte Beitrag liegt, im Gegensatz zu theoretischen Wissenschaften, nicht in der Beschreibung bestehender Rahmenbedingungen, sondern in der Konstruktion alternativer Realitäten. Forschungskriterien sind dabei nicht die Allgemeingültigkeit, das Erklärungspotenzial oder die

[11] Vgl. Lengnick-Hall und Beck 2005, Lengnick-Hall und Beck 2009 sowie Lengnick-Hall et al. 2011.
[12] Vgl. Feldman und Pentland 2003, S. 96.
[13] Vgl. Crichton et al. 2009.
[14] Vgl. Müller-Seitz 2014.
[15] Müller-Seitz 2014, S. 104.
[16] Vgl. Müller-Seitz 2014, S. 103.
[17] Vgl. Müller-Seitz 2014, S. 104.
[18] Müller-Seitz 2014, S. 103.

Prognosekraft einer Theorie, sondern die Anwendbarkeit und Nützlichkeit konstruierter Erkenntnisse.[19, 20] Von diesem Verständnis der Betriebswirtschaft ausgehend, stellt der resiliente Umgang mit komplexen unsicheren Situationen und Krisen in Organisationen die zentrale Problemstellung dieser Arbeit dar.

Begriffe wie „Krise“ und „Unsicherheit“ werden im allgemeinen Sprachgebrauch oftmals sehr weit gefasst und unspezifisch genutzt. Daher soll im Folgenden das hiesige Begriffsverständnis genauer abgegrenzt werden. Die etymologische Abstammung des Wortes Krise scheint auf das griechische Wort „Krisis“ zurückzugehen, welches allgemein einen Wendepunkt einer bis dahin kontinuierlichen Entwicklung beschreibt.[21] In der Literatur des Krisenmanagements wird der Begriff von Schreyögg mithilfe von vier Kernelementen dargestellt: eine Krise sei ein unerwartetes, außergewöhnliches Ereignis; eine Krise beschreibe eine existenzbedrohende Entwicklung für eine Organisation; eine Krise biete nur einen engen Zeitrahmen, um Gegenmaßnahmen einzuläuten; eine Krise besitze eine unbestimmte Kausalität.[22] Schreyögg weist darauf hin, dass diese Auffassung durchaus als umstritten angesehen werden kann[23] und etliche weitere Begriffsverständnisse existieren, die zum Teil den Begriff wesentlich weiter fassen.[24, 25] So beschreiben Krystek und Lentz Unternehmenskrisen

> „[...] als ungeplante und ungewollte Prozesse von begrenzter Dauer und Beeinflussbarkeit sowie mit ambivalentem Ausgang [..]. Sie sind in der Lage, den Fortbestand des gesamten Unternehmens substanziell und nachhaltig zu gefährden oder sogar unmöglich zu machen.“[26]

Eine Krise ist nach dieser Auffassung, im Gegensatz zu Schreyögg, nicht explizit als unerwartetes Ereignis beschreibbar. Diese differenzierte Sichtweise ist für das hier vertretende Verständnis der Unsicherheit von Relevanz, da das Ausmaß an Unsicherheit entscheidenden Einfluss auf den Krisenbewältigungsprozess hat und bestimmt, inwieweit sich ein Unternehmen auf eine spezifische Krise vorbereiten kann.

---

19 Vgl. Ulrich 2001a, S. 29 sowie Ulrich 2001b, S. 463 ff.

20 An dieser Stelle sei für eine detailliertere Ausführung über die Betriebswirtschaftslehre als anwendungsorientierte Sozialwissenschaft auf Ulrich 2001a und 2001b verwiesen. Dabei ist darauf hinzuweisen, dass Ulrichs Begriffsverständnis von dem der klassischen Betriebswirtschaftslehre abweicht. Ulrich spricht deshalb auch vermehrt von der Managementlehre, die sich mit der Gestaltung, Lenkung und Entwicklung zweckgerichteter sozialer Systeme befasst (vgl. Ulrich 2001b, S. 460).

21 Vgl. Krystek und Lentz 2013, S. 30 sowie die dort aufgeführte Quelle Fink 2002, S. 15.

22 Vgl. Schreyögg 2004, S. 13 f.

23 Dabei werden sowohl die definitorischen Merkmale des Unerwarteten, der Zeitdruck und die existenzielle Bedrohung als auch die negative Konnotation der Krise ausführlich diskutiert (vgl. Schreyögg 2004, S. 14 f., Schreyögg und Ostermann 2013, S. 120 sowie die dort aufgeführte Literatur).

24 Vgl. Schreyögg 2004, S. 14 f.

25 Schreyögg und Ostermann verweisen auf Pearson und Clair als Vertreter einer der umfassendsten Krisendefinitionen (vgl. Schreyögg und Ostermann 2013, S. 120). „An organizational crisis is a low-probability, high-impact event that threatens the viability of the organization and is characterized by ambiguity of cause, effect, and means of resolution, as well as by a belief that decisions must be made swiftly.“ (Pearson und Clair 1998, S. 60).

26 Krystek und Lentz 2013, S. 31. Vgl. dazu auch Krystek 1981, S. 6 f.

Auch der Begriff der Unsicherheit wird im alltäglichen Sprachgebrauch sehr generisch und umfassend verwendet. Knight hingegen umschreibt ein konkretes Begriffsverständnis und differenziert dabei die Begriffe „Risiko“ und „Unsicherheit“.[27] Der Begriff „Risiko“ kann seiner Auffassung folgende zwei unterschiedlichen Ausprägungen annehmen: das A-priori-Risiko und das statistische Risiko. Erstgenanntes beschreibt Ereignisse, deren Eintrittswahrscheinlichkeit exakt vorherzusagen ist. Diese Form des Risikos hält Knight jedoch im organisationalen Alltag für praktisch irrelevant, wohingegen das Zweitgenannte, das statistische Risiko, häufiger auftritt.[28, 29] Es umschreibt Ereignisse, deren Eintrittswahrscheinlichkeit induktiv aufgrund vorheriger Beobachtungen abgeschätzt werden kann.[30] Unsicherheit dagegen charakterisiert Knight als Extremfall, der als unvorhersehbar sowie undenkbar betrachtet wird und dessen Eintrittswahrscheinlichkeit nicht statistisch erfasst werden kann.[31, 32] Dabei ist die Empfindung des Unvorstellbaren und ebenso des Unsicheren abhängig von der subjektiven Wahrnehmung eines Beobachters. Somit ist sie stets eine relative Beschreibung einer Situation, die abhängig von vergangenen Erfahrungen, dem Wissen und der Kreativität – genauer gesagt: der Vorstellungskraft einer Person – sein soll.[33] Demnach kann ein Sachverhalt, der für die eine Person etwas Unvorstellbares wäre, für einen Visionär eine denkbare Zukunft sein.

Für die Erkundung der beschriebenen Forschungslücke verfolgt die Arbeit einen interdisziplinären Ansatz. Immer wieder haben sich Wissenschaftler bei der Lösungsfindung von anderen Wissenschaften inspirieren lassen. Dabei wurde von Wirtschaftswissenschaftlern des Öfteren die Biologie als Inspirationsquelle genutzt.[34] Beobachtbare biologische Phänomene haben sich zum Teil über Millionen von Jahren bewährt, sodass der Versuch naheliegt, diese näher

---

27 Vgl. Knight 1971.

28 Vgl. Knight 1971, S. 215.

29 Aufgrund der Irrelevanz des A-priori-Risikos im organisationalem Alltag bezieht sich die Verwendung des Begriffes des Risikos im weiteren Verlauf der Arbeit von nun an stets auf das statistische Risiko.

30 Häberle beschreibt den Begriff „Risiko“, übereinstimmend mit Knights statistischem Risiko, als „[...] die *Unsicherheit* der Realisation einer betrachteten Größe in Abhängigkeit des Eintritts verschiedener, künftiger Umweltzustände“, dabei sind „die Eintrittswahrscheinlichkeiten der möglichen Zustände sicher und objektiv bekannt.“ (Häberle 2008, S. 1100, Hervorh. i. O.)

31 Vgl. Knight 1971, S. 19 ff. und ausführlicher 198 ff.

32 Dequech verwendet in seinen Arbeiten den Begriff der fundamentalen Unsicherheit (vgl. Dequech 1999 sowie 2000). Eine solche Situation lässt sich durch die Abstinenz von essenziellen Informationen über zukünftige Geschehnisse beschreiben (vgl. Dequech 1999, S. 415 f.). Zwar geht Dequech mit seiner Auffassung von Unsicherheit nicht so weit wie Knight, der absolute Unwissenheit bezüglich zukünftiger Entwicklungen impliziert (vgl. Dequech 1999, S. 416), dennoch können keine verlässlichen Aussagen über die potenziellen Folgen von Entscheidungen getroffen werden (vgl. Dequech 1999, S. 419).

33 Vgl. Dequech 1999, S. 421 ff.

34 In ihrem Artikel „Zur Übertragung biologischer Konzepte in die Betriebswirtschaft“ bieten beispielsweise Brösel et al. einen Überblick über das von der Biologie inspirierte Lebenszykluskonzept sowie über die evolutionstheoretischen Ansätze (vgl. Brösel et al. 2007). Beispielhaft für interdisziplinäre, von der Biologie inspirierte Ansätze sei hier auch auf Kirsch verwiesen. Kirsch übernimmt den aus der Biologie stammenden Begriff der Evolution und befasst sich in mehreren Werken mit einer evolutionären Organisationstheorie (vgl. u. a. Kirsch et al. 2009 sowie Kirsch et al. 2010). Auch der Forschungsgegenstand vorliegender Arbeit, die organisationale Resilienz, entstammt u. a. der Ökologie (vgl. u. a. hierzu Holling 1973).

zu analysieren, zu erfassen und entsprechende Besonderheiten und Muster auf die Betriebswirtschaftslehre zu übertragen.

Um den Umgang mit komplexen unsicheren Ereignissen genauer zu beleuchten und bewährte Verhaltensweisen zu analysieren, wird in dieser Arbeit das menschliche Immunsystem als Vorbild zugrunde gelegt. Für den Menschen ergeben sich tagtäglich unzählige Berührungspunkte mit Krankheitserregern, die durch Verletzungen der Haut, durch Mund, Augen, Nase oder auf anderem Wege in den Organismus gelangen. Im Körper eingedrungen gefährden diese Erreger die Überlebensfähigkeit des Organismus, weshalb sie schnellstmöglich eliminiert werden müssen. Die Aufgabe des Immunsystems als Abwehrmechanismus des menschlichen Körpers ist es deshalb, jegliche Krankheitserreger zu bekämpfen und so das Überleben zu wahren und Kollateral- und Folgeschäden weitestgehend zu vermeiden. Dabei bedient sich das System eines komplexen Ablaufes unterschiedlicher Mechanismen und einer vielseitigen Zusammenarbeit zahlreicher Immunzellen. Der Fortbestand der Spezies „Mensch" über eine Zeitspanne von über zwei Millionen Jahren dient als Nachweis für den Erfolg dieses „Krisenmanagements".[35]

Aufgrund von Beobachtungen ausschließlich reaktiver Aktivitäten kann davon ausgegangen werden, dass das Immunsystem keine Voraussagen treffen kann, zu welchem Zeitpunkt sich der menschliche Organismus mit welchem Typ von Erreger infiziert. Somit kann das Eintreten einer solchen Krise als nicht vorhersehbar beschrieben werden. Die Tatsache, dass der menschliche Organismus per se über Mechanismen zur Abwehr von Erregern verfügt, deutet aber darauf hin, dass dieser antizipiert, dass eine Infektion mit Krankheitserregern prinzipiell nicht auszuschließen ist. Das Immunsystem hat sich gerade im Laufe der Evolution als Reaktion auf mögliche Entzündungen entwickelt. Dieser Umstand ist vergleichbar mit dem eines Unternehmens. Auch wenn einzelne Ereignisse im Sinne des Knight'schen Verständnis von Unsicherheit zum Teil undenkbar sind und eine Vorbereitung auf diese explizite Situation nicht möglich ist, so sind sich Organisationen in der Regel dennoch des Unvorhersehbaren bewusst.

Diesem interdisziplinären Ansatz folgend und das menschliche Immunsystem als Inspirationsquelle nehmend, ergibt sich für die Auseinandersetzung mit der beschriebenen praxisrelevanten Problematik folgende forschungsleitende Fragestellung.

> Was können Organisationen vom menschlichen Immunsystem und dessen Umgang mit komplexen unsicheren Situationen lernen?

---

[35] Ferger (2004) hat beispielsweise diesen Erfolg des Immunsystems als Vorbild genommen, um Ideen zur operativen Gestaltung eines lernenden Systems und zur Fehlerbekämpfung abzuleiten. In seinem Beitrag orientiert er sich an der groben Wirkungsweise des Immunsystems, geht dabei aber nicht weiter auf die Aufbau- und Ablaufstrukturen sowie die generische Mechanik des Immunsystems ein.

Für die Beantwortung dieser Frage wurde diese, kongruent zum Aufbau der Arbeit, in vier Unterfragen untergliedert.

(1) Was ist unter dem Begriff der organisationalen Resilienz zu verstehen?
(2) Welche Meta-Prinzipien lassen sich in den Verhaltensmustern des Immunsystems zur Abwehr von Krankheitserregern beobachten? Welche Aufbau- und Ablaufstrukturen besitzen diese Verhaltensmuster?
(3) Inwieweit ist das Immunsystem ein resilientes System?
(4) Inwieweit lassen sich die Prinzipien in den Verhaltensmustern des Immunsystems auf eine Organisation übertragen und welche Auswirkungen hätte ihre Integration in ein Unternehmen auf dieses?

Ziel der Arbeit ist die Identifizierung resilienter Verhaltensmuster mithilfe einer kybernetischen Analyse des menschlichen Immunsystems und, darauf aufbauend, die Entwicklung eines Entwurfs zur Gestaltung resilienter Organisationen. Die vorliegende Arbeit soll somit einen Beitrag zur andauernden Diskussion über die Resilienzfähigkeit von Unternehmen leisten, wobei die Skizzierung resilienter Aufbau- und Ablaufstrukturen zur Gestaltung eines resilienten Unternehmens sowie die Spezifik des gewählten Ansatzes hervorzuheben ist.

1.2 Forschungsdesign

1.2.1 Epistemologische Verortung – der radikale Konstruktivismus

Die grundlegende epistemologische Basis dieser Arbeit ist die Philosophie des radikalen Konstruktivismus[36]. Diesem folgend, ist die Wahrnehmung der Realität ein Konstrukt eines subjektiven Beobachters. Das beobachtende Subjekt nimmt mit seinen Sinnen Reize aus der Umwelt wahr, die aber erst durch die kognitive Verarbeitung im Kopf eine Rekonstruktion des Wahrgenommenen zeichnen.[37] So schreibt Heinz von Foerster: *„Die Umwelt, die wir wahrnehmen, ist unsere Erfindung.“*[38] Nach dieser Auffassung ist Wissen immer abhängig von dem Beobachter, dessen Standpunkt, seinem Verstand sowie seinen individuellen Erfahrungswerten und letztendlich kein wertneutrales Abbild der Realität.[39] Winter beschreibt die Position des radikalen Konstruktivismus wie folgt:

[36] Die Philosophie des Konstruktivismus besitzt kein einheitliches Begriffsverständnis, stattdessen ist sie ein Sammelbegriff für unterschiedliche Ansätze. Für eine detaillierte Ausführung der verschiedenen konstruktivistischen Richtungen sei an dieser Stelle auf Winter 1999, S. 41 ff. verwiesen.

[37] Vgl. Schmidt 1988, S. 14 ff. sowie Foerster 1994, S. 30 ff.

[38] Foerster 1994, S. 26, Hervorh. i. O. Damit übereinstimmend schreibt Schmidt: „Welt ist Welt, wie wir sie sehen, sie ist *Erfahrungswirklichkeit*.“ (Schmidt 1988, S. 18, Hervorh. i. O.)

[39] Vgl. Schmidt 1988, S. 15 f. sowie Winter 1999, S. 53 ff. Mir und Watson schreiben damit übereinstimmend: „Thus, constructivists challenge the notion that research is conducted by impartial, detached, value-neutral

> „Dem radikalen Konstruktivismus geht es nicht mehr um die Frage nach dem ‚was' in der Realität ‚ist', sondern wie die Wirklichkeiten von Beobachtern beschaffen sind und wie diese ihr Wissen über ihre Wirklichkeiten aufbauen. So gesehen versteht sich der radikale Konstruktivismus und mit ihm die Theorie des Beobachters ausschließlich als Lehre vom Wissen und nicht als eine Lehre vom beobachterunabhängigen Sein. Es geht nur um das Wissen wie, nicht um das Wissen was."[40]

Damit trennt der radikale Konstruktivismus konsequent[41] die Epistemologie, also die Theorie des Wissens, von der Ontologie, der Theorie des Seins, und zielt folglich nicht auf Aussagen ab, ob etwas existiert oder nicht.[42] Dieser Bruch hat zur Folge, dass nicht mehr von einer „absoluten, ontologischen Wahrheit"[43] ausgegangen werden kann, weshalb folglich auch keine Objektivität im ontologischen Sinne existiert.[44] Denn objektive Erkenntnisse erfordern das Vorhandensein einer bewusstseinsunabhängigen Realität, die jedoch durch die Existenz des Beobachters und seiner Konstruktion nicht gegeben ist.[45]

Mit der Abstinenz hinsichtlich der Objektivität und Allgemeingültigkeit stellt sich die Frage nach einem Gütekriterium zur Evaluierung von konstruiertem Wissen. Hierfür hat Glasersfeld den Begriff der Viabilität oder auch Gangbarkeit eingeführt.[46] Sie beschreibt, in welchem Ausmaße sich das von einem Beobachter konstruierte Wissen innerhalb der Bedingungen der relevanten Umwelt bewährt und sich in seiner Anwendung als praktikabel und Mehrwert stiftend erweisen kann. Dabei sollte es sich bei der Erklärung eines bestimmten Sachverhalts nicht in Widersprüche mit einzelnen Merkmalen der Realität verwickeln lassen.[47]

Selbst bereits bewährte Lösungswege werden nicht als idealtypische Lösung angesehen. Denn ein möglicher Lösungsweg schließt nicht aus, dass parallel weitere Ansätze existieren, die weitere viable Alternativen darstellen. „Darum kann, vom konstruktivistischen Gesichtspunkt aus, auch nie [...] eine bestimmte Lösung eines Problems oder eine bestimmte Vorstellung von einem Sachverhalt als die objektiv richtige oder wahre bezeichnet werden."[48] Der

subjects, who seek to uncover clearly discernable objects or phenomena. Rather, they view researchers as craftsmen, as toolmakers who are part of a network that creates knowledge and ultimately guides practice." (Mir und Watson 2000, S. 941) Mit der Bezeichnung des Wissenschaftlers als Handwerker unterstreichen sie den konstruierenden, erschaffenen Charakter des Forschers bei der Erkenntnisgewinnung.

40 Winter 1999, S. 56. Vgl. dazu auch Schmidt 1988, S. 13 ff.

41 Die Charakterisierung dieses Konstruktivismus als radikal liegt in diesem konsequenten Bruch mit der klassischen Ontologie begründet (vgl. Winter 1999, S. 54).

42 Vgl. Glasersfeld 1998a, S. 187.

43 Glasersfeld 2012, S. 31.

44 Vgl. Glasersfeld 2012, S. 31 f.

45 Maturana schreibt dazu: „Was immer gesagt wird, wird von einem Beobachter [...] gesagt [...]" (Maturana 1988, S. 91).

46 Vgl. Glasersfeld 2012, S. 18.

47 Vgl. Glasersfeld 2012, S. 18 ff. Vgl. dazu auch Ameln 2004, S. 93 ff.

48 Glasersfeld 2012, S. 32.

radikale Konstruktivismus wendet sich demzufolge ab von einem eindimensionalen hin zu einem mehrdimensionalen Verständnis von Wissen.[49]

Dies zugrunde legend, ergeben sich folgende Implikationen: Das Ziel dieser Arbeit besteht weder in der Formulierung einer idealtypischen Lösung für den Umgang mit komplexen unsicheren Situationen noch in der Präsentation eines allgemeingültigen Konzeptes resilienter Verhaltensmuster. Auch ist es nicht das Ziel, eine operative Anleitung zur Förderung der Resilienzfähigkeit eines Unternehmens zu schreiben. Vielmehr besteht der Anspruch darin, Impulse für eine gedankliche Auseinandersetzung und Reflexion der bestehenden Verhaltensweisen und Muster im Umgang mit unsicheren (Krisen-)Situationen zu setzen. Dabei soll ein Entwurf eines Transfers, genauer gesagt eine Skizze resilienter Verhaltensmuster, gezeichnet werden, die die Anforderung höchstmöglicher Viabilität erfüllt. Aufgrund der Abhängigkeit der konstruierten Erkenntnisse von der Subjektivität des Beobachters besteht ferner der Anspruch, den Prozess der Wissenskonstruktion durchgängig transparent zu gestalten, sodass jeder Schritt der Erkenntnisgenerierung für den Leser nachvollziehbar ist.

1.2.2 Methodologisches Vorgehen – das idiografisch-abduktive Forschen

Die in der vorliegenden Arbeit skizzierten Erkenntnisse werden mittels eines idiografisch-abduktiven Vorgehens konstruiert. Der idiografische Charakter zeigt sich in der Beschreibung einer Singularität, also einer zeitlich und räumlich einzigartigen Erscheinung, und ihrer Interpretation aus einer bestimmten Intention heraus und verfolgt nicht – wie etwa eine nomothetische Herangehensweise – das Ziel der Formulierung allgemeingültiger Gesetzmäßigkeiten.[50, 51]

Die Abduktion ist ein von Peirce eingeführtes Schlussverfahren, das sich von der Deduktion und der Induktion im Wesentlichen darin unterscheidet, dass Erkenntnisse durch das Konstruieren von Hypothesen explorativ erweitert werden. Deduktionen sind tautologisch. Sie besagen nichts Neues und sind „[…] wahrheitsübertragend: Ist die zur Anwendung gebrachte Regel gültig, dann ist nämlich auch das Ergebnis der Regelanwendung gültig."[52] Die Induktion

[49] Glasersfeld schreibt dazu: „Der Begriff der Viabilität ersetzt jene der ontischen Wahrheit; das heißt, die Bestätigung des Wissens wird nicht in einem unmöglichen Vergleich mit der Realität gesucht, sondern in seiner Brauchbarkeit angesichts der Hindernisse, denen wir beim Verfolgen unserer Ziele begegnen. Daraus folgt, daß [sic!] die Lösung eines Problems nie als die einzig mögliche betrachtet werden darf; es mag die einzige sein, die wir zur Zeit kennen, aber das rechtfertigt niemals den Glauben, unsere Lösung gewähre uns Einsicht in die Struktur einer von uns unabhängig existierenden Welt." (Glasersfeld 1998b, S. 510)

[50] Vgl. Lamnek 2005, S. 245 ff.

[51] Ausgehend von dem radikalen Konstruktivismus und der Ablehnung des Anspruches auf objektives Wissen, widersprechen sich das nomothetische Verfahren und die Epistemologie des radikalen Konstruktivismus. Denn jede Konstruktion von Wissen stellt eine beschreibende Untersuchung einer subjektiven Beobachtung dar, und damit ist der Prozess der Erkenntnisgenerierung idiografischer Art.

[52] Reichertz 2000, S. 279.

schließt von beobachteten Einzelfällen auf eine allgemeingültige Regel und ist daher genau genommen ebenso tautologisch. Die sich daraus ableitenden Resultate sind im Vergleich zur Deduktion jedoch nicht wahrheitsübertragend, sondern lediglich wahrscheinlich.[53] Dagegen geht das Schlussverfahren der Abduktion von einem unvorhergesehenen, überraschenden Ereignis aus, einer Individualität. Infolgedessen versucht der Beobachter durch die Konstruktion von Erkenntnissen das beobachtete Phänomen zu erklären, sodass diesem die Unvorhersehbarkeit genommen wird. Peirce beschreibt diese Logik wie folgt: „The surprising fact, C, is observed; But if A were true, C would be a matter of course. Hence, there is reason to suspect that A is true."[54] Damit lässt sich die Abduktion als „operation of adopting an explanatory hypothesis"[55] oder als (Er-)findung einer neuen Regel beschreiben.[56] Der Begriff der Hypothese sollte hier jedoch mit Bedacht interpretiert werden. Nach der Philosophie des radikalen Konstruktivismus muss jede Hypothese als Konstrukt eines subjektiven Beobachters verstanden werden und nicht, wie im alltäglichen Sprachgebrauch oft vorzufinden, als zu prüfende allgemeingültige Gesetzmäßigkeit. Reichertz schreibt dazu:

> „Die abduktiv gefundene Ordnung ist [..] keine (reine) Widerspiegelung von Wirklichkeit – sie reduziert auch nicht die Wirklichkeit auf die wichtigsten Bestandteile. Die gewonnenen Ordnungen sind stattdessen *gedankliche Konstruktionen*, mit denen man gut oder weniger gut leben kann."[57]

Übertragen auf die hiesige Arbeit, zeigt sich das idiografisch-abduktive Forschen in der deskriptiven Untersuchung des Verhaltens des Immunsystems bei der Abwehr von Krankheitserregern. Dieser singuläre Sachverhalt wird mit der Intention, Meta-Prinzipien der Aufbau- und Ablaufstrukturen des Immunsystems zu erkennen und zu beschreiben, interpretiert. Durch abduktive Schlussfolgerungen werden Erkenntnisse konstruiert, die das Verhalten des Immunsystems erklären sollen.

Die Beobachtungen und der Versuch der Erklärung dieses Sachverhalts, dem Verhalten des Immunsystems, basieren auf bereits konstruierten Erkenntnissen in Form von bestehender Literatur. Lehrbücher der Immunologie, Literatur der Resilienz-, Routinen- und Krisenmanagementforschung sowie Grundlagenliteratur der allgemeinen Systemtheorie und Kybernetik bilden das Fundament der vorliegenden Forschungsarbeit. Ferner fanden in regelmäßigen Abständen Gespräche mit Univ.-Prof. Dr. Bopp[58] vom Institut für Immunologie der Universitäts-

[53] Vgl. Reichertz 2000, S. 280.
[54] Peirce 1973, S. 254.
[55] Peirce 1973, S. 252.
[56] Vgl. Reichertz 2000, S. 281.
[57] Reichertz 2000, S. 284, Hervorh. i. O.
[58] Herr Univ.-Prof. Dr. Tobias Bopp ist am Institut der Immunologie der Universitätsmedizin der Johannes Gutenberg-Universität Mainz tätig. Er ist Leiter der Arbeitsgruppe für Molekulare Immunologie, Mitglied des interdisziplinären Forschungszentrums für Immuntherapie in Mainz und Sprecher des Arbeitskreises „T-Zellen: Subpopulationen und Funktionen" der Deutschen Gesellschaft für Immunologie.

medizin der Johannes Gutenberg-Universität Mainz statt. Diese galten der Reflexion und der Vertiefung der gewonnenen Erkenntnisse über die Funktionsweise des menschlichen Immunsystems. Außerdem wurden in den Gesprächen die Plausibilität der in dieser Arbeit gezogenen Schlussfolgerungen bezüglich der Aufbau- und Ablaufstruktur als auch der Resilienzfähigkeit des Immunsystems überprüft. Der zugrunde liegenden Epistemologie des radikalen Konstruktivismus zufolge lässt sich daraus schließen, dass die konstruierten Erkenntnisse das Resultat einer Beobachtung zweiter Ordnung[59] sind.

Zur Veranschaulichung des Erkenntnisgewinnungsprozesses, ausgehend von einem generischen Vorverständnis hin zu der abschließenden Konstruktion von Wissen, bietet sich das Deutungsmodell der Hermeneutik an. Als „Kunstlehre des Verstehens"[60] rückt sie den Verstehensvorgang bei der Auseinandersetzung mit Texten in den Fokus.[61] Dabei besagt die Hermeneutik, genauer gesagt der hermeneutische Zirkel, dass das Verständnis von Texten immer von einem gewissen Vorverständnis ausgeht.[62] Durch das Lesen und das Verstehen eines Textes wird dieses vorhandene Vorverständnis korrigiert, erweitert und bildet fortan als weiterentwickeltes Verständnis den Ausgangspunkt für das wiederholte Lesen, wodurch erneut das Verständnis korrigiert und modifiziert wird. Mit dem Verlauf dieses Prozesses, der in Abbildung 1 als Zirkel oder, genauer gesagt, als Spirale[63] der Hermeneutik visualisiert ist, wird letztlich die Differenz zwischen den unterschiedlichen Verständnissen von Leser und Autor überwunden.[64] Jedoch sollte dem Leser bewusst sein, dass „[e]ine absolute Kongruenz zwischen dem Verstehenden und dem Produzenten des Textes [..] kaum herzustellen [ist], weshalb die hermeneutische Differenz als Strukturelement des hermeneutischen Verstehens betrachtet werden muss."[65]

Für diese Arbeit lässt sich der Prozess des Verstehens auf zweierlei Ebenen beschreiben. Innerhalb eines Forschungsgebietes, beispielsweise der Immunologie, wird das anfänglich begrenzte Vorverständnis über die Aufgabe und Funktionsweise des Immunsystems durch die mehrmalige Sichtung der entsprechenden Lehrbücher erweitert und korrigiert. Die zweite Ebene besteht in dem parallel ablaufenden Prozess des Verstehens im übergeordneten Sinne, also im Knüpfen von Zusammenhängen zwischen den einzelnen Forschungsgebieten der Resilienz-, Routinen- und Krisenmanagementforschung, der Systemtheorie und der Kybernetik sowie der Immunologie. Von einem Vorverständnis (V_0) ausgehend, das grob durch die

59 Für eine detaillierte Abhandlung über die Theorie des Beobachters sei an dieser Stelle auf die Arbeit von Winter 1999 und für den Beobachter zweiter Ordnung im Besonderen auf S. 113ff. verwiesen.
60 Lamnek 2005, S. 59.
61 Vgl. Danner 1994, S. 31 ff. sowie Lamnek 2005, S. 59 ff.
62 Vgl. Danner 1994, S. 56 f. sowie Lamnek 2005, S. 62. Für eine detaillierte Ausführung über die Hermeneutik sei an dieser Stelle auf Danner 1994, S. 31 ff. sowie Lamnek 2005, S. 59 ff. verwiesen.
63 Vgl. Danner 1994, S. 57.
64 Vgl. Danner 1994, S. 58 f. sowie Lamnek 2005, S. 62 f.
65 Lamnek 2005, S. 63.

Ausführungen in Abschnitt 1.1 skizziert ist, wird mithilfe einer Literaturanalyse (T_0) ein Begriffsverständnis bezüglich der Resilienz und ihrer Treiber konstruiert. Mit diesem Vorverständnis (V_1) und dem somit erweiterten Blickwinkel wird daraufhin das Wissen mithilfe von Grundlagenliteratur zur allgemeinen Systemtheorie und Kybernetik (T_1) angereichert, was fortan als Voraussetzung (V_2) für die Beobachtung des menschlichen Immunsystems (T_2) dient. Hierdurch kann ein „Verständnis" des menschlichen Immunsystems, basierend auf einer systemtheoretischen und kybernetischen Perspektive mit Fokus auf der Resilienz dieses Systems, konstruiert werden.

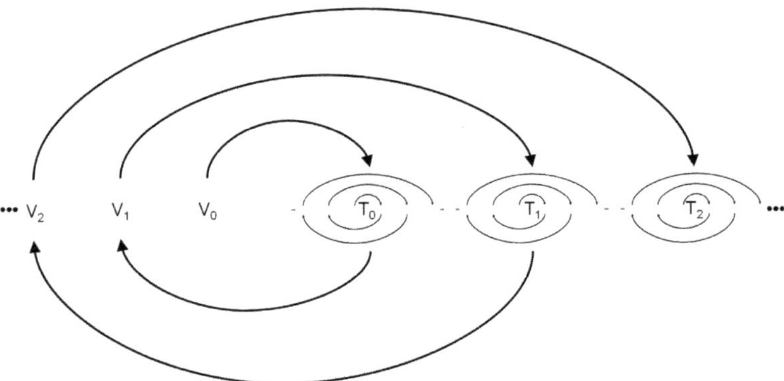

Abbildung 1: Hermeneutischer Zirkel[66]

1.2.3 Interdisziplinärer Ansatz – vom Wissenstransfer zwischen zwei Wissenschaften

Interdisziplinäre Ansätze[67] sind bestrebt, unterschiedliche Disziplinen zusammenzuführen, um auf diese Weise neue Erkenntnisse zu generieren, die über die Grenzen der jeweiligen Disziplinen hinausgehen. Dabei existieren unterschiedliche Formen der Interdisziplinarität[68], jedoch ist nach Boden die einzig wahre Interdisziplinarität die integrierende: Konzepte und Erkenntnisse aus einer Disziplin tragen dazu bei, Probleme einer anderen Theorie oder Disziplin

66 In Anlehnung an Danner 1994, S. 57.

67 Ob ein Forschungsansatz als interdisziplinär beschrieben werden kann, ist abhängig von dem Verständnis des Begriffs „Disziplinarität". Nach Heckhausen ist die synonyme Verwendung der Begriffe „Fach" und „Disziplin" üblich. Der Autor geht jedoch lediglich von 20 bis 30 unterschiedlichen Disziplinen aus (vgl. Heckhausen 1987, S. 130), unter denen sich die über 4000 unterschiedliche Fächer aufteilen (vgl. Mittelstraß 1987, S. 152). Heckhausen unterscheidet daher nochmals zwischen der Interdisziplinarität und der Intradisziplinarität (vgl. Heckhausen 1987, S. 133 ff.), die sich mit der Kooperation von verschiedenen Fächern unter dem Dach einer Disziplin beschäftigt. Bei der vorliegenden Arbeit findet eine Verknüpfung der Betriebswirtschaftslehre als Teil der Geisteswissenschaften und der Immunologie als Element der Naturwissenschaften statt. Daher kann auch nach der der Differenzierung von Heckhausen von einem interdisziplinären Ansatz gesprochen werden.

68 Für eine ausführliche Beschreibung der unterschiedlichen Formen der Interdisziplinarität wird an dieser Stelle auf Frodeman 2010 und im Besonderen auf den darin enthaltenen Beitrag von Klein 2010 sowie auf Jungert 2010, S. 4 ff. verwiesen.

zu lösen.[69, 70] Krohn ist der Auffassung, dass die interdisziplinäre Problemlösung der wichtigste Ansatz der Interdisziplinarität sei, da mit dessen Hilfe Probleme der realen Welt erfasst werden können. Seines Erachtens nach sind es gerade diese in der Praxis vorherrschenden Angelegenheiten, die den isolierten Wissenschaften Probleme bereiten, da sie nicht in der Lage sind, die vollständige Komplexität der jeweiligen Situation zu erfassen.[71] Stattdessen behelfen sich die Disziplinen mit theoretischen Vereinfachungen bestimmter Sachverhalte, um so einen Lösungsansatz entwickeln zu können.[72] Mittels eines interdisziplinären Ansatzes dagegen kann der Betrachtungswinkel des Beobachters mithilfe von unterschiedlichen wissenschaftlichen Hintergründen beliebig verändert werden. Gerade mit Hinblick auf die Erkenntnisgewinnung nach dem radikalen Konstruktivismus ist dies von nicht zu unterschätzendem Wert. Wissen und Erkenntnisse stehen immer in Abhängigkeit eines Beobachters und sind eine Konstruktion seiner Sinneswahrnehmung sowie seines Erfahrungsbestandes.[73] Folglich bewegt sich ein Wissenschaftler bei der Lösungsfindung zu einem gegebenen Problem immer im Rahmen seiner Erfahrungswerte. Sind diese geprägt durch das Verbleiben in der eigenen Disziplin, so wird auch der Ansatz zur Problemlösung durch die Monodisziplinarität geprägt sein.[74]

Die Analyse des Immunsystems sowie der ablaufenden Prozessstrukturen einer Immunantwort ermöglicht dagegen dem Beobachter den „Blick über den eigenen Tellerrand“. Dieser erlaubt es, den gegebenen betriebswirtschaftlichen Sachverhalt aus einem neuen Blickwinkel zu betrachten. Dies führt aufgrund unterschiedlicher Erfahrungswerte zwangsläufig zu anderen Erkenntnissen. Anders bedeutet dabei nicht zwangsläufig, dass das interdisziplinäre Wissen zu bevorzugen ist oder validere Erkenntnisse produziert. Denn der Theorie des radikalen Konstruktivismus folgend, existiert nicht das objektiv Wahre.[75] Vielmehr wird so ein alternativer Lösungsansatz zu ein und demselben Problem geliefert. Dabei ist zu beachten, dass so wie

---

69 Vgl. Boden 1999, S. 20 ff.

70 Die Literatur ist geprägt von einer Vielzahl an Interdisziplinaritätskonzeptionen, sodass kein einheitliches Begriffsverständnis existiert. Heckhausen versteht beispielsweise unter der interdisziplinären Forschung, „[...] daß [sic!] einige Wissenschaftler, die verschiedenen Fächern angehören, zusammen an einem Problem arbeiten, das so allgemein, alltagsnah oder fachfremd betitelt ist, daß [sic!] noch kein Vertreter der beteiligten Fächer bereits das Problem unter den Aspekten seiner eigenen Fachlichkeit eingegrenzt und definiert hätte.“ (Heckhausen 1987, S. 129) Hingegen stellt diese Beschreibung das Begriffsverständnis der Crossdisziplinarität nach Kockelmans dar. Interdisziplinarität ist für ihn „[s]cientific work done by one or more scientists who try to solve a set of problems whose solutions can be achieved only by integrating parts of existing disciplines into a new discipline [...].“ (Kockelmans 1979, S. 127 f.) Im weiteren Verlauf wird der Begriff der Interdisziplinarität im Sinne des Begriffsverständnisses gemäß Bodens integrierender Interdisziplinarität verwendet.

71 Vgl. Krohn 2010, S. 31.

72 Vgl. Krohn 2010, S. 31.

73 Vgl. hierzu Abschnitt 1.2.1.

74 An dieser Stelle sei erwähnt, dass die organisationale Resilienzforschung das Ergebnis interdisziplinärer Arbeiten ist. Wie in Teil II dargelegt, entstammt die Forschung der Resilienz der Physik und verbreitete sich von da an über die Ökologie und Psychologie bis hin zur Wirtschaftswissenschaft. Somit ist die Methodik der Interdisziplinarität nicht neu, jedoch liegen, soweit bekannt, keine Arbeiten vor, die das Immunsystem in dieser Tiefe als Inspirationsquelle verwenden.

75 Vgl. hierzu Abschnitt 1.2.1.

der seiner Disziplin treu bleibende Wirtschaftswissenschaftler, auch der interdisziplinäre Beobachter nur Wissen konstruiert, welches von der eigenen Subjektivität geprägt ist.

Klassische Analyse-Ansätze, die auf dem Ceteris-Paribus-Prinzip basieren, sind in ihrer Zweckmäßigkeit, eine reale Problemsituation wie die hier vorliegende zu untersuchen, limitiert. In der als real erachteten Umwelt existieren schlicht zu viele Variablen, sodass diese Ansätze entweder nicht alle Elemente berücksichtigen oder nur unter der Verwendung von strikten Annahmen Aussagen treffen können. Als Alternative für einen holistischen Ansatz empfiehlt Beer daher die Verwendung von Modellen.[76] Ein Modell sei eine „[...] mental representation of the world [...]“[77], also ein konstruiertes Abbild der Realität. Sie haben keine wissenschaftlichen Hypothesen vergleichbare Aussagekraft, welche Gesetzmäßigkeiten postulieren, sondern treffen, basierend auf Explorationen, Vorhersagen bezüglich der Verhaltensweisen des zu untersuchenden Systems.[78] Ein Replikat der Realität kann dabei mehr oder weniger akkurat sein und eignet sich dementsprechend mehr oder weniger gut, um das Verhalten der abgebildeten Umwelt zu beschreiben.[79]

Obwohl Wissenschaftler der unterschiedlichsten Disziplinen und Experten aus der Wirtschaft unterschiedliche Modelle zur Problemlösung heranziehen, können sie sich dennoch ergänzen. Erkenntnisse des Wissenschaftlers können unter gewissen Umständen hilfreich für die Lösung einer Problemsituation in der Praxis sein und umgekehrt. Dabei ist der Grad der Korrespondenz zwischen den Modellen entscheidend. Es geht nicht um eine perfekte Übereinstimmung, sondern vielmehr darum, inwieweit die Modelle an bestimmten, entscheidenden Punkten kongruent sind.[80] Für einen Wissenstransfer oder Vergleich zwischen zwei Problemsituationen existieren dabei unterschiedliche Ebenen. Beer nennt hierbei die Metapher, die Analogie und die „identity itself“. Die Metapher bezeichnet er als poetisches Mittel, welches nur ästhetische Validität besitzt.[81] Die Analogie besitzt dagegen eine logische Validität, jedoch ist die aufklärerische Aussagekraft nur von philosophischer und nicht von wissenschaftlicher Natur und sieht sich daher oft kritischen Disputen ausgesetzt.[82, 83] Die dritte Ebene des Transfers, die „identity itself“, beruht auf der Logik, dass dann, wenn zwei Dinge A und B unter vergleichbaren Voraussetzungen identisch sind und wenn ein bestimmter Sachverhalt für A gilt, er folglich ebenso für B gilt.[84] Ist eine solche Kongruenz zwischen den Situationen dagegen nicht gegeben, wird

---

76 Vgl. Beer 1966, S. 95 ff.
77 Beer 1966, S. 100.
78 Vgl. Beer 1966, S. 101.
79 Vgl. Beer 1966, S. 101.
80 Vgl. Beer 1966, S. 104.
81 Vgl. Beer 1966, S. 111 f.
82 Vgl. Beer 1966, S. 112.
83 Über die Aussagekraft von Analogien schreibt Charpa, damit übereinstimmend, dass Analogien keine Beweiskraft besitzen (vgl. Charpa 1996, S. 97).
84 Vgl. Beer 1966, S. 112.

dieser Wissenstransfer „mystical" valide.[85] Als Konsequenz gilt, dass ein Transfer, der auf der Logik der „identity itself" aufbaut, Modelle vorweisen muss, die weitestgehend übereinstimmen. Bei dem hier vorliegenden Sachverhalt ist dies auf den ersten Blick nicht der Fall. Die Immunologie befasst sich mit der Reaktion des menschlichen Organismus auf das Eindringen körperfremder Substanzen. Dagegen befasst sich die Betriebswirtschaftslehre mit organisatorischen, wirtschaftlichen, technischen und finanziellen Abläufen in Unternehmungen. Folglich müssen durch Transformation zunächst zwei vergleichbare Modelle konstruiert werden. Der erste Schritt besteht dabei in der Beschreibung der einzelnen Situationen. Beer nennt diese Abbilder der Realität „conceptual models".[86] Sie spiegeln die direkte subjektive Wahrnehmung der Fakten durch einen Beobachter wieder und inkludieren jegliche Erkenntnisse über eine Situation und das beobachtete System. Ein Wissenstransfer auf der Ebene der konzeptionellen Modelle würde nach Beer einer Analogie gleichkommen.[87]

Diese Modelle besitzen jedoch, wie beschrieben, auf der Objektebene nicht die gewünschte Übereinstimmung für einen Wissenstransfer, der auf der „identity itself" basiert. Die Modelle müssen präziser formuliert werden, indem eine Übersetzung in eine neutrale wissenschaftliche Sprache erfolgt.[88, 89] Hierfür bietet sich als gemeinsame Meta-Sprache die allgemeine Systemtheorie an. Denn nach Krieg ist es der Systemansatz, der dem „[..] Bedürfnis nach einer mehrdimensionalen Erfassung der Probleme einerseits, und nach einer integrierenden und interdisziplinären Betrachtungsweise anderseits, [...] am ehesten gerecht [..]"[90] wird. Des Weiteren wird der Vorteil der allgemeinen Systemtheorie von Bertalanffy folgendermaßen beschrieben:

> „General Systems Theory will be an important means to facilitate and to control the application of model-conceptions and the transfer of principles from one realm to another. It will no longer be necessary to duplicate or triplicate the discovery of the same principles in different fields isolated from each other."[91]

---

85 Vgl. Beer 1966, S. 112.
86 Vgl. Beer 1966, S. 111.
87 Vgl. Beer 1966, S. 111.
88 Vgl. Beer 1966, S. 112 f.
89 Interdisziplinäre Arbeiten sehen sich zudem vermehrt mit Verständigungsproblemen konfrontiert. Unterschiedliche Disziplinen machen von verschiedenen Sprachen Gebrauch, die eine direkte Verständigung zwischen den Wissenschaften erschweren (vgl. Immelmann 1987, S. 86 f., Voßkamp 1987, S. 99 sowie Vollmer 2010, S. 64 f.). Jedoch ist die Kommunikation zwischen den Wissenschaften Voraussetzung für ein erfolgreiches interdisziplinäres Forschen und einen Wissenstransfer. Auch deswegen ist eine Übersetzung der jeweiligen Objekt-Sprachen in eine gemeinsame Meta-Sprache notwendig (vgl. Kaufmann 1987, S. 77).
90 Krieg 1971, S. 11.
91 Bertalanffy 1951, S. 306.

Durch die Abstraktionen verlieren die Modelle zwar an konzeptionellem Reichtum, jedoch entstehen auf diese Weise zwei homomorphe[92] Modelle, die isomorph[93, 94] zueinander sind. Dies schafft Vergleichbarkeit, und letztendlich ermöglicht dies den Transfer.

Die anvisierten und zu transferierenden Erkenntnisziele dieser Arbeit beziehen sich dabei auf das Systemverhalten des Immunsystems unter dem Einfluss unvorhersehbarer Erschütterungen. Diese Erkenntnisse können mithilfe der Kybernetik gewonnen werden, die sich als Teildisziplin der allgemeinen Systemtheorie[95] speziell mit dynamischen, komplexen Systemen und deren selbst-regulierenden Verhaltensweisen befasst.[96] Die Kybernetik besitzt mit ihrem interdisziplinären Charakter die Fähigkeit „[...] das Gefundene in eine exakte, möglichst mathematische Form zu bringen, um damit zur Erkenntnis und Beherrschung realer Systeme das theoretische Gerüst [..]"[97] zu liefern. Heckhausen schreibt in diesem Zusammenhang über die Kybernetik als analytisches Werkzeug:

> „Sie sind [*die analytischen Werkzeuge*], wie Caillois gesagt hat, ‚diagonale Wissenschaften', d. h. im hohen Maße übertragbar und generalisierbar auf die verschiedensten Gegenstandsaspekte und ihre theoretischen Integrationsniveaus."[98]

Als Wissenschaft ist die Kybernetik dabei bestrebt, identifizierte Gesetzmäßigkeiten in dem Verhalten von Systemen „[...] zu abstrahieren und sie allgemein zugänglich zu machen."[99]

Bei der Bildung der homomorphen Modelle ist es das Ziel, zwei strukturell kongruente, also isomorphe Replikate der Realität zu schaffen, wodurch die zwei unterschiedlichen Situationen

---

92 Ein homomorphes Modell stellt ein vereinfachtes Abbild der Wirklichkeit dar, indem Zustände sinnvoll zusammengefasst werden, durch die eine Reduktion der Komplexität ermöglicht wird. Dabei müssen die Vereinfachung und das ursprüngliche System dieselben charakteristischen Eigenschaften aufweisen. Die Transformation wird bei einem Homomorphismus als nicht-umkehrbar-eindeutig bezeichnet. Abstrakt kann dies an einem Würfelwurf mit zwei Würfeln veranschaulicht werden: Zeigt nach einem Wurf ein Würfel zwei Augen und der Andere vier Augen, so ist das Ergebnis ‚6'. Die Addition der beiden Würfel erlaubt kein anderes Ergebnis und stellt somit eine eindeutige Transformation dar. Jedoch kann ausgehend vom Ergebnis ‚6' kein Rückschluss auf die einzelnen Würfel gezogen werden. Denn das Ergebnis ‚6' könnte das Resultat von $(4+2)$, $(2+4)$, $(1+5)$, $(5+1)$ und $(3+3)$ sein. Somit ist die Transformation nicht-umkehrbar-eindeutig. Für eine detaillierte Beschreibung von (homomorphen) Modellen siehe Beer 1966, S. 108 ff., Gomez et al. 1975, S. 144 ff. sowie Ashby 1985, S. 153 ff.

93 Zwei Modelle sind isomorph zueinander, wenn eine umkehr-eindeutige Transformation von Elementen oder Zuständen des einen Modells auf die Elemente oder Zustände des anderen Models führt. Demnach ist es möglich, ein Modell durch einfache Umbenennung ihrer Größen auf dem anderen Modell abzubilden. Die Abbilder sind damit von gleicher Gestalt und können weitestgehend Übereinstimmungen in ihrem Verhalten aufzeigen, auch wenn sie unter bestimmten Gesichtspunkten äußerst verschieden voneinander sind. Für eine detailliertere Ausführung zu dem Begriff der Isomorphie siehe Beer 1966, S. 105 ff. sowie Ashby 1985, S. 143 ff.

94 Als Beispiel eines isomorphen Modells kann die Arbeit eines Clay-Modelleurs in der Automobilbranche betrachtet werden. Im Laufe eines Designprozesses eines neuen Fahrzeugs werden Modelle entworfen. Diese, ob jetzt in der Skalierung 1:1, 1:4 oder 1:100, sind ein-eindeutige Transformationen der geplanten PKWs und stellen isomorphe Abbilder der Realität dar. Ein solches Modell und ein Automobil besitzen beide die gleichen Eigenschaften, beispielsweise bei einem Test in einem Windkanal, und so ermöglicht das Lehm-Modell Rückschlüsse auf die Realität.

95 Vgl. Ulrich 1970, S. 102.

96 Vgl. Ulrich 1970, S. 118 f.

97 Flechtner 1972, S. 29.

98 Heckhausen 1987, S. 136, Anm. d. Verf.

99 Beer 1973, S. 142.

der Immunologie und der Betriebswirtschaftslehre aufeinander abgebildet werden können.[100] Unterschiede werden durch die Bildung der Homomorphismen nicht wiedergegeben. Die resultierende Übereinstimmung der Situationen ist nach Beer charakteristisch für wissenschaftliche Modelle.[101] Die Übersetzung in eine Meta-Sprache ermöglicht zwar den hier angestrebten Wissenstransfer des „identity itself", dennoch sollte bedacht werden, dass interdisziplinäres Arbeiten und im Besonderen die Abstraktionen mit Vereinfachungen der Objektsprache einhergehen.[102] Die vereinfachten Abbilder der Realität implizieren dabei immer die Gefahr, dass Verfälschungen auftreten.[103] Wenn durch die Vereinfachung essenzielle Details vernichtet werden, verliert das Modell und damit der Transfer seine „utility", seine Aussagekraft auf die transferierte Situation, aber „[...] it cannot lose in validty. This is the peculiar strength"[104] des wissenschaftlichen Modells nach Beer.[105] An dieser Stelle zeigt sich erneut die Bedeutsamkeit der Viabilität von konstruierten Erkenntnissen als Qualitätskriterium.

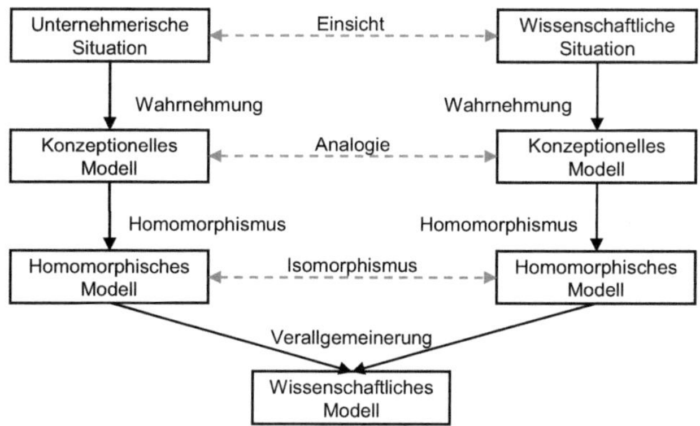

Abbildung 2: Interdisziplinärer Wissenstransfer mittels homomorpher Modelle[106]

Das in Abbildung 2 visualisierte Schema zur Konstruktion eines wissenschaftlichen Modells nach Beer und damit die Schaffung einer Grundlage für einen Wissenstransfer lässt sich in dem konkreten Fall der vorliegenden Arbeit wie folgt beschreiben: Kapitel 3.1 „Einführung in das Immunsystem" stellt die Beschreibung der Wahrnehmung der immunologischen Situation dar und somit das konzeptionelle Modell nach Beer. In Kapitel 3.2 wird dieses Modell in die

[100] Vgl. Beer 1966, S. 113.
[101] Vgl. Beer 1966, S. 113.
[102] „Um Vereinfachungen kommen wir in der Lehre nicht herum. Das gilt aber auch für interdisziplinäre Unternehmen: Um einer fachfremden Person etwas aus dem eigenen Fach zu erklären, muss man *vereinfachen*. Und je stärker man vereinfacht, desto größere ist der mögliche Fehler." (Vollmer 2010, S. 64, Hervorh. i. O.)
[103] Vereinfachungen stellen dabei Komplexitätsreduzierungen dar, und immer, wenn Komplexität reduziert wird, gehen Informationen verloren (vgl. Probst 1981, S. 182).
[104] Beer 1966, S. 113.
[105] Vgl. Beer 1966, S. 113.
[106] In Anlehnung an Beer 1966, S. 114.

Sprache der allgemeinen Systemtheorie übersetzt. In dieser Form kann das homomorphe Modell auf dem homomorphen Modell eines Unternehmens[107] abgebildet werden, sodass die konstruierten Erkenntnisse in Teil IV transferiert werden können.

Dieses Vorgehen schafft einen vergleichbaren Bezugsrahmen für die unterschiedlichen Ebenen interdisziplinärer Forschung. Die möglichen Ebenen basieren dabei nach Jungert[108] auf den systematischen Kriterien für die Abgrenzung von Disziplinaritäten. Neben einem übereinstimmenden Forschungsgegenstand und einer vergleichbaren Methodik ist es vor allem die Gleichheit der Problematik und des theoretischen Integrationsniveaus, die die Intensität der interdisziplinären Zusammenarbeit bestimmen.[109] Forschungsgegenstand beider Disziplinen ist das Verhalten dynamisch komplexer Systeme, und mit der Kybernetik ist ein einheitliches Analysewerkzeug gegeben. In Anlehnung an ein Zitat Poppers[110] sieht Jungert in einer komplexen Problemsituation wie dem Umgang mit komplexen unsicheren Situationen das Potenzial der Interdisziplinarität für die Problemlösung.[111] Oftmals bewegen sich zwei unterschiedliche Disziplinen bei der Erforschung des gleichen Forschungsgegenstandes auf verschiedenen Betrachtungsebenen und somit auf unterschiedlichen theoretischen Integrationsniveaus.[112] „Der ‚Abstand' zwischen den theoretischen Integrationsniveaus verschiedener Disziplinen ist nun auch ein entscheidender Faktor bezüglich der Möglichkeit von Interdisziplinarität."[113] Eine gewisse Kongruenz der Analyseebenen ist damit ein wichtiger Faktor für eine ertragreiche Zusammenarbeit,[114] die im hiesigen Kontext durch die systemtheoretische Perspektive und die Beobachtung von abstrakten Systemen mit ihren Sub-Systemen, Teilen und Beziehungen gegeben ist.

1.3 Aufbau der Arbeit

Die vorliegende Untersuchung gliedert sich in fünf Teile. Der erste Teil zielt darauf ab, dem Leser die Relevanz, das Ziel und das Forschungsdesign vorliegender Arbeit darzulegen. Hier werden die forschungsleitende Fragestellung sowie die sich daraus ergebenden Subfragen, die wissenschaftstheoretische Einordnung und letztlich das übergeordnete Ziel des Vorhabens

---

107 In seinem Werk „Die Unternehmung als produktives soziales System" beschreibt Ulrich (1970) eine Unternehmung als System im Sinne der allgemeinen Systemtheorie. An dieser Stelle sei für eine ausführliche Abhandlung über diesen Sachverhalt auf dieses Buch verwiesen.

108 Vgl. Jungert 2010.

109 Vgl. Jungert 2010, S. 7 ff.

110 „*Wir studieren ja nicht Fächer, sondern Probleme*. Und Probleme können weit über die Grenzen eines bestimmten Gegenstandsbereichs oder einer bestimmten Disziplin hinausgreifen." (Popper 2009, S. 102, Hervorh. i. O.)

111 Vgl. Jungert 2010, S. 8.

112 Zum Begriff des theoretischen Integrationsniveaus einer Disziplin sei auf Heckhausen 1987, S. 132 f. verwiesen.

113 Jungert 2010, S. 9.

114 Vgl. Heckhausen 1987, S. 133.

thematisiert (Abschnitt 1.1). Des Weiteren wird die vorliegende Abhandlung in einen epistemologischen Rahmen eingeordnet (Abschnitt 1.2.1), das methodologische Vorgehen näher beschrieben (Abschnitt 1.2.2) sowie die Wahl des interdisziplinären Ansatzes begründet (Abschnitt 1.2.3).

Nach dem Einleitungsteil folgt in Teil II die Konstruktion eines einheitlichen Begriffsverständnisses der organisationalen Resilienz. Für dieses Vorhaben erfolgt ein kurzer Abriss der unterschiedlichen Auffassungen der Resilienz und ihrer Treiber in den unterschiedlichen Forschungsdisziplinen (Abschnitt 2.1), bevor das Verständnis des Begriffes im hiesigen Kontext beschrieben wird (Abschnitt 2.2).

Für die Identifizierung der Meta-Prinzipien der Verhaltensmuster des menschlichen Immunsystems zur Abwehr von Krankheitserregern im Hinblick auf die Aufbau- und Ablaufstrukturen erfolgt in Teil III eine Betrachtung des Immunsystems aus einer systemtheoretischen (Abschnitt 3.2) und darauffolgend aus einer kybernetischen Perspektive (Abschnitt 3.3). Ausgangspunkt dieses Kapitels ist eine kurze Einführung in die Grundlagen des Immunsystems (Abschnitt 3.1), um dem Leser ein generisches Verständnis von dessen Aufgaben und Funktionsweisen zu vermitteln. Mithilfe der gewonnenen Erkenntnisse soll zudem argumentiert werden, inwieweit das menschliche Immunsystem als ein resilientes System bezeichnet werden kann (Abschnitt 3.4). Das konstruierte Wissen wird abschließend durch die Zeichnung einer Skizze resilienter Verhaltensmuster visualisiert und als Grundlage des nachfolgenden Transfers zusammengefasst (Abschnitt 3.5).

Vor dem eigentlichen Transfer wird die Notwendigkeit von resilienten Verhaltensmustern im Umgang mit komplexen unsicheren Situationen thematisiert (Abschnitt 4.1). Daran anschließend folgt die Übertragung der Erkenntnisse sowie der daraus resultierenden abstrakten Skizze in die Betriebswirtschaftslehre. Neben der Beschreibung resilienzfördernder Aufbau- und Ablaufstrukturen einer Organisation wird ebenso auf mögliche Auswirkungen einer Integration der beschriebenen resilienten Verhaltensmuster eingegangen (Abschnitt 4.2).

Die Arbeit findet ihren Abschluss in dem fünften und letzten Teil, dem Fazit. Mit den „Implikationen für die Gestaltung eines resilienten Unternehmens“ erfolgt eine Zusammenfassung der konstruierten Erkenntnisse (Abschnitt 5.1). Im Anschluss erfolgt mittels eines Viabilitätstests des theoretischen Bezugsrahmens eine Diskussion der Ergebnisse. Auf der Grundlage von Experteninterviews stehen dabei Relevanz und Umsetzbarkeit der Skizze zur Diskussion. Ferner wird der gestiftete wissenschaftstheoretische Mehrwert evaluiert (Abschnitt 5.2). Die letzten Worte gelten einem Ausblick (Abschnitt 5.3). Zusammenfassend veranschaulicht Abbildung 3 den Aufbau der Arbeit.

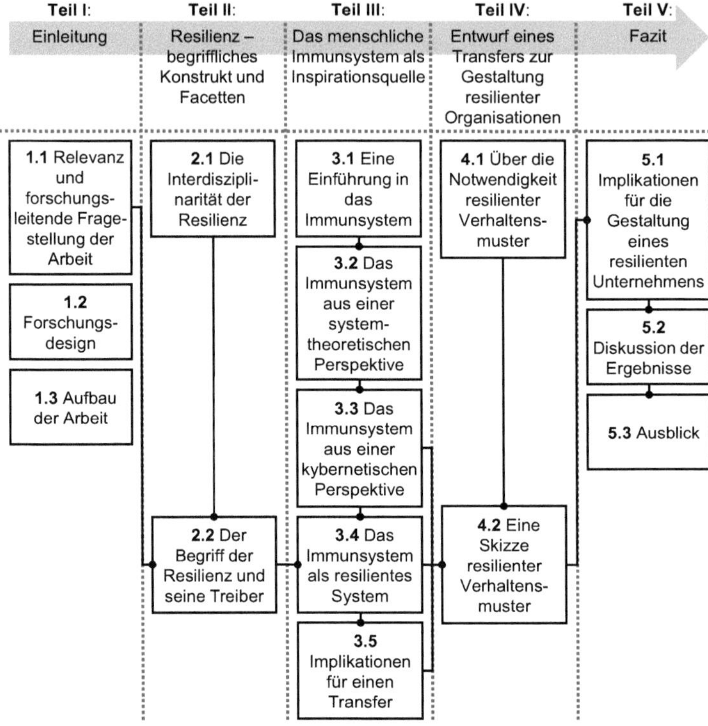

Abbildung 3: Aufbau der Arbeit[115]

[115] Quelle: eigene Darstellung.

Teil II: Resilienz – begriffliches Konstrukt und Facetten

Der Begriff der Resilienz besitzt vielfältige Facetten und findet in unterschiedlichsten Disziplinen wie der Ökologie, Soziologie oder eben in der Betriebswirtschaftslehre Anwendung. Unter dem Vorwand, ein einheitliches Begriffsverständnis der (organisationalen) Resilienz zu konstruieren, bietet dieses Kapitel zunächst einen kurzen Überblick über die jeweiligen Auffassungen zur Resilienz und zu ihren Merkmalen in den unterschiedlichsten Forschungsgebieten. Darauf aufbauend wird im zweiten Teil des Kapitels das hiesige Begriffsverständnis vermittelt.

2.1 Die Interdisziplinarität der Resilienz

Der etymologische Ursprung des Begriffs der Resilienz findet sich im lateinischen „resilire", was so viel bedeutet wie „zurückspringen". So wird auch in der Physik unter einem resilienten Stoff ein Stoff verstanden, der nach einer Verformung in seinen ursprünglichen Zustand zurückspringt wie beispielsweise ein Haushaltsgummi: Durch eine exogene Krafteinwirkung in Form von Ziehen kann das Äußere verformt, genauer gesagt ausgedehnt werden. Bleibt diese Kraft aus, schnarrt das Gummi in seinen ursprünglichen Zustand zurück.

Aus der Physik kommend entwickelte sich der Begriff zu einem aus heutiger Sicht interdisziplinären, multikonzeptionellen Konstrukt. Mittlerweile findet die Resilienz außer in der Physik auch Anwendung in den Bereichen der Ökologie und Sozio-Ökologie, der Psychologie, der Soziologie sowie in der Betriebswirtschaftslehre. Der Transfer des Resilienzbegriffs aus der Physik hatte seine Anfänge in den siebziger Jahren. Holling[116] und Garmezy[117] sowie Werner und Smith[118] übertrugen die Idee der Resilienz in die Ökologie und Psychologie. Dabei wurde das Konzept nicht immer eins zu eins übernommen, sodass weder forschungsübergreifend noch innerhalb der einzelnen Wissenschaften Konsens über die Bedeutung der Resilienz besteht. Gerade in der Ökologie wurde von der etymologischen Bedeutung Abstand genommen.

2.1.1 (Sozio-)Ökologische Resilienz

Im Jahr 1973 veröffentlichte Holling sein Werk „Resilience and stability of ecological systems", in dem er das Konzept der Resilienz in die Ökologie transferierte. Holling betrachtet Ökosysteme im Hinblick auf die Fragestellungen, ob ein ökologisches System ein oder mehrere Gleichgewichtszustände besitzt und wie sich ein solches System unter Einfluss externer

[116] Vgl. Holling 1973.
[117] Vgl. Garmezy 1973.
[118] Vgl. Werner und Smith 1977.

Störungen verhält. Er unterscheidet dabei zwei Verhaltensweisen, die er mit den Begriffen „Stabilität“ und „Resilienz“ beschreibt. Hollings Auffassung nach ist ein System dann stabil, wenn es in der Lage ist, nach einer Störung des Gleichgewichts wieder in seinen ursprünglichen Zustand zurückzukehren. Dieses Verhaltensmuster setzt die klassische gleichgewichtszentrierte Sichtweise der Ökologie voraus. Holling löst sich von der Annahme eines einzigen stabilen Zustands und vertritt stattdessen die Meinung, dass einem Ökosystem mehrere Gleichgewichtszustände möglich sind. In diesem Zusammenhang beschreibt er Resilienz als die Fähigkeit eines ökologischen Systems, Störungen zu absorbieren und zugleich Funktionalität, Struktur und Identität zu wahren. Übersteigt das Ausmaß einer Störung die Resilienz eines Systems, verliert es seinen ursprünglichen Zustand und evolviert in einen neuen.[119] Hollings Auffassung der Resilienz weicht dabei von der Bedeutung des etymologischen Ursprungs ab. Mit seiner Interpretation prägt er maßgeblich die weitere Forschung im Bereich der ökologischen Resilienz. Seine Arbeit gilt als die meistzitierte in diesem Themengebiet.[120]

Gegenüber Hollings weitverbreiteter Auffassung existieren auch konträre Interpretationen der ökologischen Resilienz. Webster et al. folgen der etymologischen Bedeutung des Begriffes und verstehen demnach unter der Verhaltensweise der Resilienz und Resistenz eines ökologischen Systems „[..] the ability of an ecosystem to return to a reference state once displaced [...]“[121] und „[..] the ability of an ecosystem to resist displacement [...]“[122]. Es zeigt sich, dass sich die identifizierten Verhaltensweisen nicht per se unterscheiden, sondern lediglich in ihrer Nomenklatur vertauscht sind.[123] In einem späteren Werk zollt Holling den unterschiedlichen Bezeichnungen Respekt und differenziert zwischen der „ecological resilience“, der ökologischen Resilienz, die seiner Interpretation entspricht, und der „engineering resilience“, also der technischen Resilienz, die der ursprünglichen Bedeutung und somit auch Webster et al. folgt.[124]

Um die Unterschiede zwischen ökologischer und technischer Resilienz zu veranschaulichen, verwendet Gunderson das Bildnis einer Kugel in einem Becher (vgl. Abbildung 4): Die Kugel repräsentiert den Systemzustand, der Becher einen möglichen Gleichgewichtszustand. Liegt die Kugel auf dem Grund des Bechers, so befindet sich das System in einem Gleichgewicht. Unterliegt das System Erschütterungen, bewegt sich die Kugel aus diesem heraus. Die technische Resilienz wird nun durch den Steigungsgrad der Wände des Bechers beschrieben. Je

[119] Vgl. Holling 1973, S. 17.
[120] Vgl. Janssen et al. 2006, S. 244. Für ihren Artikel haben Janssen et al. mithilfe einer bibliometrischen Analyse 2286 Publikationen zu den Themen Resilienz, Verletzbarkeit und Adaption untersucht. Dabei kamen sie zu der Erkenntnis, dass das am häufigsten zitierte Werk die besagte Arbeit Hollings ist.
[121] Webster et al. 1975, S. 1.
[122] Webster et al. 1975, S. 1.
[123] Vgl. Webster et al. 1975, S. 4.
[124] Vgl. Holling 1996, S. 33.

steiler, desto schneller rollt die Kugel wieder in den Ausgangszustand zurück. Die ökologische Resilienz dagegen wird durch den Durchmesser des Bechers am oberen Rand dargestellt. Je größer der Durchmesser, desto stärker muss die Erschütterung sein, damit das System nicht nur den Gleichgewichtszustand verlässt, sondern darüber hinaus gezwungen ist, in einen neuen Zustand überzugehen. Die ökologische Resilienz setzt voraus, dass Systeme mehrere mögliche Gleichgewichtszustände annehmen können, d. h., dass neben dem ursprünglichen Becher noch weitere vorhanden sind.[125]

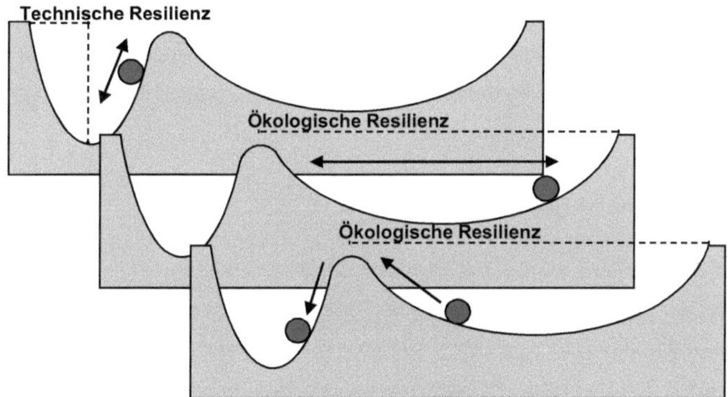

Abbildung 4: Unterschied zwischen ökologischer und technischer Resilienz[126]

Heutige Ökosysteme können nur noch selten unabhängig vom Einfluss des Menschen und deren (un-)bewusstem Handeln beobachtet werden. Daher betrachten Wissenschaftler die Resilienz nicht ausschließlich innerhalb rein ökologischer Systeme, sondern beziehen den Faktor „Mensch“ mit ein. Bedeutsame Wissenschaftler, beispielsweise Holling, Gunderson, Carpenter, Walker sowie Folke, organisierten sich gemeinsam und gründeten 1999 die Resilience Alliance[127], die sozio-ökologische Systeme und deren Resilienz in den Forschungsmittelpunkt rückt. In diesem Zirkel wurde die Weiterentwicklung des Konzeptes der ökologischen oder genauer gesagt sozio-ökologischen Resilienz forciert. Basierend auf den Werken von Carpenter et al., Folke et al. und Walker et al. beschreibt die Resilience Alliance Resilienz als

> „[…] the capacity of a social-ecological system to absorb or withstand perturbations and other stressors such that the system remains within the same regime, essentially maintaining its structure and functions. It describes the degree to which the system is capable of self-organization, learning and adaptation.“[128]

---

[125] Vgl. Gunderson 2000, S. 426 ff. sowie die dort aufgeführte Literatur.

[126] In Anlehnung an Gunderson 2000, S. 427.

[127] Für weitere Informationen über die Resilience Alliance und ihre Arbeit wird an dieser Stelle auf Resilience Alliance 2015a verwiesen.

[128] Resilience Alliance 2015b. Vgl. zusätzlich die dort aufgeführte Literatur sowie Carpenter et al. 2001 und Folke et al. 2002.

Bei der Betrachtung der vier Charakteristiken, Fähigkeit zur Absorption, Fähigkeit zu lernen, Fähigkeit zur Selbstorganisation und Anpassungsfähigkeit zeichnet sich eine gewisse Verschmelzung der ursprünglich separat betrachtenden ökologischen und technischen Resilienz ab. Dieses Begriffsverständnis geht über die reine Absorption und Wahrung der Funktionalität und Struktur eines Systems hinaus und greift mit dem Aspekt der Selbstorganisation die Stabilisierung und Regulierung eines Systems mit auf.

In ihrem Vorhaben die Resilienz von (sozio-)ökologischen Systemen zu analysieren, wurde auch der Frage nachgegangen, welche Eigenschaften, Attribute oder Merkmale eines Systems für die Resilienz verantwortlich sind. Neben den soeben genannten Charakteristiken wurde ferner die Varietät eines Systems im Sinne von Diversifikation in Pflanzen und Tiere als resilienzförderndes Merkmal ausgemacht.[129]

2.1.2 Psychologische Resilienz

Das Konzept der Resilienz wurde, der etymologischen Bedeutung entsprechend, in das Forschungsgebiet der Psychologie eingeführt, und dort beschreibt es die Fähigkeit zur Stabilisation nach Störungen des Gleichgewichts. Wegweisende Studien, die sich mit dieser Thematik befassen, wurden von Garmezy[130] sowie Werner und Smith[131] im Jahr 1973 respektive 1977 veröffentlicht. Im Rahmen ihrer Studie begleiteten Werner und Smith 700 Personen mit überwiegend problematischen Kindheiten über mehrere Jahrzehnte in ihrer Entwicklung. Auffällig dabei war, dass bestimmte Individuen sich entgegen den Erwartungen ohne Folgeschäden oder bleibende Beeinträchtigungen entwickelten.

Die Fähigkeit, aus individuellen Krisen ohne langfristige Beeinträchtigungen oder sogar gestärkt hervorzugehen, wird als psychologische Resilienz interpretiert.[132] In diesem Zusammenhang wird auch vom Ausdruck „bounce back“[133], also vom „Zurückspringen“ gesprochen, was auf die etymologische Bedeutung der Resilienz zurückführt. An dieser Stelle darf nicht unerwähnt bleiben, dass Wissenschaftler der Psychologie wie Bonanno et al. Resilienz auch im Sinne der ökologischen Resilienz gemäß Holling interpretieren.[134] So beschreiben sie die Resilienz als Maß an Störungen, die ein Individuum absorbieren kann, während es gleichzeitig seine Funktion sowie Identität zu bewahren vermag. Damit zusammenhängend kritisieren Bonanno et al. die Methodik, nach der die zu beobachtenden Personen ausgewählt werden:

129 Vgl. Holling 1973, S. 18, Gunderson 2000, S. 431 sowie Hawes und Reed 2006, S. 650 f.
130 Vgl. Garmezy 1973.
131 Vgl. Werner und Smith 1977.
132 Vgl. u. a. Werner 1995, S. 81, Masten und Coatsworth 1998, S. 205, Luthans 2002, S. 702 sowie Ungericht und Wiesner 2011, S. 189.
133 Luthans 2002, S. 702.
134 Vgl. Bonanno et al. 2006.

Vorwiegend Menschen, die posttraumatische Belastungsstörungen aufweisen, werden zu Untersuchungszwecken herangezogen. An Personen ohne Symptome haftet vermehrt das Stigma der Verdrängung. Jedoch sehen Bonanno et al. gerade diesen Personenkreis als möglichen Beweis, dass Personen hochgradig resilient und so im Sinne der ökologischen Resilienz in der Lage sind, Störungen zu absorbieren.[135]

Gleichwohl wird in den entsprechenden Werken meist die psychologische Resilienz im Sinne der technischen Resilienz interpretiert. Im Kern der psychologischen Resilienzforschung stehen Individuen, die kritische Zeiten durchleben oder durchlebt haben. Dabei werden ihr Umgang mit den Geschehnissen und ihre Entwicklung nach der Krise beobachtet. Hierdurch erarbeiteten Wissenschaftler Faktoren, die die Resilienz eines Individuums begünstigen. Diese lassen sich entsprechend den folgenden drei Kategorien untergliedern. (1) Als individuelle Faktoren gelten gute intellektuelle Fähigkeiten, soziale Kompatibilität, Selbstbewusstsein und hohe Selbstachtung, Talent und Glaube. (2) Eine enge Beziehung zu den Erziehungsberechtigten, autoritative Erziehung oder ein umfassendes, unterstützendes Familien-Netzwerk wurden als familiäre Faktoren deklariert. (3) Zu der dritten Kategorie, den extrafamiliären Faktoren, zählen soziale Beziehungen zu Erwachsenen außerhalb des Familienkreises, Verbindungen zu Organisationen oder Vereinen und eine gute schulische Ausbildung.[136]

2.1.3 Soziale Resilienz

In der Soziologie finden sich, kongruent zu der Diskussion über die (sozio-)ökologische Resilienz, Anhänger der verschiedenen Auffassungen von Resilienz wieder. Vidal et al.[137], Nelson et al.[138] sowie Allenby und Fink[139] interpretieren soziale Resilienz als Fähigkeit einer Bevölkerungsgruppe, Gemeinde o. ä., Störungen zu absorbieren, ohne dabei Funktionalität und Struktur zu verlieren. Sie positionieren sich demnach als Befürworter des Konzepts der ökologischen Resilienz. Wildavsky[140], Reisch[141] sowie Boin und McConnel[142] dagegen sehen in der Resilienz eines sozialen Systems die Fähigkeit, nach einer Krise in den Gleichgewichtszustand zurückzuspringen, was somit dem Konzept der technischen Resilienz entspricht. Zuletzt vertreten Bruneau et al.[143] sowie Smith und Fischbacher[144] die Auffassung, dass soziale Resilienz dem Konzept von Walker et al., Carpenter et al. und Folke et al. folgt. Resilienz ist

[135] Vgl. Bonanno et al. 2006, S. 181.
[136] Vgl. Stewart et al. 1997, S. 22 ff. sowie Masten und Coatsworth 1998, S. 212.
[137] Vgl. Vidal et al. 2009, S. 516.
[138] Vgl. Nelson et al. 2007, S. 396.
[139] Vgl. Allenby und Fink 2005, S. 1034.
[140] Vgl. Wildavsky 1988, S. 77.
[141] Vgl. Reich 2006, S. 793.
[142] Vgl. Boin und McConnel 2007 S. 54.
[143] Vgl. Bruneau et al. 2003, S. 736.
[144] Vgl. Smith und Fischbacher 2009, S. 7.

demnach die Fähigkeit, ein gewisses Maß an Störungen zu absorbieren, ohne Funktionalität und/oder Struktur zu verlieren sowie sich selbst zu organisieren, zu lernen und sich anzupassen.

In der sozialen Resilienzforschung wird u. a. die Widerstandsfähigkeit von Gemeinden adressiert sowie die Frage, wie sich diese auf Krisen bestmöglich vorbereiten können. Im Rahmen einer der ersten Arbeiten auf diesem Gebiet entwickelt Waldavsky in seinem Buch „Searching for safety" ein Konzept für den Umgang der öffentlichen Hand mit unvorhersehbaren, verlustbringenden Ereignissen, das auf einer Strategie der Antizipation und Resilienz beruht.[145] Dabei versteht Wildavsky Antizipation als „[…] efforts [..] to predict and prevent potential dangers before damage is done"[146], wohingegen er Resilienz als die „[…] capacity to cope with unanticipated dangers after they have become manifest, learning to bounce back"[147] auffasst. Weitere Arbeiten in der sozialen Resilienzforschung untersuchen die Krisenbewältigung durch Gesellschaften nach einschneidenden Ereignissen: Hurrikan Katharina und der durch ihn bedingte Zusammenbruch der Infrastruktur bilden den Ausgangspunkt des Artikels von Boin und McConnel.[148] Allenby und Fink nehmen mögliche terroristische Angriffe und medizinische Notfälle als Anlass,[149] Nelson et al. wiederum untersuchen die Folgen von Dürren in Kenia oder Brasilien.[150] Ziel dieser und weiterer Werke ist die Identifikation von Resilienztreibern, um Gesellschaften vor den Folgen solcher Krisen zu bewahren. Bruneau et al. präsentieren in diesem Zusammenhang ein 4R-Konzept, wonach ein resilientes System die Eigenschaften „Robustness", „Redundancy", „Resourcefulness" und „Rapidity" besitzt.[151] Ein System ist dadurch (1) in der Lage, gewisse Belastungen zu absorbieren, ohne seine Funktion oder Struktur zu verlieren. Es weist (2) für elementare Aufgaben eine bestimmte Anzahl an Substituten auf, sodass beim Ausfall einer Variable die Erfüllung dieser Aufgaben weiterhin durch andere Elemente sichergestellt ist. (3) „Resourcefulness" lässt sich mit den Worten „Einfallsreichtum" oder „Improvisation" übersetzen und beschreibt die Eigenschaft der Priorisierung, die Fähigkeit der Lösungsfindung sowie die Eigenschaft, Ressourcen gezielt in neuen, zuvor unbekannten Kontexten einzusetzen. (4) Letztlich ist eine unverzügliche Umsetzung von korrektiven Maßnahmen als erster Schritt der Krisenbewältigung essenziell, um weitere Verluste und Störungen verhindern zu können. Neben diesem 4R-Konzept wurden ferner die Eigenschaft der Selbstorganisation[152], die Fähigkeit zu lernen[153] und die Varietät[154] als Resilienztreiber

[145] Vgl. Wildavsky 1988.
[146] Wildavsky 1988, S. 77.
[147] Wildavsky 1988, S. 77.
[148] Vgl. Boin und McConnel 2007.
[149] Vgl. Allenby und Fink 2005.
[150] Vgl. Nelson et al. 2007.
[151] Vgl. Bruneau et al. 2003, S. 737 f.
[152] Vgl. Comfort et al. 2001, S. 146.
[153] Vgl. Wildavsky 1988, S. 225 und Nelson et al. 2007, S. 399.
[154] Vgl. Nelson et al. 2007, S. 404.

deklariert. Zudem wird eine starke Kollaboration zwischen den einzelnen Elementen eines Systems als resilienzfördernder Faktor beschrieben.[155] Alle Bürger wie auch Firmen und sonstige Organisationen sollten in einem gemeinschaftlichen Netzwerk vereint sein, sodass die Gesellschaft in der Lage ist, jedwede Aktivität zur Krisenbewältigung optimal zu koordinieren. Des Weiteren kann Kultur förderlich auf die Resilienz einer Gesellschaft einwirken. Hierfür empfiehlt sich eine gelebte Kultur, die zum einen fehlertolerant ist[156] und zum anderen ein Bewusstsein für das Unvorhersehbare[157] schafft. Personen bedürfen des Bewusstseins, dass nicht alles determinierbar ist und zu jeder Zeit unvorhergesehene Ereignisse eintreten können. Die Akzeptanz des Ungewissen ist ein entscheidender Punkt für eine Gesellschaft, um sich auf unvorhersehbare Krisen soweit möglich vorbereiten zu können.[158] Routinen sollten etabliert und Abläufe trainiert werden, um in den ersten Phasen einer Katastrophe resilientes Verhalten zu ermöglichen.

Allgemein ist noch zu erwähnen, dass Resilienz nicht ausschließlich positiv konnotiert sein muss. So hat Hills in ihrer Arbeit aufgezeigt, dass auch negative gesellschaftliche Gegebenheiten einer gewissen Resilienz unterliegen. Am Beispiel von Polizeikräften in Afrika hat sie Fehlverhaltensweisen wie Korruption untersucht. Dabei kam sie zu der Erkenntnis, dass sich alsbald ein bestimmtes Verhalten, ob gut oder schlecht, manifestiert, dieses eine gewisse Resilienz aufweist und somit eine Korrektur erschwert.[159]

2.1.4 Organisationale Resilienz

Einzug fand die Resilienzforschung in die Betriebswirtschaftslehre in den Anfängen der 1990er Jahre.[160] Prinzipiell wird Resilienz beschrieben als die Fähigkeit einer Unternehmung, in kritischen Zeiten ihre Funktionalität aufrechtzuerhalten und in einen gesunden, stabilen Zustand zurückzuspringen.[161] Daneben existieren auch Vertreter einer „ökologischen" Sichtweise. Demnach hat eine Unternehmung die Fähigkeit, Krisen zu absorbieren, ohne Diskontinuitäten zu unterliegen.[162] Zuletzt gibt es auch Interpretationen der Resilienz, die von der Diskussion um ökologische, technische oder sozio-ökologische Resilienz abweichen. So interpretieren Hamel und Välikangas Resilienz als kontinuierliche Anpassung der Strategie und des Kerngeschäfts, um so Krisen vorzubeugen,[163] oder, wie Reinmoeller und van Baardwijk es

[155] Vgl. Boin und McConnel 2007, S. 55 f., Nelson et al. 2007, S. 404, Norris et al. 2008, S. 143 sowie Vidal et al. 2009, S. 520.
[156] Vgl. Wildavsky 1988, S. 224 f. und Vidal et al. 2009, S. 519.
[157] Vgl. Wildavsky 1988, S. 224 f., Boin und McConnel 2007, S. 54, Nelson et al. 2007, S. 404 und Norris et al. 2008, S. 143.
[158] Vgl. Boin und McConnel 2007, S. 54 ff. und Norris et al. 2008, S. 143.
[159] Vgl. Hills 2000.
[160] Vgl. Horne III und Orr 1998, S. 30.
[161] Vgl. Comfort 1994, Mallak 1998, Weick et al. 1999 sowie Jansen 2013.
[162] Vgl. Coutu 2002 sowie Starr et al. 2003.
[163] Vgl. Hamel und Välikangas 2003.

beschreiben, ständige Selbst-Erneuerung der Organisation durch Innovation zu ermöglichen.[164]

Eine der ersten Arbeiten in diesem Bereich ist der Artikel „The Collapse of Sensemaking in Organizations: The Mann Gulch Disaster“ von Weick aus dem Jahr 1993. Weick hat das Drama um den Mann-Gulch-Waldbrand im Jahr 1949 zum Anlass genommen, um der Frage nachzugehen, wie organisationale Systeme resilienter gestaltet werden können.[165] Dabei beschreibt Weick Resilienz als „[..] not only about bouncing back from errors, it is also about coping with surprises in the moment.“[166] Er analysiert auf Basis der Aufzeichnungen von Maclean und seines Buches „Young Men and Fire“[167] das Verhalten von 16 Feuerwehrleuten, die bei einem Feuer in der Mann-Gulch-Region im Jahr 1949 zum Einsatz kamen und von denen 13 verstarben. Durch die Gegenüberstellung der unterschiedlichen Verhaltensweisen von Überlebenden und Verstorbenen hat Weick vier Merkmale identifiziert, die ein resilientes Verhalten beschreiben: (1) „Bricolage“, (2) „Virtual Role Systems“, (3) „The Attitude of Wisdom“ und (4) „Respectful Interactions“.[168,169] (1) Bricolage[170] ist die Fähigkeit, unter Druck zu improvisieren und kreative Lösungen zu finden. „Kreativ“ meint hier, vorhandene Ressourcen und Wissen zu hinterfragen und in einem neuen ungewohnten Kontext anzuwenden. (2) Ein „Virtual Role System“ ist durch eine Redundanz der Verteilung von Aufgaben innerhalb einer Gruppe geprägt. Auf diese Weise können in kritischen Zeiten Ausfälle eines bestimmten Individuums kompensiert werden, sodass ein System nicht wegen fehlender Weisungsbefugnisse auseinanderbricht.[171] (3) „The attitude of wisdom“ beschreibt die Notwendigkeit des Bewusstseins des Unbewussten und somit die Einsicht, dass die Realität zu komplex für eine vollständige Erfassung ist.[172] Diese Einstellung erlaubt es Personen, offen für Unerwartetes zu sein, ihren Horizont zu erweitern sowie ungeahnte Situationen zu erkennen, um darauf angemessen reagieren zu können. (4) Mit „Respectful Interactions“ beschreibt Weick die Notwendigkeit von Kollaboration, sozialen Netzwerken und respektvoller Zusammenarbeit in kritischen Zeiten.[173]

---

[164] Vgl. Reinmoeller und van Baardwijk 2005.
[165] Vgl. Weick 1993, S. 628.
[166] Weick et al. 1999, S. 100.
[167] Vgl. Maclean 1992.
[168] Vgl. Weick 1993, S. 638 ff.
[169] Das Desaster um den Mann-Gulch-Waldbrand erschien zu Beginn als ein konventioneller Waldbrand, vermutlich ausgelöst durch einen Blitzschlag, der sich in der schwer zugänglichen Gegend des Mann-Gulch ausbreitete. Dieser Brand entwickelte sich aufgrund einer Aneinanderkettung ungünstiger Sachverhalte zu einer unkontrollierbaren Katastrophe. Im Angesicht dieser überraschenden Entwicklungen zerbrach die Gruppe, und die Personen versuchten fortan auf unterschiedliche Art und Weise, ihr Überleben zu sichern. Weicks Auffassung nach, hätte es zu diesem Ausmaß der Katastrophe nicht kommen müssen, wenn die Gruppe gesamtheitlich eine resiliente Verhaltensweise aufgezeigt hätte (vgl. Weick 1993).
[170] „Bricolage“ kann aus dem Französischen mit „Bastelei“ oder „Heimwerken“ übersetzt werden.
[171] Vgl. Weick 1993, S. 640.
[172] Vgl. Weick 1993, S. 641.
[173] Vgl. Weick 1993, S. 642 ff.

Ein weiterer Teil der organisationalen Resilienzforschung, beispielsweise Lengnick-Hall et al.[174], versteht unter einer resilienten Organisation das Ergebnis einer entsprechenden Personalpolitik, welche die Interaktionen zwischen dem Sub-System „Mitarbeiter" und dem System „Organisation" widerspiegelt.[175] Die Entwicklung und Koordination von notwendigen Kernkompetenzen von Mitarbeitern ermöglicht laut den Wissenschaftlern eine resiliente Krisenbewältigung einer Unternehmung. Damit verknüpfen sie die individuelle und organisationale Resilienz und rücken das Personalmanagement in den Mittelpunkt ihrer organisationalen Resilienzforschung. Die Resilienz besteht nach Lengnick-Hall et al. aus einer Mischung von kognitiven, verhaltensbezogenen und kontextuellen Elementen.[176] Demnach müssen Firmen Einfallsreichtum und die Entwicklung neuer Fähigkeiten der Mitarbeiter fördern, statt auf Standardisierung und den Drang nach Kontrolle zu setzen. Sie müssen durch Kollaborationen die jeweiligen Situationen erkennen und analysieren, um Ressourcen und Wissen bestmöglich einsetzen zu können. Zudem sollte das Unternehmen hierfür die entsprechenden Rahmenbedingungen im Sinne von frei verfügbaren Ressourcen und selbstorganisierenden Strukturen bieten.

Im Rahmen zahlreicher Forschungsarbeiten wurden unterschiedliche Merkmale eines Systems als Resilienztreiber identifiziert. Demnach sollte eine resiliente Organisation die eben diskutierten Eigenschaften des Einfallsreichtums und der Bricolage aufweisen.[177] Einen weiteren viel diskutierten Faktor bilden die Struktur und die Verteilung von Weisungsrechten und Verantwortungen in Organisationen. Statt von der klassischen Hierarchie wird in der Literatur der Resilienz über Heterarchie[178], „shared-decision making"[179], „virtual role systems"[180] oder „epistemic networks"[181] gesprochen. Den Einsatz von Letzterem beschreiben Weick und seine Kollegen im Rahmen eines Beitrages, der sich mit High Reliability Organisations befasst.[182] Die an einem „epistemic network" beteiligten Personen bilden informale Ad-hoc-Netzwerke, die sich nach Bewältigung einer Krise wieder auflösen. Durch diese Netzwerke sind Organisationen in der Lage, für die Lösungsfindung kritisches Wissen und Ressourcen effizient zu bündeln, ohne dass klassische Rollenverteilungen hemmend wirken.[183] Diesem Netzwerk liegt das

---

174 Die Autoren Lengnick-Hall et al. (vgl. u. a. Lengnick-Hall und Beck 2005 sowie Lengnick-Hall et al. 2011) stehen beispielhaft für den Forschungsstrang der Resilienz, welcher die Interaktionen zwischen dem Sub-System „Mitarbeiter" und dem System „Organisation" analysiert. Vgl. zusätzlich u. a. Horne III und Orr 1998, Mallak 1998, Coutu 2002, Crichton et al. 2009, Gibson und Tarant 2010 sowie Ungericht und Wiesner 2011.

175 Vgl. Lengnick-Hall et al. 2011, S. 243 und S. 245.

176 Vgl. Lengnick-Hall und Beck 2005, S. 750.

177 Vgl. u. a. Weick 1993, S. 638 ff., Mallak 1998, S. 13, Coutu 2002, S. 52 f., Kendra und Wachtendorf 2003, S. 42, Gibson und Tarant 2010, S. 9 sowie Ungericht und Wiesner 2011, S. 193.

178 Vgl. Jansen 2013, S. 126.

179 Vgl. Mallak 1998, S. 8.

180 Vgl. Weick 1993, S. 640.

181 Vgl. Rochlin 1989, S. 160 f., Weick et al. 1999, S. 100 f. sowie Weick und Sutcliffe 2010, S. 83.

182 Vgl. Weick et al. 1999.

183 Vgl. Weick et al. 1999, S. 100 f.

„principle of redundancy of potential command“[184] zugrunde. Hiernach kann jedes Glied eines Systems, welches die notwendigen Informationen besitzt, lenkend und gestalterisch aktiv werden. Des Weiteren gelten für resiliente Organisationen der Aufbau sowie die Nutzung von Netzwerken im Sinne der Zusammenarbeit und des Informations- und Wissensaustauschs von internen und externen Partnern als elementar. Nicht zuletzt ist auch eine offene, ehrliche und transparente Kommunikation ein wichtiges Merkmal von resilienten Systemen.[185] Neben der Redundanz der Weisungsbefugnisse führen Weick et al. den Aspekt der Redundanz im Sinne von „slack resources“ an.[186] Resilienten Unternehmungen sollten zu jedem Zeitpunkt, speziell in Zeiten von Erschütterungen, ausreichend viele Ressourcen zur Verfügung stehen. Jansen beschreibt diese Redundanz als „[..] die Versicherungsprämie für resiliente Hochrisiko-Organisationen.“[187] Die Vertreter der organisationalen Resilienz, die die Integration des Individuums in das Konzept der organisationalen Resilienz als unabdingbar sehen, führen ferner die Kultur einer Unternehmung als Treiber auf. Dabei wird vor allem eine Kultur beschrieben, in der Mitarbeiter die Vision, Mission und die Werte der Unternehmung leben,[188] in der Fehler toleriert werden[189] und die offen gegenüber Wandel ist.[190] Ferner wird ein Bewusstsein des Unbewussten von Mitarbeitern und Organisation vorausgesetzt.[191] Zuletzt wird, wie auch in den zuvor erwähnten Forschungsgebieten, die Varietät als treibende Kraft der organisationalen Resilienz betrachtet.[192] Fiksel bezieht sich dabei auf eine diversifizierte Produktpalette oder Geschäftsstrategie.[193] Weick spricht von Varietät im Sinne von „alternative means to a goal“[194] und der Förderung von Vielfalt durch unterschiedliche Perspektiven der Mitarbeiter, wodurch die Wahrnehmungsfähigkeit in komplexen Umgebungen erhöht wird.[195]

184 Probst 1987, S. 81.

185 Vgl. u. a. Weick 1993, S. 642 ff., Hind et al. 1996, S. 19, Horne III 1997, S. 27, Horne III und Orr 1998, S. 32 ff., Lengnick-Hall und Beck 2005, S. 752 sowie Lengnick-Hall et al. 2011, S. 247.

186 „Slack resources“ sind ungebundene Ressourcen einer Unternehmung und stehen zur freien Verfügung, wenn es zu Engpässen kommt. Vor allem bei unvorhersehbaren Veränderungen kommt es vor, dass kurzfristig der Bedarf steigt. In solchen Situationen verhindert die Redundanz, dass Prozesse zur Krisenbewältigung aufgrund fehlender Ressourcen gestört werden.

187 Jansen 2013, S. 124.

188 Vgl. Horne III und Orr 1998, S. 32, Coutu 2002, S. 51 f. sowie Lengnick-Hall et al. 2011, S. 245 f.

189 Vgl. Weick et al. 1999, S. 84 sowie Ungericht und Wiesner 2011, S. 193.

190 Vgl. Hind et al. 1996, S. 19 sowie Ungericht und Wiesner 2011, S. 192.

191 Vgl. Mallak 1998, S. 13, Coutu 2002, S. 46 ff., Crichton et al. 2009, S. 32 sowie Gibson und Tarant 2010, S. 9.

192 Vgl. Fiksel 2003, S. 5333, Hamel und Välikangas 2003, S. 59 sowie Weick und Sutcliffe 2010, S. 17 und S. 120 f.

193 Vgl. Fiksel 2003, S. 5333.

194 Vgl. Weick et al. 1999, S. 105. „Alternative means to a goal“ bedeutet, dass eine Organisation in der Lage ist, ein Ziel auf vielen unterschiedlichen Wegen zu erreichen und nicht von einzelnen Optionen abhängig zu sein.

195 Vgl. Weick und Sutcliffe 2010, S. 17.

2.2 Der Begriff der Resilienz und seine Treiber

Über die Zeit hat sich aus dem einfachen physikalischen Begriff der Resilienz ein multikonzeptionelles und interdisziplinäres Konstrukt entwickelt. Selbst in den einzelnen Forschungsgebieten existiert nicht ein bestimmtes allumfassendes Begriffsverständnis, und so hat jeder Wissenschaftler für sich eine ganz eigene Auffassung erarbeitet, auch wenn diese in ihren Grundformen übereinstimmen mögen. Demzufolge empfiehlt es sich, für den Zweck dieser Arbeit abzugrenzen, was in dem hiesigen Kontext unter Resilienz verstanden werden soll und welche Faktoren als Resilienztreiber infrage kommen, um ein einheitliches Begriffsverständnis zu konstruieren.

In kritischen Zeiten ist das Ziel einer Organisation die Wahrung der eigenen Identität und nicht minder die Rückkehr zu einem stabilen Zustand. Dies setzt voraus, dass ein System eine bestimmte Absorptionsfähigkeit besitzt und zugleich in der Lage ist, sich zu regenerieren und anzupassen. Die Aspekte der ökologischen sowie technischen Resilienz sind daher gleichermaßen zu berücksichtigen, weshalb sich das hiesige Verständnis der Resilienz an der Interpretation der Resilience Alliance orientiert.

> Resilienz ist die Fähigkeit eines Systems, Erschütterungen zu absorbieren oder ihnen zu widerstehen, sodass das System seine Funktion, Struktur und Identität bewahrt. Ein resilientes System ist dabei durch die Merkmale der Selbstorganisation, der Fähigkeit, zu lernen, und der Anpassungsfähigkeit zu beschreiben.[196]

Nach der hier vertretenen Auffassung besitzt ein resilientes System die Eigenschaften der Selbstorganisation, der Fähigkeit zu lernen und der Anpassungsfähigkeit und ist in der Lage, einen gewissen Grad an Störungen zu absorbieren. Wird die Belastungsgrenze durch die Erschütterungen nicht überschritten, bewahrt das System seine Funktionalität, die Struktur und somit seine Identität. Das resiliente System ist des Weiteren fähig, mithilfe inkrementeller Veränderungen einen Zustand zu erreichen, durch den es sich an die neue Umwelt anpasst. Überschreitet die Krise jedoch den Schwellenwert der Absorptionsfähigkeit, so ist das System nicht in der Lage, seine Funktionalität und Struktur zu wahren. Es verliert seine ursprüngliche Identität und transformiert sich in einen neuen Zustand. Transformationen von Unternehmen stellen zumeist eine vollständige Neuerfindung des Geschäftsmodells dar, was am Beispiel von Nokia gut veranschaulicht werden kann. Als früherer Weltmarktführer von mobilen Telefonen verkauften sie 2013 ihre Handysparte an Microsoft. Als zu starres Unternehmen war Nokia nicht in der Lage, den „Schock“, ausgelöst durch die Einführung der Smartphones, soweit zu

---

[196] Dieses Begriffsverständnis entspricht weitestgehend demjenigen der Resilience Alliance (2015b), ist jedoch nicht nur auf sozio-ökologische Systeme beschränkt, sondern in allgemeingültiger Form gehalten.

absorbieren, dass die ursprüngliche Identität als Mobiltelefonanbieter gewahrt werden konnte. Das Unternehmen musste sich in der veränderten Umwelt neu erfinden.

Aus einer unternehmensspezifischen Sichtweise sind solche Identitätsverluste und die damit verbundenen Transformationen nicht unbedingt erstrebenswert. Stattdessen werden sie größtenteils als letzte Möglichkeit angesehen, den Fortbestand der Organisation, wenn auch mit neuer Identität, zu sichern. Auch aus Kostengründen ist eine Anpassung durch inkrementelle Veränderungen zumeist einer Transformation vorzuziehen. Mit einer ausgeprägten Resilienzfähigkeit kann eine Organisation die Dauer und das Ausmaß von kritischen Zeiten und die damit verbundenen Auswirkungen, die positiv mit den Kosten für eine Unternehmung korrelieren, minimieren.

Trotz der Vorteile der Resilienz verbinden viele Unternehmen hohe Kosten mit ihr, die vor allem in nicht-kritischen Zeiten konträr zum Effizienzgedanken stehen. So sehen sich Unternehmen oftmals einem Trade-off zwischen Effizienz und Resilienz gegenüber. Diesem widmen sich Lietaer et al. 2010 in ihrem Artikel „Is Our Monetary Structure a Systemic Cause for Financial Instability? Evidence and Remedies from Nature".[197] Sie kommen zu der Erkenntnis, dass für ein erfolgreiches Bestehen einer Organisation ein gesundes Verhältnis zwischen Effizienz und Resilienz unabdingbar ist. Ein zu effizientes System neigt zur Instabilität aufgrund geringer Diversifikation und zu wenigen Verknüpfungen innerhalb des Systems. Ein zu resilientes System neigt dagegen aufgrund der zu großen Diversifikation und der Vielzahl an Verknüpfungen wiederum zur Stagnation. Trotz der derzeitigen effizienzzentrierten Sichtweise der Wirtschaft empfehlen die Autoren für ein nachhaltiges Bestehen einer Organisation ein Verhältnis zugunsten der Resilienz statt der Effizienz.[198]

Um die Eigenschaft der Resilienz als Organisation zu erreichen, wurden zahlreiche Resilienztreiber in der Literatur diskutiert. Vermehrt wurden für vergleichbare Attribute unterschiedliche Bezeichnungen geprägt, weshalb Kendra und Wachtendorf festhalten, dass

> „[a]lthough researchers differ in the terms they use to describe various features of organisational resilience, they nevertheless orient their analyses around such features as redundancy, the capacity for resourcefulness, effective communication and the capacity for self-organisation in the face of extreme demands."[199]

Somit kann resümierend festgehalten werden, dass ein resilientes System folgende Kriterien aufweist.

---

[197] Vgl. Lietaer et al. 2010.
[198] Vgl. Lietear et al. 2010, S. 93.
[199] Kendra und Wachtendorf 2003, S. 42.

(1) Redundanz
(2) Bricolage
(3) Kollaboration
(4) Selbstorganisation

Ferner bedarf es für ein selbstorganisierendes System der Eigenschaften der Komplexität, Redundanz, Autonomie und Selbstreferenz.[200] Bei der Redundanz werden zwei Formen unterschieden: Redundanz bezieht sich zum einen auf das Vorhandensein ungebundener Ressourcen und kann somit als „slack resources" bezeichnet werden. Die zweite Form der Redundanz, die die Selbstorganisation mit einschließt, umfasst zum anderen die Redundanz der Funktionalität und somit der „redundancy of potential command".

Abschließend lässt sich ein resilientes System wie folgt beschreiben: Eine Unternehmung sollte (1) eine gewisse Redundanz aufweisen. Es empfiehlt sich also, zu jedem Zeitpunkt ausreichend Ressourcen wie Produktionsmaterialien, Wissen, Personal, IT-Systeme etc., vorrätig zu halten, sodass in den Ressourcen verzehrenden, kritischen Zeiten keine Engpässe auftreten, die den Erholungsprozess beeinträchtigen könnten. Ferner sollte ein resilientes Unternehmen (2) über die Fähigkeit der Bricolage verfügen. Unter diese fallen die diskutierten Aspekte der „Resourcefulness", des Einfallsreichtums und der Improvisation. Die Zeit ist einer der kritischsten Faktoren bei der Krisenbewältigung. Unter diesem Blickwinkel empfiehlt es sich für eine Organisation, mit dem vorhandenen Wissen und den Ressourcen eine erfolgreiche Problemlösungsfindung voranzutreiben und zu improvisieren. Dabei sollten vorhandene Mittel kreativ in einen neuen Kontext übertragen werden, ohne auf externe Inputs angewiesen zu sein, da eine Zuführung externer Inputs eine längere Zeitspanne beansprucht und unvorhersehbare Wechselwirkungen verursachen kann. Hier findet sich eine Überschneidung mit der Selbstreferenz und der operationalen Geschlossenheit, die für die Selbstorganisation vorausgesetzt wird. Die Unternehmung greift bei der Lösungsfindung nicht auf ihre Umwelt zurück. Stattdessen ist jede eigene Handlung Ausgangspunkt für jegliches weitere Verhalten. Das Verhalten der Unternehmung bezieht sich somit stets auf sich selbst, wodurch eine gewisse Selbstreferenz vorliegt. (3) Das Merkmal der Kollaboration setzt voraus, dass soziale Netzwerke in der Unternehmung existieren. Eine offene, respektvolle und transparente Kommunikation sowie Interaktion zwischen Mitarbeitern ist unabdingbar für eine erfolgreiche Krisenbewältigung. Unter diesen generischen Aspekt fallen zudem die diskutierten Resilienztreiber „epistemic networks", „shared decision making" und Heterarchie. Somit beschreibt die Kollaboration nicht nur das Bestehen von Netzwerken, sondern zusätzlich deren jeweiligen Charakter. Zum einen sind Weisungsrechte und Verantwortungen nicht hierarchisch verteilt. Vielmehr kann jeder Mitarbeiter, ungeachtet seiner formalen Rolle und basierend auf dem „principle of redundancy of

---

[200] Vgl. Probst 1987, S. 11.

potential command", in einer Krisensituation lenkend agieren, wenn er das notwendige Wissen und die entsprechenden Informationen besitzt. Zum anderen werden durch Ad-hoc-Netzwerke relevantes Wissen und Ressourcen gebündelt, ohne dass unflexible hierarchische Strukturen hemmend wirken. Dies ermöglicht eine effizientere Lösungsfindung. Die Eigenschaft der Kollaboration legt die Rahmenbedingungen für die Problembewältigung durch die Bricolage fest, indem sie alle relevanten Faktoren zusammenbringt. Die vierte Eigenschaft eines resilienten Systems ist (4) die Selbstorganisation. Eine selbstorganisierende Unternehmung ist befähigt, die Entstehung, Verbesserung oder Erhaltung der eigenen Struktur, Ordnung und Organisation aus sich selbst heraus mittels der Interaktionen der eigenen Bestandteile ohne Einwirkungen von außen sicherzustellen.[201] Die Unternehmung verfügt über einen selbstregulierenden Charakter und kann selbstständig auf externe Störungen reagieren. Darüber hinaus kann die Organisation sich mithilfe der Fähigkeit der Anpassung an neue Umweltzustände adaptieren, sodass auch bei Störungen mit unvorhergesehenem Ausmaß die Überlebensfähigkeit gewahrt wird.[202] Ein selbstorganisierendes System bedarf der Merkmale der Komplexität, Autonomie, Selbstreferenz und Redundanz, wobei die beiden letztgenannten Punkte bereits aufgegriffen wurden. Die Unternehmung sollte eine gewisse Varietät aufweisen, die nach dem Eigenvarietätstheorem von Ashby mindestens so groß ist wie die der relevanten Umwelt.[203] Dies bedeutet, dass für jeden möglichen Zustand, den die relevante Umwelt annehmen kann, das Unternehmen einen Zustand herstellen kann, mit dem es in der Lage ist, einen stabilen Zustand anzunehmen. Nur dann besitzt die Organisation die Möglichkeit, auf jegliche Art von Störungen zu reagieren. Die Autonomie beschreibt keine absolute Unabhängigkeit von der Umwelt. Sie stellt vielmehr eine relative Geschlossenheit dar und liegt vor, wenn die Beziehungen und Interaktionen, die ein System als Einheit abgrenzen, nur das System selbst und keine anderen Systeme betreffen.[204]

[201] Vgl. Probst 1987, S. 14. Für eine ausführlichere Abhandlung über die Selbstorganisation von Systemen wird an dieser Stelle auf das Buch „Selbst-Organisation" von Probst (1987) verwiesen.

[202] Vgl. Büttner 2001, S. 86 f.

[203] Vgl. Ashby 1985, S. 299.

[204] Vgl. Probst 1987, S. 82.

Teil III: Das menschliche Immunsystem als Inspirationsquelle

Der nachfolgende dritte Teil stellt zuerst das menschliche Immunsystem sowie dessen Funktionen, Bestandteile und Abläufe vor. Daraufhin wird dieses nach Beer als konzeptionell zu bezeichnende Modell mithilfe der Meta-Sprache der allgemeinen Systemtheorie in ein homomorphes Modell transformiert, während das Immunsystem aus einer systemtheoretischen Perspektive zu betrachten ist. Daran anschließend erfolgt die kybernetische Analyse, die sich der Identifizierung von Meta-Prinzipien in den Abwehrmechanismen des Immunsystems widmet. Des Weiteren wird die Frage beantwortet, inwieweit das Immunsystem als ein resilientes System zu charakterisieren ist. Abgeschlossen wird das Kapitel mit den sich aus den gewonnenen Erkenntnissen ergebenen Implikationen für einen Transfer.

3.1 Eine Einführung in das Immunsystem[205]

Durch die Koexistenz von Lebewesen und den Austausch zwischen ihnen und ihrer Umwelt ist der Mensch ununterbrochen den Einflüssen der Außenwelt ausgesetzt, wodurch zuweilen auch schädliche Substanzen in den Körper gelangen können. Darunter fallen körperfremde Bakterien, Viren, Würmer oder Pilze. Auch Veränderungen oder Entartungen körpereigener Zellen können eine Bedrohung darstellen. Um die Unversehrtheit des menschlichen Körpers dennoch zu wahren, haben sich im Laufe der Evolution Mechanismen entwickelt, die in der Lage sind, solche Krankheitserreger (Pathogene, Antigene (Ag)) zu erkennen und zu beseitigen. Dieses System an Mechanismen wird als das menschliche Immunsystem bezeichnet.[206]

Das Immunsystem kann bezüglich seiner Funktionalität in zwei Teile gegliedert werden: das angeborene und das adaptive Immunsystem. Das angeborene Immunsystem ist für die Erkennung eindringender Krankheitserreger und die sofortige Einleitung von Gegenmaßnahmen zuständig. Wichtig sind die Lokalisierung der Infektion und das Verhindern einer Ausbreitung des Pathogens. Aufgrund der Bedeutung der Schnelligkeit ist die Spezifität bei der Erkennung nicht so ausgefeilt wie die des adaptiven Immunsystems. Eine hohe Spezifität ist an dieser Stelle auch nicht notwendig, da sich das angeborene Immunsystem auf die Unterscheidung von „selbst“ und „nicht-selbst“, sowie „ungefährlich“ und „gefährlich“ konzentriert.[207] Auch die vom

---

[205] Die folgende Ausführung über das Immunsystem basiert auf den Werken von Martin und Resch 2009, Schütt und Bröker 2011, Murphy et al. 2014, Rink et al. 2015 sowie den in Teil I erwähnten Gesprächen mit Univ.-Prof. Dr. Bopp. Für eine tiefer greifende Beschreibung des Immunsystems wird an dieser Stelle auf die genannten Lehrbücher verwiesen.

[206] Die Evolution des (angeborenen) Immunsystems nahm seinen Anfang mit dem ersten Auftreten von Vielzellern vor 500 bis 600 Millionen Jahren. Vor ca. 350 bis 400 Millionen Jahren tauchte mit kiefertragenden Fischen das adaptive Immunsystem auf (vgl. Rink et al. 2015, S. 2).

[207] Vgl. Martin und Resch 2009, S. 8.

angeborenen Immunsystem eingeleiteten Abwehrreaktionen sind von unspezifischer Natur. Sie sind nicht punktuell auf ein bestimmtes Pathogen ausgerichtet, sondern besitzen universell funktionierende Mechanismen.[208] In den meisten Fällen sind diese bereits ausreichend, sodass viele kleinere Infektionen in wenigen Stunden erfolgreich bekämpft werden und der Betroffene nichts bemerkt.[209] Dennoch bringt der unspezifische Charakter auch Nachteile mit sich: Manche Krankheitserreger haben Resistenzen gegen die Mechanismen des angeborenen Immunsystems entwickelt.[210] In diesem Falle dient die initiale Reaktion des Immunsystems der Zeitgewinnung, die für eine antigenspezifische Reaktion vonnöten ist. Der adaptive Teil des Immunsystems ist in der Lage mit einem enormen Portfolio an unterschiedlichen Rezeptoren[211] eine antigenspezifische Immunantwort zu entwickeln, jedoch nimmt dies einige Tage in Anspruch.[212] Letztendlich ist für die erfolgreiche Abwehr von Krankheitserregern die Kooperation von angeborenem und adaptivem Immunsystem entscheidend.

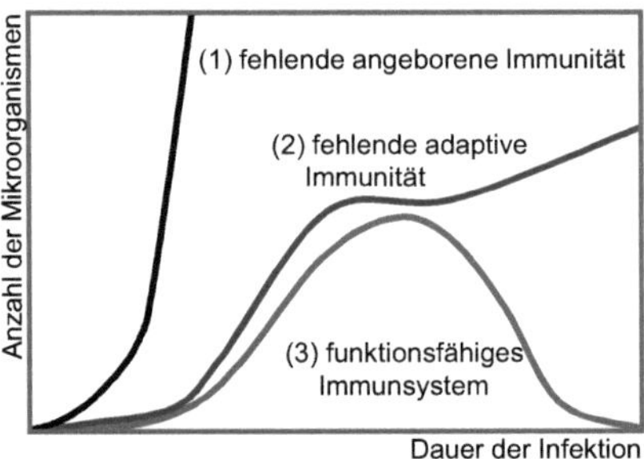

Abbildung 5: Verlauf einer Infektion[213]

Abbildung 5 zeigt den Verlauf einer Infektion in drei unterschiedlichen Szenarien: (1) Bei einer fehlenden angeborenen Immunität steigt die Anzahl der Mikroorganismen exponentiell an, ohne dass es zu einem Wendepunkt kommt. Durch das fehlende angeborene Immunsystem existiert kein Mechanismus, der zu Beginn der Infektion die Vermehrung und Ausbreitung der Erreger unterbindet. Eine adaptive Immunantwort kann sich aufgrund fehlender Zeit nicht entwickeln, sodass der Körper nicht fähig ist, den Erreger zu beseitigen. (2) Der zweite Verlauf verdeutlicht das Fehlen der adaptiven Immunität. Zu Beginn kann das angeborene Immunsystem den Erreger in seiner Ausbreitung und Vermehrung eindämmen. Jedoch erreicht dieser

208 Vgl. Martin und Resch 2009, S. 70 f.
209 Vgl. Schütt und Bröker 2011, S. 63.
210 Vgl. Martin und Resch 2009, S. 70 f. sowie Rink et al. 2015, S. 7.
211 T- oder B-Zellen besitzen Rezeptoren, die auf spezifische Antigene ausgerichtet sind. Von diesem einen Rezeptor exprimiert eine Zelle mehrere Tausend auf ihre Oberfläche. Allgemein besitzen Zellen unterschiedliche Arten von Rezeptoren, beispielsweise für Zytokine, Immunglobuline, Komplement usf.
212 Vgl. Murphy et al. 2014, S. 36.
213 In Anlehnung an Murphy et al. 2014, S. 535.

Mechanismus zu einem bestimmten Zeitpunkt seine Grenzen. Verhindert ein Defekt das Einsetzen einer adaptiven Immunantwort, ist der menschliche Organismus nicht in der Lage, die Infektion zu bekämpfen. (3) Die erfolgreiche Zusammenarbeit zwischen angeborenem und adaptivem Immunsystem wird durch das letzte Szenarium verdeutlicht. Die Anzahl der Mikroorganismen steigt zwar, wird jedoch durch das angeborene Immunsystem in der Ausbreitung eingedämmt. Im Gegensatz zu Fall (2) tritt nach einer gewissen Zeit das adaptive Immunsystem in Kraft und unterstützt das angeborene System. Durch diese Kooperation ist der menschliche Organismus in der Lage, die Infektion erfolgreich zu bekämpfen.[214]

Bei einer Immunreaktion wird zwischen einem Erstkontakt mit einem spezifischen Pathogen und einem wiederholten Kontakt unterschieden. Das adaptive Immunsystem besitzt eine Gedächtnisfunktion, wodurch es in der Lage ist, eine Immunität gegenüber Krankheitserregern zu entwickeln. Bei einem wiederholten Kontakt greift das Immunsystem auf Gedächtniszellen zurück, sodass die spezifische Bekämpfung signifikant beschleunigt und eine schwere Infektion verhindert werden kann.[215]

3.1.1 Die Bestandteile des Immunsystems

Bevor die Abläufe einer Immunantwort in den Fokus rücken, werden zuvor die Bestandteile des Immunsystems vorgestellt. Hierbei wird zwischen den Barrieren, den Organen sowie zwischen zellulären und humoralen Bestandteilen unterschieden. Die zellulären und humoralen Bestandteile werden ihrer Zugehörigkeit nach im Rahmen der angeborenen oder adaptiven Immunantwort erläutert.

Abbildung 6 fasst die hier besprochene Aufteilung der Bestandteile des Immunsystems nochmals zusammen.

[214] Vgl. Murphy et al. 2014, S. 535.
[215] Vgl. Murphy et al. 2014, S. 36 f.

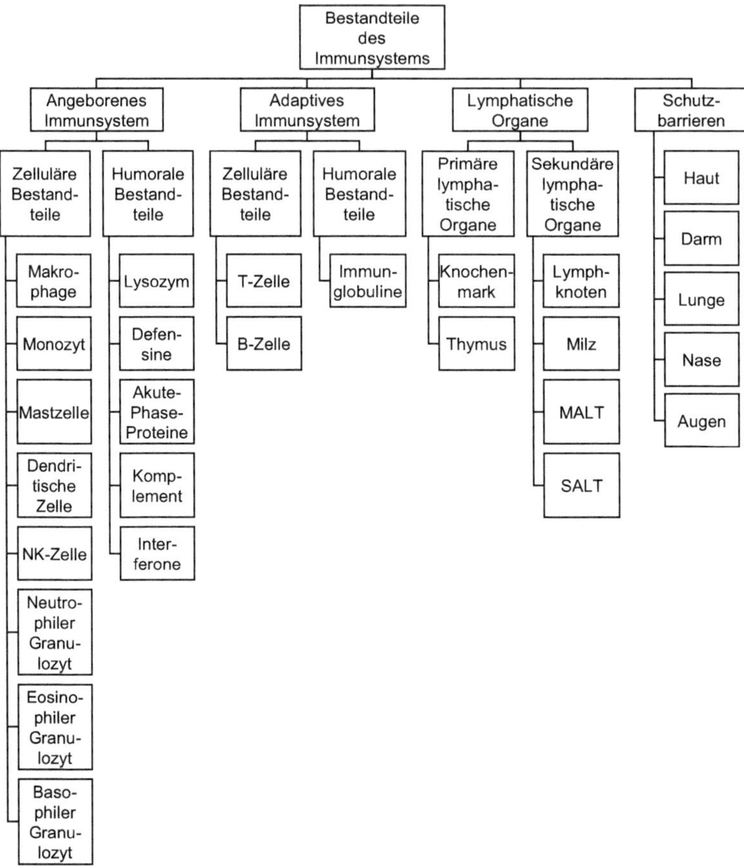

Abbildung 6: Die Bestandteile des Immunsystems[216]

3.1.1.1 Die Organe des Immunsystems[217]

Als lymphatische Organe oder Organe des Immunsystems werden diejenigen Organe des menschlichen Körpers bezeichnet, in denen vornehmlich Immunzellen vorzufinden sind. Diese lassen sich wiederum in die primären und sekundären lymphatischen Organe untergliedern.

Als primäre lymphatische Organe, auch zentrale lymphatische Organe, werden der Thymus und das Knochenmark bezeichnet. Dabei findet die Entwicklung aller Immunzellen, der Leukozyten, innerhalb des Knochenmarks statt. Aus der hämatopoetischen Stammzelle

[216] Quelle: eigene Darstellung.
[217] Vgl. Martin und Resch 2009, S. 15 ff. sowie Rink et al. 2015, S. 15 ff.

differenzieren sich die Zellen des angeborenen (dendritische Zellen, Makrophagen, Monozyten, Mastzellen, Granulozyten, Natürliche Killer-Zellen (NK-Zellen)) und des adaptiven Immunsystems (B- und T-Zelle).

Die sekundären Organe sind die Milz, die Lymphknoten, wobei Letztere über den ganzen Körper verteilt sind, und ortsspezifische Organe wie beispielsweise die Schleimhäute der Lunge, die Haut, der Mund und die Nase.[218] Da die Organe weitverbreitet im Körper des Menschen sind, wird auch von den peripheren lymphatischen Organen gesprochen. In den sekundären lymphatischen Organen erfolgt ein Austausch zwischen den Zellen des angeborenen Immunsystems, speziell den antigenpräsentierenden Zellen, und des adaptiven Immunsystems. Erst diese Interaktion ermöglicht eine vollständig funktionierende Immunantwort.

3.1.1.2 Die Barrieren des Immunsystems[219]

Der menschliche Körper besitzt eine Reihe an mechanischen, chemischen und mikrobiologischen Barrieren, deren Aufgabe darin besteht, den Eintritt von Krankheitserregern in den menschlichen Organismus zu verhindern. Da die Immunreaktion in dieser Arbeit von Interesse ist und sie ein Durchdringen der Barrieren voraussetzt, werden die Schutzmechanismen nur kurz thematisiert.

Die Barrieren sind überall dort zu finden, wo der menschliche Körper in Kontakt mit der Außenwelt tritt – dies betrifft Haut, Darm, Lunge, Augen und Nase. Die mechanische Abwehr bilden dabei Epithelzellen, die eine physische Barriere errichten. Hinzu kommen chemische Barrieren wie antibakterielle Peptide, Fettsäuren, ein niedriger pH-Wert und bestimmte Enzyme, die ein Eindringen von Antigenen verhindern sollen.

3.1.1.3 Die Botenstoffe des Immunsystems – Zytokine und Chemokine

Um eine reibungslose Interaktion zwischen den einzelnen Elementen des Immunsystems zu garantieren, bedarf es eines Kommunikationsnetzwerks. Die Mediatoren dieses Netzwerk werden durch die Zytokine und Chemokine repräsentiert. Sie werden vom Immunsystem als Botenstoffe eingesetzt und vorwiegend von den Immunzellen selbst produziert.

Die Zytokine haben dabei mehrere Funktionen: Zum einen induzieren, steuern oder beenden sie Immunreaktionen; zum anderen kontrollieren sie die Proliferation sowie Differenzierung

[218] Hierbei handelt es sich um das Mucosa-assoziierte lymphatische Gewebe (MALT) und das Haut-assoziierte lymphatische Gewebe (SALT). Das MALT wird nochmals, entsprechend seiner Lokalisierung, in das bronchio-alveolar assoziierte lymphatische Gewebe (BALT), das Nasen-assoziierte lymphatische Gewebe (NALT) und das Darm-assoziierte lymphatische Gewebe (GALT) unterteilt (vgl. Martin und Resch 2009, S. 214 f. sowie Rink et al. 2015, S. 30).

[219] Vgl. Rink et al. 2015, S. 4 f.

von Zellen und regulieren die Hämatopoese oder wirken antiviral.[220] Dabei besitzen Zytokine überlappende Wirkspektren und können teilweise durch andere Zytokine ersetzt werden. Um die komplexen Mechanismen des Immunsystems gezielt anzusprechen, existiert eine Varietät von derzeit über 100 unterschiedlichen Zytokinen.[221]

Wird die Immunreaktion als eine Kaskade interpretiert, dann induzieren Zytokine durch die Kommunikation von Informationen jeweils die nächsten Schritte. Speziell in der Ausrichtung der adaptiven Immunantwort spielen die Zytokine eine zentrale Rolle. Je nach Art des vorherrschenden Zytokinmilieus kommt es zu unterschiedlichen zellulären oder humoralen Immunantworten.[222, 223] Zusätzlich sind Zytokine bei der angeborenen Immunantwort für die Auslösung und Aufrechterhaltung der Entzündungsreaktion verantwortlich. Zytokine haben aber nicht nur eine aktivierende Funktion. Aufgrund der Gefahr einer systemischen Entzündungsreaktion und der Notwendigkeit, eine Immunreaktion zu gegebenen Zeitraum wieder herunterzuregulieren, besitzen viele Zytokine inhibitorische Eigenschaften.[224]

Während Zytokine das Verhalten des Immunsystems beeinflussen, übernehmen Chemokine die Funktion der Navigation. Es gibt zwei unterschiedliche Klassen von Chemokinen. Eine Klasse übernimmt dabei eine permanente Funktion und leitet beispielsweise ausgereifte T- und B-Zellen in die peripheren lymphatischen Organe; die andere Gattung von Chemokinen wird im Rahmen einer Immunreaktion ausgeschüttet und navigiert die benötigten Zellen zum Infektionsherd.[225]

3.1.2 Die angeborene Immunantwort

Durchdringt ein Pathogen die Schutzbarrieren oder entsteht eine Tumorzelle innerhalb des menschlichen Körpers, kommt es zu einer Immunreaktion. Dabei wird unterschieden zwischen einem ersten und einem wiederholten Kontakt mit einem spezifischen Pathogen. Im Folgenden wird zunächst von einem Erstkontakt ausgegangen. Bevor jedoch näher auf die angeborene Antwort eingegangen wird, werden zuerst die in einer angeborenen Reaktion involvierten zellulären und humoralen Bestandteile vorgestellt.

---

[220] Vgl. Martin und Resch 2009, S. 133 ff. sowie Rink et al. 2015, S. 6 und 102 ff. Für eine tabellarische Übersicht über die einzelnen Zytokine und ihre Funktionen siehe Murphy et al. 2014, S. 1007 ff.

[221] Vgl. Martin und Resch 2009, S. 134.

[222] Vgl. Martin und Resch 2009, S. 88 f., S. 135 ff. und 139 ff. sowie Murphy et al. 2014, S. 444 ff. und 482 f.

[223] Eine zelluläre Immunantwort ist eine adaptive Immunreaktion, die auf den Mechanismen von Zellen (cytotoxischen T-Lymphozyten (CTL) und T-Helferzellen (T_H-Zellen)) beruht, wohingegen eine humorale Immunantwort eine adaptive Immunreaktion ist, die auf sezernierten Antikörpern basiert (vgl. Martin und Resch 2009, S. 155 ff.).

[224] Vgl. Martin und Resch 2009, S. 141 ff.

[225] Vgl. Martin und Resch 2009, S. 153 ff. sowie Rink et al. 2015, S. 107 f. Für eine tabellarische Übersicht über die einzelnen Chemokine und ihren Funktionen siehe Murphy et al. 2014, S. 1013 ff.

3.1.2.1 Die Bestandteile des angeborenen Immunsystems

Wie soeben angeführt, beginnt die Entwicklung der Leukozyten im Knochenmark. Dort differenzieren sich hämatopoetischen Stammzellen in myeloische und lymphoide Progenitoren. Mit Ausnahme der NK-Zelle stammen alle Zellen des angeborenen Immunsystems von dem myeloischen Progenitor ab. Die Zellen des angeborenen Immunsystems bestehen wiederum aus den Gruppen der Granulozyten, den Monozyten und Makrophagen, den NK-Zellen, den dendritischen Zellen und den Mastzellen.[226]

Den ersten Kontaktpunkt mit einem Erreger bilden die im gewebebefindlichen Zellen: Makrophagen, Mastzellen und dendritische Zellen. Sie befinden sich in großer Zahl speziell an den Orten, an denen Krankheitserreger vorwiegend eintreten.[227] Die Zellen sezernieren wichtige Zytokine, wodurch das Immunsystem aktiviert wird. Speziell die Ausschüttung von proinflammatorischen, d. h. von den Entzündungsprozess fördernden Zytokinen wie Tumornekrosefaktor-α (TNF-α), Interleukin-1 (IL-1) oder IL-6 und des Chemokins IL-8 spielt eine tragende Rolle bei der Auslösung der angeborenen Immunantwort.[228]

Makrophage[229]

Makrophagen sind Fresszellen des Immunsystems, die im passiven Zustand gealterte Zellen im menschlichen Organismus entsorgen. Sie gehören zu den wenigen Zellen des Immunsystems, die neben dem Patrouillieren auch im ruhenden Zustand eine Funktion innehaben. Ein aktivierter Makrophage versucht, Krankheitserreger durch Phagozytose[230] zu bekämpfen. Des Weiteren sezerniert die Zelle Zytokine, die eine Entzündungsreaktion auslösen. Erkennen die musterspezifischen Rezeptoren Viren, so werden zusätzliche antivirale Zytokine ausgeschüttet (Interferone, kurz IFN). Der Makrophage besitzt mehrere unterschiedliche Rezeptoren, um aktiviert werden zu können. Zum einen ist die Zelle mit pathogen assoziierten Mustererkennungsrezeptoren[231], die Krankheitserreger erkennen, ausgestattet. Zum anderen können

---

226 Vgl. Murphy et al. 2014, S. 8 oder auch Rink et al. 2015, S. 20 f.

227 Vgl. Martin und Resch 2009, S. 45 f.

228 Vgl. Schütt und Bröker 2011, S. 63 f. sowie Murphy et al. 2014, S. 79.

229 Martin und Resch 2009, S. 25 ff. sowie Rink et al. 2015, S. 19 ff.

230 Erkennen phagozytierende Zellen (dendritische Zellen, Makrophagen oder neutrophile Granulozyten) über ihre Rezeptoren Pathogene, umschließen diese Zellen das Pathogen und nehmen es im Zellinneren auf. Das Pathogen befindet sich in einem Vesikel, dem Phagosom, das mit einem Lysosom (enthält Wirkstoffe wie mikrobizide Moleküle) zu einem Phagolysosom verschmilzt. In diesem Phagolysosom entfalten die Moleküle ihre Wirkung und zerstören den Erreger. Für eine detailliertere Ausführung über die Phagozytose wird an dieser Stelle auf Murphy et al. 2014, S. 64 ff. verwiesen.

231 Die „pathogen recognition receptors“ (PRR) erkennen Muster auf den Oberflächen von Pathogenen („pathogen-associated patterns“ (PAMP)), die körpereigene Zellen nicht aufweisen. Für eine detailliertere Ausführung über die Mustererkennung beim angeborenen Immunsystem wird an dieser Stelle auf Murphy et al. 2014, S. 71 ff. verwiesen.

Makrophagen über Rezeptoren aktiviert werden, die auf Zytokine, Bestandteile des Komplementsystems oder Antikörper (Immunglobuline, kurz Ig) des Immunsystems reagieren.

Dendritische Zelle[232]

Da davon ausgegangen wird, dass die dendritische Zelle die einzige Zelle ist, die das adaptive Immunsystem stimulieren kann, kommt ihr eine elementare Funktion bei einer Immunreaktion zu. Als antigenpräsentierende Zelle ist sie dafür zuständig, Krankheitserreger zu phagozytieren, das Pathogen in Peptide zu verarbeiten und in die peripheren lymphatischen Organe zu wandern, um dort mit der Präsentation des Peptids die adaptive Immunantwort auszulösen.[233] Neben der reinen Präsentation des Antigens sezernieren dendritische Zellen co-stimulierende Zytokine, wodurch sie die genauere Differenzierung der humoralen oder zellulären adaptiven Immunantwort prägen. Zusätzlich setzten dendritische Zellen proinflammatorische Zytokine frei. Die Aktivierung der dendritischen Zelle ist vergleichbar mit derjenigen der Makrophage. Sie besitzt Rezeptoren für PAMP, Zytokine, Bestandteile des Komplementsystems und Immunglobuline.

Mastzelle[234]

Die Mastzelle kann selbst nicht direkt Pathogene bekämpfen. Sie fungiert mehr als eine Art Wachposten für das Immunsystem. Die Mastzelle besitzt mehrere Granula mit unterschiedlichen Botenstoffen, die bei ihrer Aktivierung freigesetzt werden. Durch diese Freisetzung wird das Immunsystem in Alarmbereitschaft versetzt und lockt weitere Immunzellen an. Die hohe Sensitivität kann dazu führen, dass die Zelle fälschlicherweise aktiviert wird. Dies wird jedoch in Kauf genommen, da eine zu spät erkannte Infektion verheerende Folgen haben könnte. Sollten angelockte Zellen nicht auf Pathogene stoßen, wird die Immunreaktion durch inhibitorische Zytokine wieder herunter reguliert. Im Falle einer Infektion kann die Mastzelle dagegen innerhalb kürzester Zeit und über mehrere Stunden eine große Bandbreite an Wirkstoffen freisetzen, um das Immunsystem zu stimulieren. Neben ihrer Funktion als Wächterzelle wird der Mastzelle in Verbindung mit basophilen und eosinophilen Granulozyten eine Rolle bei der Bekämpfung von Parasiten oder Würmern, die nicht phagozytiert werden können, zugeschrieben.

---

232 Martin und Resch 2009, S. 28 ff., Schütt und Bröker 2011, S. 3, Murphy et al. 2014, S. 11 f. sowie Rink et al. 2015, S. 21 f.

233 Dies müssen nicht zwangsweise Pathogene sein. Auf den Patrouillengängen der dendritischen Zellen nehmen diese auch nichtpathogene Moleküle auf und verarbeiten und präsentieren diese über MHC-Klasse-I- und II-Moleküle (MHC steht für Haupthistokompatibilitätskomplex (major histocompatibility complex)). Jedoch lösen diese keine Immunreaktion aus, da (1) in der Regel eine T-Zelle aufgrund der Selbsttoleranz nicht reagiert und (2) co-stimulierende Signale ausbleiben (vgl. Martin und Resch 2009, S. 163).

234 Martin und Resch 2009, S. 23 f., Schütt und Bröker 2011, S. 3, Murphy et al. 2014, S. 11 sowie Rink et al. 2015, S. 19.

Monozyt[235]

Monozyten zirkulieren durch die Blutbahn. Im Falle einer Entzündungsreaktion verlassen sie diese und treten in das Gewebe ein, wo sie sich vorwiegend zu Makrophagen differenzieren. Somit kann in einem kurzen Zeitraum die Anzahl an benötigten Makrophagen signifikant erhöht werden. Neben ihrer Funktion als Vorläuferzelle besitzen sie selbst auch die Fähigkeit zur Phagozytose und zur Sezernierung von Zytokinen.

Natürliche Killer-Zelle[236]

Die Natürlichen Killer-Zellen tragen zur angeborenen Immunität gegen Viren und anderen intrazellulären Pathogenen bei. Im Gegensatz zu den anderen Zellen des angeborenen Immunsystems stammt die NK-Zelle von der lymphatischen Vorläuferzelle ab. Aufgrund ihrer Funktion und ihrer pathogenunspezifischen Rezeptoren wird sie dennoch zu dem angeborenen Immunsystem gezählt. Die NK-Zelle zirkuliert ebenfalls durch die Blutbahn und wird in der frühen Phase einer Immunantwort durch Zytokine (Interferone und IL-12) aktiviert. Die Zelle tritt daraufhin in das Gewebe ein und sucht infizierte Zellen. Erkennt eine NK-Zelle eine befallene Zelle, löst sie durch die Freisetzung ihrer Granula den programmierten Zelltod, die Apoptose, in dieser aus. Neben dem Abtöten von Zellen sezernieren NK-Zellen das Interferon-γ, das eine wichtige Funktion bei der Eindämmung von Virusinfektionen und bei der Beeinflussung der adaptiven Immunantwort innehat.

Gruppe der Granulozyten[237]

Die Gruppe der Granulozyten besteht (1) aus den neutrophilen, (2) den basophilen und (3) den eosinophilen Granulozyten. Der Name bezieht sich auf die Granula der Zellen, welche Enzyme, Proteine und Peptide enthalten, die bei einem Kontakt mit Pathogenen freigesetzt werden.

(1) Im Laufe einer Entzündungsreaktion werden neutrophile Granulozyten durch das Chemokin IL-8 an den Infektionsort gelockt. Abgesehen von den im Gewebe befindlichen Immunzellen sind sie die ersten Zellen, die im Rahmen einer Immunantwort in das Gewebe einwandern. Sie agieren als phagozytische Zellen und sind somit, neben den Makrophagen, die zweite große Gruppe der Fresszellen. Sie besitzen Rezeptoren für PAMP, Zytokine, Bestandteile des

[235] Martin und Resch 2009, S. 25 ff. sowie Rink et al. 2015, S. 19 ff.
[236] Vgl. Martin und Resch 2009, S. 116 ff., Murphy et al. 2014, S. 123 ff. sowie Rink et al. 2015, S. 46 ff.
[237] Vgl. dazu auch Martin und Resch 2009, S. 20 ff., Murphy et al. 2014, S. 10 und 114 ff. sowie Rink et al. 2015, S. 37 ff.

Komplementsystems und für Antikörper, da ihnen auch während einer adaptiven Immunantwort eine tragende Rolle zukommt.

(2) Die basophilen und (3) die eosinophilen Granulozyten sind bei der Abwehr von extrazellulären Pathogenen, die zu groß für die Phagozytose sind, beteiligt. Sie besitzen ähnliche Granula wie die neutrophilen Zellen, jedoch werden die Substanzen in den extrazellulären Raum abgegeben. Die freigegebenen Substanzen greifen die Membranintegrität der Pathogene an. Jedoch kommt es dadurch auch zu Kollateralschäden am umliegenden Gewebe. Die Aktivierung erfolgt vorwiegend durch Mastzellen. Basophile und eosinophile Granulozyten sezernieren zusätzlich Zytokine, die Einfluss auf eine spätere adaptive Immunantwort nehmen. Während einer adaptiven Immunantwort wird ebenfalls auf die Mechanismen der basophilen und eosinophilen Granulozyten zurückgegriffen. Sie besitzen somit neben den für das angeborene Immunsystem üblichen PRR auch Rezeptoren für Zytokine und Antikörper.

Humorale Bestandteile des angeborenen Immunsystems

Neben den Zellen des angeborenen Immunsystems spielen die humoralen Bestandteile eine wichtige Rolle bei der Abwehr von Krankheitserregern. Diese bestehen aus Proteinen, Enzymen und Peptiden, die löslich im Blut vorliegen. Die humoralen Bestandteile sind stets im Körper vorhanden und können daher bei einer Infektion schnell aktiviert werden. Somit können sie die Immunantwort in einer sehr frühen Phase verstärken. Näher betrachtet werden im Folgenden (1) das Komplement, (2) die Akute-Phase-Proteine, (3) mikrobizide Moleküle und (4) antimikrobielle Peptide.

(1) Das Komplement besteht aus einer Vielzahl an Plasmaproteinen, deren wichtigste Aufgabe die Erkennung von Pathogenen sowie die Erleichterung der Aufnahme und Zerstörung von Krankheitserregern durch phagozytische Zellen[238] ist. Durch die Proteine des Komplementsystems wird zudem die Entzündungsreaktion unterstützt und die Auslösung des adaptiven Immunsystems erleichtert. Zusätzlich ist das Komplementsystem selbst in der Lage, Pathogene durch Zerstörung ihrer Membranintegrität zu bekämpfen, was jedoch nicht zu den primären Funktionen gehört. Die Vorläuferenzyme des Komplementsystems kommen überall in Körperflüssigkeiten und im Gewebe vor. Treten sie dort in Kontakt mit einem Antigen, so wird es lokal aktiviert. Dies löst eine Kaskade aus, sodass eine Kettenreaktion entsteht und eine schnelle, exponentiell steigende Komplementantwort entwickelt wird. Während der Aktivierung

[238] Dieser Vorgang wird als Opsonierung bezeichnet. Das Komplement setzt sich an der Oberfläche von Krankheitserregern fest und erleichtert so Phagozyten die Erkennung und Aufnahme des Pathogens durch spezielle Rezeptoren. Passend zum Begriff der Fresszelle, wird bei der Opsonierung von einem „schmackhaft machen“ gesprochen (vgl. Rink et al. 2015, S. 37). Auch andere humorale Bestandteile wie beispielsweise Antikörper sind in der Lage, Pathogene zu opsonieren.

des Komplements entstehen mehrere Spaltprodukte, die entweder ähnlich wie Zytokine als proinflammatorischer Botenstoff fungieren und sich am Pathogen festsetzen, um dieses so zu opsonieren, oder einen membranangreifenden Komplementkomplex bilden. Aufgrund der zum Teil sehr aggressiven Reaktion besitzt das Komplementsystem mehrere Schutzmechanismen, die ein fehlerhaftes Aktivieren verhindern oder die Kaskade umgehend unterbrechen.[239]

(2) Nachdem die Zellen des angeborenen Immunsystems durch Pathogene aktiviert sind, setzen sie im Rahmen einer Entzündung unterschiedliche Botenstoffe frei. Das dabei sezernierte Zytokin IL-6 veranlasst die Leber, Akute-Phase-Proteine zu produzieren. Zu den Akute-Phase-Proteinen zählen u. a. Mannose bindendes Lektin (MBL), C-reaktives Protein (CRP) und Fibrogen. MBL und CRP besitzen eine opsonierende Funktion und haben die Fähigkeit, das Komplement zu aktivieren. Fibrogen dagegen unterstützt die Blutgerinnung am Infektionsherd. Dies soll zum einen verhindern, dass durch die Wunde weitere Erreger in den Körper eintreten, zum anderen wird so ein wichtiger Beitrag zur lokalen Eindämmung der Ausbreitung einer Infektion geleistet.[240, 241]

(3) Zellen des angeborenen Immunsystems wie Makrophagen und neutrophile Granulozyten bilden bei ihrer Aktivierung mikrobizide Moleküle. Diese Sauerstoffradikale und Stickstoffmonoxide sind bei der Bekämpfung von Pathogenen sehr effektiv. Bei der Phagozytose werden beispielsweise Sauerstoffradikale in das Phagolysosom abgegeben, die dort das Antigen angreifen. Stickstoffmonoxid wird ebenfalls zur Bekämpfung von Erregern eingesetzt. Die Freisetzung wird von den Zellen des angeborenen Immunsystems durch entzündungsfördernde Zytokine stimuliert. Jedoch verursachen diese Moleküle durch ihre unspezifische und aggressive Art Kollateralschäden im umliegenden Gewebe.[242]

(4) Zu den antimikrobiellen Peptiden werden u. a. die α- und β-Defensine sowie Lysozyme gezählt. Defensine sind, wie der Name es vermuten lässt, für die Verteidigung gegen Pathogene zuständig. Daher sind sie vorwiegend für den Schutz der Haut sowie der Schleimhäute verantwortlich und werden durch Epithelzellen freigesetzt. Sie werden aber auch von neutrophilen Granulozyten gebildet, um nach ihrer Freisetzung antimikrobiell zu wirken. Dabei bilden sie eine Pore in der Membran des Pathogens und zerstören auf diese Weise ihre Integrität, was letztendlich zum Absterben der Zelle führt. Neben der antimikrobiellen Wirkung unterstützen Defensine die Entzündungsreaktion und beeinflussen die adaptive Immunantwort. Auch Lysozyme können Pathogene durch die Zerstörung ihrer Membranintegrität bekämpfen. Sie

[239] Für eine detaillierte Ausführung über das Komplement sei an dieser Stelle auf Schütt und Bröker 2011, S. 15 ff., Murphy et al. 2014, S. 81 ff. sowie Rink et al. 2015, S. 35 ff. verwiesen.
[240] Vgl. Murphy et al. 2014, S. 70.
[241] Für eine ausführlichere Beschreibung der Akute-Phase-Proteine siehe Martin und Resch 2009, S. 42 ff., Schütt und Bröker 2011, S. 14 f. sowie Murphy et al. 2014, S. 119 ff.
[242] Vgl. Martin und Resch 2009, S. 40 f.

befinden sich vermehrt im Speichel oder in der Tränenflüssigkeit und unterstützen dort die Funktion der Barrieren. Im Rahmen einer Immunreaktion können unterschiedliche Zellen des angeborenen und des adaptiven Immunsystems zusätzliche Lysozyme freisetzen.[243]

3.1.2.2 Der Ablauf einer angeborenen Immunantwort

Nach dem Durchdringen der Schutzbarrieren oder der Entstehung von Tumorzellen sind Krankheitserreger in der Lage, sich im menschlichen Organismus schnell zu vermehren und innerhalb des Körpers zu verbreiten. Da eine systemische Infektion eine große Gefahr für das Überleben des Menschen darstellt, ist es die primäre Aufgabe des angeborenen Immunsystems, die Infektion lokal zu bekämpfen, die Ausbreitung zu verhindern oder zumindest soweit zu verzögern, bis eine wirksame adaptive Immunantwort entwickelt werden kann. Das angeborene Immunsystem versucht dies mittels einer akuten Entzündungsreaktion. Dabei geht es (1) um die Erkennung der Pathogene, (2) die Eliminierung und Entsorgung der Erreger, (3) das Alarmieren und Anlocken der im Blut zirkulierenden humoralen und zellulären Bestandteile des Immunsystems, (4) die Regulation der Entzündung und der Akute-Phase-Reaktion sowie (5) die Auslösung und Prägung der adaptiven Immunreaktion.[244]

(1) Erkennung der Pathogene

Diese Funktion wird vornehmlich von dendritischen Zellen, Makrophagen und Mastzellen übernommen, die vermehrt an bevorzugten Eintrittspforten von Erregern im Gewebe ansässig sind. Die Zellen exprimieren PRR, wodurch sie in der Lage sind, nicht nur Krankheitserreger zu erkennen, sondern zusätzlich zu unterscheiden, ob es sich um eine intra- oder extrazelluläre Infektion handelt und ob eine Infektion durch Bakterien, Viren oder Würmer ausgelöst wurde. Diese Prüfung erfolgt auf Basis der unterschiedlich aktivierten PRR. Werden Toll-ähnliche Rezeptoren der Plasmamembran, eine Untergruppe der PRR, aktiviert, ist dies ein Indiz für extrazelluläre Bakterien und Pilze. Daraufhin sezernieren die Zellen proinflammatorische Zytokine und locken neutrophile Granulozyten sowie Makrophagen an den Infektionsherd. Werden dagegen endosomale und lysosomale Toll-ähnliche Rezeptoren aktiviert, ist dies u. a. ein Indiz für eine Virusinfektion, und es kommt neben der Freisetzung von entzündungsfördernden Zytokinen zu einer antiviralen Reaktion, die auf der Expression von Interferonen und dem Anlocken von NK-Zellen basiert.[245] Durch die Mustererkennungsrezeptoren ist das angeborene

[243] Für eine ausführlichere Beschreibung der antimikrobiellen Peptide siehe Martin und Resch 2009, S. 31 f. und 41 f., Murphy et al. 2014, S. 64 sowie Rink et al. 2015, S. 34.

[244] Die nachfolgende Ausführung über den Ablauf einer angeborenen Immunantwort basiert auf Martin und Resch 2009, S. 44 ff. Für eine detaillierte Ausführung wird auf dieses Werk verwiesen.

[245] Für eine ausführlichere Beschreibung der Mustererkennung beim angeborenen Immunsystem sei an dieser Stelle auf Martin und Resch 2009, S. 45 ff. sowie Murphy et al. 2014, S. 71 ff. verwiesen.

Immunsystem somit in der Lage, sehr schnell Pathogene allgemein zu erkennen und erste Gegenmaßnahmen zu induzieren.

(2) Eliminierung und Entsorgung von Pathogenen

Um extrazelluläre Pathogene zu bekämpfen, setzt das angeborene Immunsystem humorale Bestandteile ein. Defensine, Lysozyme und Komplementproteine sind fähig, auf unterschiedliche Weise eine begrenzte Menge an Pathogenen zu bekämpfen. Ihre Konzentration ist jedoch beschränkt, sodass ihre Kapazität früh erschöpft ist und sie auf die Hilfe der Immunzellen, beispielsweise auf Makrophagen, angewiesen sind. Diese setzen zusätzliche mikrobizide Stoffe frei. Die so sezernierten Sauerstoffradikale und Stickstoffmonoxide bekämpfen Pathogene im extrazellulären Raum und gewinnen somit Zeit, sodass weitere Zellen an den Infektionsherd gelotst werden können.

Der Hauptmechanismus des angeborenen Immunsystems zur Bekämpfung von Pathogenen ist jedoch die Phagozytose. Nach der Zerstörung wird das Pathogen durch Enzyme aufgelöst und in seine Bestandteile zerlegt. Zusätzlich werden bei diesem Prozess entstandene Peptide eines Antigens von antigenpräsentierenden Zellen auf ihrer Oberfläche durch MHC-Klasse-II-Molekülen präsentiert. Diese Moleküle spielen eine bedeutende Rolle bei der Aktivierung des adaptiven Immunsystems, denn erst die Erkennung eines solchen Peptid:MHC-Komplexes durch eine T-Zelle löst eine adaptive Immunantwort aus.[246] Somit ist die Phagozytose nicht nur ein elementarer Mechanismus zur Bekämpfung innerhalb des angeborenen Immunsystems, sondern zugleich ausschlaggebend für eine adaptive Immunreaktion.

(3) Alarmieren und Anlocken der im Blut zirkulierenden humoralen und zellulären Bestandteile des Immunsystems

Die Anzahl der Makrophagen, Mastzellen und dendritischen Zellen im Gewebe ist beschränkt. Nur kleine Infektionen können so direkt abgewendet werden, in der Regel ist jedoch eine größere Anzahl an Zellen zur Bekämpfung von Erregern erforderlich. Werden Pathogene erkannt, sezernieren diese proinflammatorische Zytokine, deren Aufgabe darin besteht, die angebo-

[246] Es wird das MHC-Klasse-I- und das MHC-Klasse-II-Molekül unterschieden. MHC-Klasse-I-Moleküle werden von allen kernhaltigen Zellen des menschlichen Organismus exprimiert (vgl. Schütt und Bröker 2011, S. 25). Kontinuierlich laufen innerhalb einer Zelle Proteinsynthesen ab. Solange eine Zelle nicht infiziert ist, werden auf den MHC-Klasse-I-Molekülen Peptide von körpereigenen Proteinen präsentiert. Diese verhindern eine Zerstörung durch NK-Zellen oder CTL. Bei einer infizierten Zelle dagegen wird ein Antigenpeptid präsentiert (vgl. Martin und Resch 2009, S. 117 f.). Bei antigenpräsentierenden Zellen dient der Peptid:MHC-Klasse-I-Komplex zur Aktivierung der CD8-T-Zelle des adaptiven Immunsystems. Antigenpräsentierende Zellen haben zudem die Möglichkeit, durch die Phagozytose Pathogene aus dem extrazellulären Raum aufzunehmen. Phagozytierte Antigene werden auf MHC-Klasse-II-Komplexen präsentiert, die eine CD4-T-Zellen Immunantwort auslösen (vgl. Murphy et al. 2014, S. 229). Die Unterschiede zwischen CD8- und CD-4-T-Zellen-Immunantwort werden weiter unten näher beschrieben.

rene Immunantwort zu stärken und weitere Immunzellen und Bestandteile des Komplementsystems in das Gewebe einzuschwemmen. Dabei wird auf das Reservoir an Leukozyten im zirkulierenden Blut zurückgegriffen. Durch die Freisetzung von Adhäsionsmolekülen und Chemokinen werden die Leukozyten aus dem Blut in das Gewebe gelotst.[247] Solange die Immunzellen im Gewebe aktiviert sind, setzen sie kontinuierlich Chemokine und Zytokine frei, wodurch der Prozess der Extravasation aufrechterhalten wird. Dabei werden, je nach erkannten Pathogenen, unterschiedliche Zellen angelockt. Bakterien lösen beispielsweise die Expression des Chemokins IL-8 aus, das in erster Linie neutrophile Granulozyten anspricht. Werden dagegen Mastzellen durch Wurmantigene stimuliert, werden vermehrt eosinophile und basophile Granulozyten an den Infektionsherd gelenkt. Bei der Identifizierung einer viralen Infektion sorgt IL-12 für die Aktivierung von NK-Zellen.[248] Des Weiteren induzieren die entzündungsfördernden Zytokine die Produktion von weiteren Botenstoffen und beziehen dabei auch Gewebe und Endothelzellen mit ein.

(4) Regulation der Entzündung und die Akute-Phase-Reaktion

Aufgrund der zum Teil sehr aggressiven Moleküle, die bei einer Entzündungsreaktion freigesetzt werden, und der Gefahr einer systemischen Entzündungsreaktion muss die Entzündung inklusive ihrer Mediatoren streng reguliert werden. Da viele Reaktionen während einer Entzündung einer autokrinen Schleife[249] folgen, existieren mehrere Mechanismen zur aktiven Regulierung der angeborenen Immunantwort.

Wurden die Erreger erfolgreich bekämpft, besteht kein Reiz mehr, der die Zellen dazu veranlasst, weitere Mediatoren zu sezernieren. Zusätzlich induzieren beispielsweise die Zytokine TNF-α und IL-1β neben ihrer proinflammatorischen Wirkung die Produktion von inhibitorischen Zytokinen, so den transformierenden Wachstumsfaktor-β (TGF-β) und IL-10. Die Freisetzung von inhibitorischen Zytokinen erfolgt zeitlich versetzt, sodass zu Beginn die entzündungsfördernde Wirkung überwiegt. Jedoch verschiebt sich über die Zeit dieses Verhältnis, sodass die Zytokine der Entzündungsreaktion automatisch für ihre eigene Kontrolle sorgen. Zuletzt sind komplexe Regelungsmechanismen innerhalb der Zelle zusätzlich für eine Dämpfung der Signalwege verantwortlich.[250]

[247] Dieser Vorgang wird als Extravasation bezeichnet. Für eine detailliertere Ausführung der Vorgänge bei einer Extravasation wird an dieser Stelle auf Murphy et al. 2014, S. 109 ff. verwiesen.

[248] Für eine Übersicht über die unterschiedlichen Zytokine und Chemokine sei an dieser Stelle auf Murphy et al. 2014, S. 1007 ff. verwiesen.

[249] Autokrine Schleifen entstehen, wenn Zellen Zytokine freisetzen, für die sie selbst Rezeptoren exprimieren. Dadurch wird die Zelle durch sich selbst dazu stimuliert, weitere Zytokine freizusetzen usf., wodurch eine positive Rückkopplung vorliegt (vgl. u. a. Murphy et al. 2014, S. 107 f. sowie Rinke et al. 2015, S. 7). Ohne Regelungsmechanismen würde die Gefahr einer systemischen Entzündungsreaktion bestehen, die in Form eines septischen Schocks tödlich verlaufen kann (vgl. Murphy et al. 2014, S. 117 f.).

[250] Vgl. Martin und Resch 2009, S. 66 ff.

Ist das Immunsystem nicht in der Lage, die Erreger in angemessener Zeit zu eliminieren, wird eine Akute-Phase-Reaktion induziert. Im Fall einer schweren und lang andauernden Infektion wirken die proinflammatorischen Zytokine nicht nur lokal, der Körper wird systemisch in Alarmbereitschaft versetzt. Zu den systemischen Wirkungen der Zytokine wird beispielsweise die Produktion von Akute-Phase-Proteinen in der Leber, die Mobilisierung neuer Zytokine im Knochenmark (Leukozytose) oder die Erhöhung der körpereigenen Temperatur (Fieber), um die Vermehrung der Pathogene zu erschweren, gezählt.[251]

(5) Auslösung und Prägung einer adaptiven Immunantwort

Wie bereits erwähnt, beeinflussen die Zellen des angeborenen Immunsystems mit ihren freigesetzten Zytokinen die adaptive Immunantwort. Zudem kann die adaptive Immunreaktion nur durch antigenpräsentierende Zellen aktiviert werden. Durch Mediatoren der Entzündungsreaktion werden dendritische Zellen veranlasst, vermehrt Pathogene zu phagozytieren und danach in die peripheren lymphatischen Organe zu wandern, um dort eine adaptive Immunantwort auszulösen.

3.1.3 Die adaptive Immunantwort

Zwar ist das angeborene Immunsystem in der Lage, gewisse Infektionen lokal zu bekämpfen, dennoch erreicht es unter bestimmten Umständen seine Grenzen. Eine angeborene Immunreaktion handelt nach festgeschriebenen Mustern, wodurch spezifische Pathogene über die Zeit Resistenzen entwickelt haben. Krankheitserreger sind in der Lage, der Mustererkennung des Immunsystems zu entgehen oder eine erfolgreiche Bekämpfung zu manipulieren.[252, 253] In solch einem Fall ist das Überleben des Organismus vom erfolgreichen Einsatz des adaptiven Immunsystems abhängig. Dieses erkennt spezifisch das Antigen und kann so eine angepasste Reaktion veranlassen, die speziell auf diesen Erreger zugeschnitten ist. Für diese Auslösung benötigt das adaptive System jedoch die Unterstützung des angeborenen Immunsystems. Die Aktivierung der Zellen des adaptiven Immunsystems benötigt die Präsentation von phagozytierten Pathogenen durch dendritische Zellen. Kommt es dort zur erfolgreichen Identifizierung des Erregers, entwickelt sich im Anschluss die benötigte adaptive Immunreaktion. Handelt es

---

251 Vgl. Martin und Resch 2009, S. 68 sowie Murphy et al. 2014, S. 119 ff.

252 Vgl. Martin und Resch 2009, S. 70 f. sowie Rink et al. 2015, S. 7.

253 Dies bedeutet nicht zwangsläufig, dass das Immunsystem nicht ausgelöst wird, denn zum einen kann eine Immunreaktion ebenso durch vermehrtes Absterben von körpereigenen Zellen ausgelöst werden, was u. a. von Krankheitserregern verursacht wird. Zum anderen erfolgt die Signalübertragung von Rezeptoren nicht nach einem dichotomischen, sondern nach einem dimensionalen Muster. Verhindern demnach die Resistenzen der Pathogene eine vollständige Aktivierung der Rezeptoren, kann bereits eine kleine Sequenz auf der Oberfläche eines Erregers den Anstoß für eine zu Beginn sehr schwache Erkennung geben. Darauf aufbauend kann sich, mittels der autokrinen Schleifen eine Immunantwort entwickeln.

sich um einen Erstkontakt mit einem spezifischen Erreger, so setzen die Bekämpfungsmechanismen des adaptiven Immunsystems mit einer zeitlichen Verzögerung von mehreren Tagen[254] ein.

Äquivalent zu dem Abschnitt zum angeborenen Immunsystem werden im Folgenden erst die zellulären und humoralen Bestandteile diskutiert, und darauf aufbauend wird die Entwicklung und der Ablauf der adaptiven Immunantwort im Rahmen eines Erstkontakts expliziert.

3.1.3.1 Die Bestandteile des adaptiven Immunsystems

Für das adaptive Immunsystem dient der lymphoide Progenitor als Vorläuferzelle. Aus dieser Zelle differenzieren sich die T- und B-Zellen.[255, 256] Sie bilden die zellulären Bestandteile des adaptiven Immunsystems. Werden B-Lymphozyten aktiviert, setzen sie Antikörper frei, die für die humoralen Bestandteile verantwortlich sind.

B-Lymphozyt

Die B-Lymphozyten als Bestandteil der adaptiven Immunantwort befinden sich bis zum Abschluss ihrer Entwicklung im Knochenmark.[257] Danach treten sie in die Blutlaufbahn ein und wandern zu den sekundären lymphatischen Organen. Dort angekommen verweilen sie und warten auf ihre Aktivierung durch die Bindung mit ihrem spezifischen Antigen. Werden B-Lymphozyten aktiviert und erhalten die notwendigen Co-Stimulatoren, vermehren sie sich durch Zellspaltung[258] und entwickeln sich zu Plasmablasten sowie Plasmazellen, die Antikörper produzieren, um diese als lösliche Faktoren freizusetzen.

Zellen des adaptiven Immunsystems besitzen antigenspezifische Rezeptoren, wobei ein Lymphozyt ausschließlich Rezeptoren einer bestimmten Spezifität exprimieren kann. Dabei ist der Mensch in der Lage, 10^8 verschiedene Rezeptorspezifitäten zu entwickeln.[259] Diese Spezifität eines Rezeptors ist nicht damit gleichzusetzen, dass ein Rezeptor lediglich auf ein bestimmtes Antigen anspricht. Vielmehr bedeutet sie, dass der Rezeptor auf dieses Antigen besonders intensiv reagiert. Dennoch erkennt der Rezeptor ebenso andere Antigene mit ähnlichen

---

254 Vgl. Martin und Resch 2009, S. 71.

255 Vgl. Murphy et al. 2014, S. 8 oder auch Rink et al. 2015, S. 20 f.

256 Aufgrund ihrer Abstammung von dem lymphoiden Progenitor werden sie auch als T- und B-Lymphozyten bezeichnet.

257 Für den ausführlichen Ablauf der Entwicklung von B-Lymphozyten siehe Murphy et al. 2014, S. 327 ff.

258 Hat eine adaptive Immunzelle ihr spezifisches Antigen gebunden, wurde zwar das Pathogen identifiziert, jedoch reicht eine einzelne antigenspezifische Immunzelle für die erfolgreiche Bekämpfung nicht aus. Die aktivierte Zelle beginnt mit einem Prozess, bei dem sie sich spaltet und somit Klone erzeugt. Diese Klone wiederum spalten sich ebenfalls. Auf diese Weise kann die Anzahl der antigenspezifischen Zellen exponentiell gesteigert werden. Dieser Prozess wird als klonale Expansion bezeichnet (vgl. Murphy et al. 2014, S. 20 f.).

259 Es wird davon ausgegangen, dass der Mensch mehr als 10^{12} Lymphozyten besitzt. Damit reicht die Zahl bei Weitem aus, um jeweils 10^8 verschiedene T- und B-Lymphozyten vorzuhalten (vgl. Martin und Resch 2009, S. 98).

Sequenzen an Oberflächenstrukturen von Pathogenen. Dies geschieht zwar nicht mit gleicher Intensität, dennoch kann sich daraufhin eine adaptive Immunantwort entwickeln.

Da der Mensch nur 30.000 Gene im Genom besitzt, schließt dies eine Vererbung der Antigenrezeptorvielfalt aus.[260] Das adaptive Immunsystem hat daher Mechanismen entwickelt, um eine hohe Spezifität der B-Zell-Rezeptoren (BCR) und der T-Zell-Rezeptoren (TCR) entwickeln zu können. Die Mechanismen der kombinatorischen Vielfalt, der junktionalen Vielfalt, der kombinatorischen Quelle und der somatischen Hypermutation erlauben es dem Immunsystem, eine enorme Varietät an Rezeptoren zu erstellen.[261] Alleine durch die kombinatorische und die junktionale Vielfalt kann das Immunsystem eine theoretische Vielfalt von rund 10^{14} verschiedenen BCR (respektive 10^{18} verschiedene TCR) erreichen. Jedoch wird aufgrund von Messungen beim Menschen von einer Vielfalt von jeweils 10^{8} ausgegangen.[262]

Die große Rezeptorvielfalt birgt die Gefahr, dass B-Zell-Rezeptoren auf körpereigene Zellen reagieren und so eine Autoimmunerkrankung[263] hervorrufen. Daher unterliegen die BCR in ihrer Entwicklung einer strengen Kontrolle. Bei der negativen Selektion im Knochenmark wird getestet, ob der B-Zell-Rezeptor auf körpereigene Zellen reagiert.[264] Ist dies der Fall, wird in der Regel der programmierte Zelltod ausgelöst. Das Immunsystem muss bei der Vielfalt der B-Zell-Rezeptoren und T-Zell-Rezeptoren einen Balanceakt bewältigen. Auf der einen Seite muss jegliche Reaktion gegen körpereigene Antigene vermieden werden, auf der anderen Seite muss die Fähigkeit, auf alle möglichen Arten von Pathogenen reagieren zu können, erhalten bleiben. Werden zu viele autoreaktive Zellen vernichtet, wird unter Umständen die Vielfalt der Rezeptoren zu stark eingeschränkt.[265] Der Preis für diesen Balanceakt ist eine mögliche Autoimmunerkrankung. In der Regel werden solche Erkrankungen aber durch Regelungsmechanismen des Immunsystems verhindert.

---

260 Vgl. Martin und Resch 2009, S. 101.

261 Das Grundprinzip der kombinatorischen Vielfalt besteht in der kombinatorischen Genumlagerung von zwei bis drei Gensegmenten zu einem vollständigen Exon einer antigenspezifischen Region des BCR. Werden dabei die Anzahl der Gensegmente und die Vielfalt der kombinatorischen Möglichkeiten betrachtet, wird ersichtlich, welche Varietät möglich ist. Bei der junktionalen Vielfalt wird durch Hinzufügen oder Entfernen von Nucleotiden zwischen den Verknüpfungsstellen die Varietät weiter gesteigert. Das ursprüngliche Antikörperrepertoire der BCR wird im Knochenmark ohne Kontakt zu Antigenen geschaffen (primäres Repertoire). Bei einem Kontakt zwischen Antigen und BCR und der darauffolgenden Reaktion ermöglicht die somatische Hypermutation, die bereits vorhandene Spezifität zu dem Antigen weiter zu verbessern. Im aktivierten Zustand durchläuft die B-Zelle die Phase der klonalen Expansion. Während dieser Phase entstehen Klone mit zwar identischer Spezifität, dennoch kann es zu Punktmutationen bei den antigenspezifischen Rezeptoren kommen. Meistens sind diese nutzlos und werden daraufhin vernachlässigt. Dessen ungeachtet kommt es vereinzelt zu einer Erhöhung der Bindungsaffinität zwischen Antigen und B-Zelle. Fortan wird diese punktmutierte B-Zelle weiter in der klonalen Expansion gefördert. Für eine genauere Beschreibung der vier Mechanismen bei der Entwicklung von Rezeptorvielfalt siehe Murphy et al. 2014, S. 331 ff.

262 Vgl. Martin und Resch 2009, S. 106.

263 Ein Beispiel für eine Autoimmunerkrankung ist die Hashimoto-Thyreoiditis. Lymphozyten reagieren fälschlicherweise auf das körpereigene Schilddrüsengewebe, wodurch dieses vom eigenen Immunsystem zerstört wird.

264 Vgl. Murphy et al. 2014, S. 325 ff.

265 Vgl. Martin und Resch 2009, S. 107 f.

Abbildung 7 veranschaulicht den Prozess der Aktivierung sowie der Differenzierung von B-Zellen zu Plasmazellen.

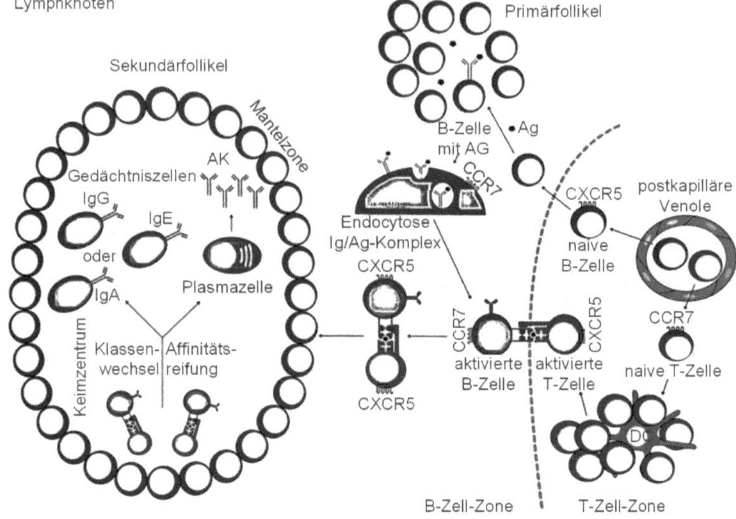

Abbildung 7: Prozess der Aktivierung und Differenzierung von B-Zellen[266]

Die B-Zelle benötigt für ihre Aktivierung zwei Signale: (1) Die B-Zelle muss in den peripheren lymphatischen Organen auf ein spezifisches Antigen stoßen. Während einer Infektion gelangen freie Antigene über die Lymphbahnen aus eigener Kraft in eines der sekundären lymphatischen Organe, beispielsweise in einen Lymphknoten, wo sie auf die entsprechende B-Zelle stoßen. Die B-Zelle benötigt im Gegensatz zur T-Zelle keine Unterstützung durch antigenpräsentierende Zellen, sondern kann Pathogene direkt erkennen. (2) Als zweites Signal verlangen B-Zellen eine Stimulierung durch eine aktivierte T-Helferzelle. Diese T_H-Zelle muss die gleiche Spezifität wie die B-Zelle besitzen und ebenfalls durch das gleiche spezifische Antigen aktiviert worden sein.[267] War die Stimulierung durch die gekoppelte Erkennung erfolgreich, durchläuft die B-Zelle den Prozess der klonalen Expansion und der Hypermutation. Die Zellen entwickeln sich zu Plasmablasten und Plasmazellen, die sich auf die Produktion von Antikörpern konzentrieren. Die freigesetzten Antikörper werden über die Blutbahn in das infizierte Gewebe

---

266 Quelle: Rink et al. 2015, S. 73. In der Abbildung wird Ag als Kurzform für Antigen, AK als Kürzel für Antikörper und DC als Abkürzung für dendritische Zellen verwendet. CCR7 sowie CXCR5 sind Chemokinrezeptoren, die dafür verantwortlich sind, dass T- und B-Zellen im lymphatischen Gewebe zueinanderfinden. Für eine ausführlichere Beschreibung der Abbildung sowie des Prozesses der Aktivierung und Differenzierung von B-Zellen sei an dieser Stelle auf Rink et al. 2015, S. 70 ff. verwiesen.

267 Für eine genauere Beschreibung des Ablaufes der Aktivierung einer B-Zelle siehe Martin und Resch 2009, S. 163 ff. sowie Murphy et al. 2014, S. 481 ff.

geschwemmt, um dort zur adaptiven Immunreaktion beizutragen. Existiert ein spezielles Zytokinmilieu, vorwiegend aufgrund der Zytokin-Sezernierung durch T_H-Zellen, werden B-Zellen – genauer gesagt ihre Plasmazellen – dazu veranlasst, einen Isotypenwechsel vorzunehmen und damit die Effektorfunktion der Antikörper zu verändern.[268]

T-Lymphozyt

Die T-Zelle stammt zwar ebenfalls vom lymphoiden Progenitor ab, im Gegensatz zum B-Lymphozyt wandert die T-Zelle jedoch in einem sehr frühen Stadium aus dem Knochenmark in den Thymus. Dort entwickelt sich der T-Lymphozyt in zwei Untergruppen: den zytotoxischen T-Lymphozyten und die T-Helferzellen.[269] Die CTL bekämpfen aktiv von intrazellulären Pathogenen befallene Zellen, wohingegen die T_H-Zellen durch ihre Zytokin-Sezernierung eine unterstützende Funktion einnehmen.

Die Entwicklung der Rezeptorvielfalt der antigenspezifischen Rezeptoren verläuft, mit Ausnahme der Hypermutation, nach denselben Mustern wie bei den B-Zell-Rezeptoren. Zusätzlich zu den T-Zell-Rezeptoren exprimieren die T-Zellen die Oberflächenmoleküle CD4 oder CD8. Abhängig von diesen Molekülen entwickelt sich eine aktivierte T-Zelle zu einer T-Helferzelle oder einem zytotoxischen Thymozyten. Nach der abgeschlossenen Entwicklung verlassen die T-Zellen den Thymus und wandern über die Lymphbahnen und die Blutbahn in die peripheren lymphatischen Organe. Dort kommunizieren sie mit den dendritischen Zellen, die Peptide über die MHC-Moleküle präsentieren. Trifft die T-Zelle dabei auf ihr spezifisches Antigen, beendet sie die Wanderung und profiliert im lymphatischen Organ. Wird kein passendes Antigen gefunden, verlässt die T-Zelle das Organ und wandert über die Blutbahn zum nächsten sekundären lymphatischen Organ, wo sich der beschriebene Prozess wiederholt.

Zur Aktivierung benötigt der CD4-T-Lymphozyt drei unterschiedliche Signale. Diese werden im besten Fall zwischen der dendritischen Zelle und einer T-Zelle ausgetauscht. Abbildung 8 veranschaulicht den Prozess der Auslösung einer zellulären Immunantwort und die Bildung von T_H-Zellen.

[268] Der Isotypenwechsel sowie die unterschiedlichen Antikörper und deren Funktionen bei der adaptiven Immunantwort werden im Rahmen der humoralen Bestandteile des adaptiven Immunsystems später noch einmal aufgegriffen.

[269] Für den ausführlichen Ablauf der Entwicklung von T-Lymphozyten siehe Murphy et al. 2014, S. 345 ff.

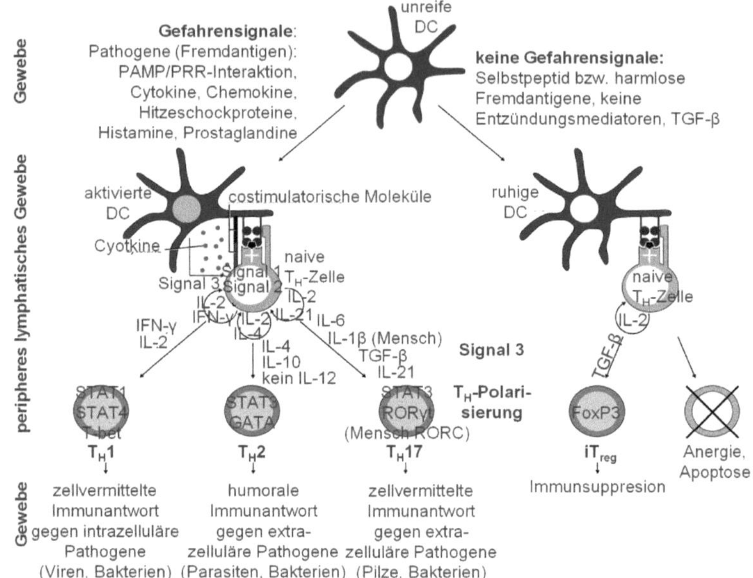

Abbildung 8: Prozess der Aktivierung und Differenzierung von T_H-Zellen[270]

(1) Das erste Signal ist die erfolgreiche Erkennung eines Peptid:MHC-Komplexes und die Aktivierung des Co-Stimulatoren CD4. (2) wird durch die Bindung eines Moleküls und des entsprechenden Rezeptors zwischen dendritischer Zelle und T-Zelle das zweite Signal ausgelöst. Dieses fördert die anschließende klonale Expansion der T-Zelle. (3) letztendlich sezerniert die dendritische Zelle Zytokine, die die T-Zell-Differenzierung in ihre Subpopulationen beeinflusst.[271] Abhängig von den ausgeschütteten Zytokinen entwickelt sich die T-Helferzelle zu einer der Subpopulationen: T_H1-, T_H2- oder T_H17-Zellen. Je nach Art lösen die Effektorzellen[272] unterschiedliche Reaktionen aus. T_H1-Zellen unterstützen die Entzündungsreaktion, aktivieren Makrophagen[273] und stimulieren B-Zellen zur Produktion von Antikörpern gegen intrazelluläre

[270] Quelle: Rink et al. 2015, S. 68. In der Abbildung wird DC als Abkürzung für dendritische Zellen verwendet. STAT sind Proteine und T-bet, GATA, RORγt, RORC sowie FoxP3 Transkriptionsfaktoren, die bei der Entstehung von T_H-Subpopulationen eine tragende Rolle spielen. Für eine ausführlichere Beschreibung der Abbildung sowie des Prozesses der Aktivierung und Differenzierung von T_H-Zellen sei an dieser Stelle auf Rink et al. 2015, S. 67 ff. verwiesen. Die induzierte T_{reg}-Zelle (iT_{reg}-Zelle) ist eine Untergruppe der regulatorischen T-Zellen (vgl. Rink et al. 2015, S. 113 ff.)

[271] Für eine genauere Beschreibung des Ablaufes der Aktivierung einer T-Zelle siehe Martin und Resch 2009, S. 161 ff. sowie Murphy et al. 2014, S. 407 ff.

[272] Als Effektorzelle werden ausdifferenzierte T-Zellen (CTL und T_H-Zellen) sowie antikörperbildende B-Zellen bezeichnet.

[273] Die Aktivierung von Makrophagen ermöglicht es, dass diese die intrazellulären Pathogene effizienter bekämpfen können. Manche Pathogene haben Mechanismen entwickelt, um die erfolgreiche Phagozytose zu blockieren. Die T_H1-Zelle gibt Makrophagen zusätzliche Signale, wenn diese nicht alleine in der Lage sind, die Antigene zu beseitigen. Dabei werden die schon bestehenden Mechanismen der Makrophagen effizienter und schneller eingesetzt. Für eine ausführliche Beschreibung der Aktivierung von Makrophagen durch T_H1-Zellen sei an

Bakterien. T_H2-Zellen hingegen stimulieren eine humorale Immunantwort, indem sie B-Zellen zur Antikörperproduktion animieren und einen Isotypenwechsel hervorrufen. T_H17-Zellen werden dagegen sehr früh aktiv und unterstützen mit ihren Zytokinen die Neutrophilenreaktion gegen extrazelluläre Bakterien. Gehen von den dendritischen Zellen keine Gefahrensignale aus, differenzieren sich CD4-T-Lymphozyten zu regulatorischen T-Zellen (T_{reg}-Zellen). Diese spielen eine wichtige Rolle bei der Begrenzung der Immunantwort und der Erhaltung der Eigentoleranz.[274]

Die Aktivierung einer CD8-T-Zelle erfolgt nach demselben Muster. Führt ein Peptid:MHC-Klasse-I-Komplex mit dem zugehörigen Co-Stimulator CD8 zu der Aktivierung, entwickelt sich eine CTL-basierte adaptive Immunantwort. Jedoch bedarf die Entwicklung von CTL eines weiteren vierten Signals. Dieses erhält sie zumeist von einer aktivierten CD4-T-Zelle, die an derselben dendritischen Zelle angedockt hatte.[275] CTL suchen im Gewebe nach infizierten Zellen, welche sie über das MHC-Klasse-I-Molekül identifizieren. Im Folgenden lösen sie mittels ihrer Granula den programmierten Zelltod aus. Dieser Vorgang ist vergleichbar mit dem der NK-Zelle, mit dem Unterschied, dass die CTL antigenspezifisch reagiert.[276]

In der Natur existieren keine „sterilen“ Infektionen, weshalb eine Infektion nicht ausschließlich aus einem Erregertypus besteht. Daher ist auch eine adaptive Immunantwort nicht aus nur einer Subpopulation zusammengesetzt.

Humorale Bestandteile des adaptiven Immunsystems

Die humoralen Bestandteile des adaptiven Immunsystems werden durch Antikörper repräsentiert. Diese können zwei unterschiedliche Formen annehmen: Zum einen liegen sie in membrangebundener Form als B-Zell-Rezeptoren vor, zum anderen als die eigentlichen Antikörper in membranungebundener, löslicher Form. Wird eine B-Zelle aktiviert und proliferiert sich erfolgreich in eine Plasmazelle oder einen Plasmablasten, setzt sie gelöste BCR als Immunglobuline frei. Die Struktur der BCR und somit auch diejenige der Antikörper gleicht der Form eines Ypsilons. Die oberen Äste werden als variabler Teil bezeichnet und sind für die Erkennung und Bindung der Antigene verantwortlich. Die B-Zell-Rezeptoren und Immunglobuline einer Zelle besitzen dabei dieselbe Antigenspezifität. Das untere Ende des Antikörpers bildet den konstanten Teil. Als Rezeptor ist dieser in der Membran der B-Zelle gebunden, in löslicher Form übernimmt er die Effektorfunktion des Antikörpers.[277] Zellen des Immunsystems wie

dieser Stelle auf Murphy et al. 2014, S. 465 ff. verwiesen.

274 Für einen Überblick über die einzelnen Funktionsspektren der unterschiedlichen T_H-Subpopulationen vgl. Murphy et al. 2014, S. 441 ff. sowie Rink et al. 2015, S. 69 f.

275 Vgl. Rink et al. 2015, S. 70.

276 Vgl. Murphy et al. 2014, S. 459 ff.

277 Für eine genauere Beschreibung des Aufbaus der Immunglobuline siehe Martin und Resch 2009, S. 120 f.

Makrophagen oder neutrophile Granulozyten besitzen Rezeptoren, an denen sich die konstanten Teile der Antikörper binden, wodurch die Zellen aktiviert werden können.

Bei der Proliferation von B-Zellen können freigesetzte Zytokine Einfluss auf die Plasmazellen nehmen und dadurch einen Isotypenwechsel veranlassen. Dabei werden die konstanten Teile der Antikörper modifiziert, wodurch sich die Effektorfunktion bei gleichbleibender Antigenspezifität verändert.[278] Es gibt fünf Hauptklassen: IgA, IgD, IgE, IgG und IgM. Vor dem Klassenwechsel exprimieren B-Zellen standardmäßig IgM und IgD.[279] Immunglobuline M werden in einer sehr frühen Phase sezerniert und helfen dem Immunsystem durch die Aktivierung der Komplementkaskaden. Bei der Bekämpfung von Antigenen sind sie jedoch nicht die effektivste Alternative, weshalb ein Klassenwechsel vonnöten ist. Gleichwohl können früh sezernierte Immunglobuline M die angeborene Immunantwort verstärken, um Zeit für die weitere Proliferation und Produktion anderer Immunglobuline zu gewinnen.

Antikörper besitzen, neben der Aktivierung des Komplementsystems mehrere Effektormechanismen: Sie neutralisieren freie Viren sowie Toxine, die von Pathogenen zur Schädigung der körpereigenen Zellen freigesetzt wurden. Durch diese Bindung der Antikörper besitzen die Stoffe keine Möglichkeit mehr, sich an andere Zellen zu binden, was letztendlich die Neutralisierung des Pathogens bedeutet. Zudem sind Immunglobuline, vor allem IgG und IgE, in der Lage, Pathogene zu opsonieren. Antikörper können außerdem Antigene in der Plasmamembran von befallenen Zellen erkennen und diese durch eine Bindung markieren. Solche markierten Zellen werden von NK-Zellen durch die Aktivierung der Apoptose abgetötet. Zuletzt tragen Antikörper selbst entscheidend zur Abschaltung der Antikörperproduktion bei. Immunglobuline können in Form einer negativen Rückkopplung durch die Bindung an spezielle Rezeptoren der antikörperproduzierenden B-Zellen diese abschalten.[280]

3.1.3.2 Die Entwicklung einer adaptiven Immunantwort

Im Rahmen der durch das angeborene Immunsystem ausgelösten Entzündungsreaktion werden dendritische Zellen dazu veranlasst, Antigene aufzunehmen und sie mittels der MHC-Klasse-I- und Klasse-II-Komplexe in den sekundären lymphatischen Organen zu präsentieren. Nach ihrer Wanderung in diese Organe treten sie mit allen vor Ort befindlichen CD4- und CD8-T-Zellen in Kontakt, wodurch all diejenigen aktiviert werden, die eine entsprechende Spezifi-

sowie Murphy et al. 2014, S. 143 ff.

278 Vgl. Martin und Resch 2009, S. 124 ff. sowie Murphy et al. 2014, S. 495 ff.

279 Vgl. Martin und Resch 2009, S. 124 sowie Murphy et al. 2014, S. 207. Die Funktion von IgD ist derzeit nicht bekannt (vgl. Martin und Resch 2009, S. 124 sowie Murphy et al. 2014, S. 207).

280 Für einen Überblick über die einzelnen Funktionsspektren vgl. Martin und Resch 2009, S. 121 ff. und als tabellarische Übersicht S. 126 sowie Murphy et al. 2014, S. 505 ff.

kation aufweisen. Hierdurch werden innerhalb weniger Stunden Tausende T-Zellen dazu veranlasst, sich zu proliferieren und zu differenzieren.[281] Da sich die Spezifitäten der einzelnen Zellen unterscheiden, reagieren sie folglich nicht mit gleicher Intensität. Das Immunsystem wartet bewusst nicht auf eine T-Zelle, deren Spezifität vollständig mit dem Antigen übereinstimmt, sondern aktiviert innerhalb kürzester Zeit alle Zellen, die einen ausreichenden Deckungsgrad für eine mögliche Bekämpfung aufweisen. Diese Abkehr von der idealtypischen Immunreaktion kann durch den kritischen Faktor der Zeit begründet werden. Der Vorgang der Identifikation würde eine zu lange Zeitspanne in Anspruch nehmen, sodass die adaptive Immunantwort zu spät in Kraft treten würde. Stattdessen nähert sich das Immunsystem der Spezifität des Pathogens an. Im Laufe des mehrtägigen Prozesses der klonalen Expansion[282] wird aus dem großen Repertoire an potenziellen zellulären adaptiven Immunantworten die vielversprechendste ausgewählt. Dieser Selektionsprozess erfolgt mittels der dendritischen Zellen: Aktivierte T-Zellen und ihre Klone benötigen Überlebenssignale in Form von bestimmten Zytokinen, die sie von den dendritischen Zellen übermittelt bekommen. Bei der Übertragung dieser Signale erfolgt eine Selektion anhand des Grades der Übereinstimmung der Spezifität, sodass am Ende die spezifischste Zelle und ihre entsprechenden Klone erhalten bleiben. Diese bilden fortan die Bestandteile der zellulären adaptiven Immunantwort und werden nach Abschluss der Proliferation zum größten Teil in das infizierte Gewebe eingeschwemmt, um die Mechanismen des angeborenen Immunsystems antigenspezifisch zu unterstützen.[283]

Die Entwicklung einer B-Zell-Antwort erfolgt nach vergleichbarem Muster. Zu Beginn wird ein breites Spektrum an B-Zellen durch die gekoppelte Erkennung aktiviert, die dann durch den Vorgang der Selektion auf eine spezifische B-Zelle und ihre Klone reduziert wird. Ihre Überlebenssignale erhalten die Zellen von den entsprechenden antigenspezifischen T_H-Zellen. Zusätzlich zu dem bereits beschriebenen Vorgang der Annäherung durchlaufen B-Zellen den Prozess der Hypermutation, durch den die Spezifität der einzelnen B-Zellen selbst im Laufe der Proliferation gesteigert wird. Aufgrund der Abhängigkeit von den T-Helferzellen beginnt die Proliferation der B-Zellen erst nach deren vollständiger Entwicklung und somit erst nach vier bis fünf Tagen. Dieser zeitliche Verzug wird von dem Immunsystem in Kauf genommen, um den menschlichen Organismus vor einer fälschlicherweise entwickelten humoralen Immunantwort zu schützen. Um jedoch in der frühen Phase der Entwicklung der B-Zell-Antwort bereits Antikörper freizusetzen und somit die Immunreaktion zu unterstützen, entwickelt sich ein Teil

---

281 Erscheint die absolute Zahl von Tausenden aktivierten Zellen relativ hoch, beträgt die relative Quote lediglich 1-60 Zellen aus einer Million (vgl. Blattman et al. 2002, S. 660 sowie Jenkins und Moon 2012, S. 4138), die auf diesen Weg ihr spezifisches Antigen erkennen und beginnen, sich zu proliferieren. Der menschliche Körper besitzt bei 5 bis 6 Liter Blut ungefähr 7,5-18 Milliarden Leukozyten (CD4-, CD8-T-Zellen und B-Zellen) (vgl. Rink et al. 2015, S. 17).

282 Vgl. Murphy et al. 2014, S. 36.

283 Vgl. zur Entwicklung einer zellvermittelten adaptiven Immunreaktion auch Martin und Resch 2009, S. 161 ff., Murphy et al. 2014, S. 433 ff. sowie Rink et al. 2015, S. 67 ff.

der Klone zu Plasmablasten. Diese sind in der Lage, sich ebenfalls weiter zu teilen, können aber zusätzlich IgM sezernieren.[284] Zum Ende des Proliferationsprozesses hin entwickeln sich beide – aktivierte B-Zellen und Plasmablasten – zu Plasmazellen, die einen möglichen Isotypenwechsel unterlaufen und fortan Antikörper in großen Mengen sezernieren.[285]

Im Laufe der Entwicklung der T- und B-Effektorzellen entstehen zudem parallel Gedächtniszellen, die entscheidend zur Bildung des immunologischen Gedächtnisses beitragen.[286]

3.1.3.3 Der Ablauf einer adaptiven Immunantwort

Nach der Vorstellung der Bestandteile und der Entwicklung einer adaptiven Immunantwort werden im nächsten Schritt der Ablauf einer solchen Reaktion und zugleich die Interaktion von angeborenem und adaptivem Immunsystem diskutiert. Grob beschrieben werden die Abwehrmechanismen bei einer Erkrankung (1) durch extrazelluläre Bakterien, (2) intrazelluläre Bakterien, (3) Viren, (4) Parasiten und (5) Tumoren.[287]

Wichtig zu bemerken ist, dass keine „sterilen“ Infektionen existieren und somit eine Infektion niemals ausschließlich aus einem Pathogen-Typ besteht. Schlussfolgernd kann eine Immunreaktion nicht auf einen einzigen Mechanismus reduziert werden. Ist im Folgenden die Rede von beispielsweise einer Immunantwort gegen extrazelluläre Bakterien, handelt es sich vielmehr um eine Abstraktion, die das Prinzip des Ablaufes veranschaulichen soll. In der Natur kann sich der menschliche Organismus gleichzeitig mit extrazellulären oder intrazellulären Bakterien, Viren oder Würmern infizieren, was zur Folge hat, dass eine Immunreaktion aus einer Kombination aus den jeweiligen Mechanismen besteht. Ferner besitzt der Verlauf einer Immunantwort keinen solch linearen Charakter, wie hier beschrieben. Durch das verschachtelte und komplexe Netzwerk des Immunsystems sind Vorhersagen lediglich abstrakt möglich.

(1) Die Immunantwort auf extrazelluläre Bakterien

Tritt der Erreger in das Gewebe ein, so löst er eine angeborene Immunantwort in Form einer Entzündungsreaktion aus. Infolgedessen kommt es zur früh induzierten Phase, in der Zellen durch die Extravasation in den Infektionsherd eingeschwemmt werden. Im Laufe dieser Phase phagozytieren dendritische Zellen Pathogene und wandern daraufhin in die peripheren lymphatischen Organe, um dort den naiven T-Zellen den Peptid:MHC-II-Komplex zu präsentieren. Neben den typischen proinflammatorischen Zytokinen (IL-1β, TNF-α, IL-6) sezerniert die

---

[284] Vgl. Murphy et al. 2014, S. 488 f.

[285] Vgl. für die Entwicklung einer humoralen adaptiven Immunreaktion Martin und Resch 2009, S. 163 ff., Murphy et al. 2014, S. 497 ff. sowie Rink et al. 2015, S. 70 ff.

[286] Vgl. Abschnitt 3.1.4.

[287] Die nachfolgende Ausführung über die unterschiedlichen Abläufe einer adaptiven Immunantwort basiert auf Rink et al. 2015, S. 127 ff.

dendritische Zelle das Zytokin IL-23. Die Erkennung des Peptid:MHC-II-Komplexes und die Stimulierung des CD4 in Kombination mit IL-23 veranlasst die Differenzierung der T_H-Zelle zur T_H17-Zelle, welche sich im Anschluss durch klonale Expansion vermehrt. Parallel zu der Aktivierung der T_H-Zelle gelangen über die Lymphbahnen freie Antigene in die peripheren lymphatischen Organe, wo sie mit der antigenspezifischen B-Zelle in Kontakt treten. Nach der Co-Stimulation durch eine aktivierte T_H17-Zelle beginnt die Produktion von Antikörpern durch Plasmazellen. Die adaptive Immunantwort gegen extrazelluläre Bakterien basiert aber weniger auf der Produktion von Antikörpern. Vielmehr sorgt die T_H17-Zelle durch die Freisetzung des Zytokins IL-17 für die Verstärkung der Entzündungsreaktion. Die T_H17-Zellen sorgen für eine Verstärkung der Phagozytose und vor allem für das Einschwemmen weiterer neutrophiler Granulozyten. T_H17-Lymphozyten werden in einer sehr frühen Phase der adaptiven Immunantwort aktiv. Es wird davon ausgegangen, dass im Laufe der adaptiven Immunantwort sich das Verhältnis der T_H-Zellen zugunsten von T_H1- und T_H2-Zellen verschiebt.

(2) Die Immunantwort auf intrazelluläre Bakterien

Bei einer Infektion mit intrazellulären Bakterien verläuft die Immunantwort nach dem gleichen Muster wie bei einer Infektion mit extrazellulären Bakterien. Der entscheidende Unterschied ist die Freisetzung des Zytokins IL-12 an Stelle von IL-23. Durch die Erkennung eines intrazellulären Pathogens mithilfe der PRR der dendritischen Zelle wird die Freisetzung des Zytokins IL-12 – parallel zu der Sezernierung der proinflammatorischen Zytokine – veranlasst. IL-12 beeinflusst die Differenzierung der T_H-Zellen zu T_H1-Zellen. Diese werden nach der klonalen Expansion durch die Blutgefäße in das infizierte Gewebe befördert. Vor Ort unterstützen die T_H1-Zellen die Entzündungsreaktion und die Phagozytose durch Immunzellen wie Makrophagen.

(3) Die Immunantwort gegen Viren

Im Vergleich zu der Immunantwort gegen intrazelluläre Bakterien wird bei der Immunantwort gegen Viren neben dem IL-12 auch IFN-α durch die dendritischen Zellen freigesetzt. Hierdurch wird nicht nur die Differenzierung gegenüber T_H1-Zellen stimuliert, sondern es werden auch CTL aktiviert. Die dendritischen Zellen präsentieren die Antigenpeptide diesmal nicht ausschließlich auf dem MHC-Klasse-II-Molekül, sondern zusätzlich auf dem MHC-Klasse-I-Molekül, wodurch CTL aktiviert werden. Parallel treten freie Antigene über die Lymphbahn in die peripheren lymphatischen Organe, wo sie mit B-Zellen in Kontakt treten. Diese veranlassen die Produktion von IgM und später IgG. Die CTL, T_H1-Zellen und die Immunglobuline wandern nach ihrer Reifung in das Gewebe. Dort veranlassen sie die Eliminierung der virusinfizierten Zellen. Zusätzlich binden Antikörper sich an freie Viren, wodurch sie durch die Neutralisierung eine weitere Ausbreitung verhindern. Die so gebundenen Viren werden für Makrophagen opsoniert.

(4) Die Immunantwort auf Parasiten

Bei einem Befall durch Parasiten sind während der angeborenen Immunantwort vor allem Mastzellen sowie basophile und eosinophile Granulozyten beteiligt. Dadurch verändert sich das Zytokinmilieu zugunsten der Zytokine IL-4 und IL-5. Bei der Antigenpräsentation durch die dendritischen Zellen veranlassen diese Zytokine die Differenzierung der T_H-Zelle zu T_H2-Zellen. T_H2-Zellen stimulieren mit den sezernierten Zytokinen einen Isotypenwechsel der Plasmazellen, wodurch vermehrt IgE und IgA produziert wird. Die Antikörper binden sich am Infektionsherd an die Erreger, um sie so für die eosinophilen und basophilen Granulozyten zu markieren.

(5) Die Immunantwort auf Tumorzellen[288]

Als Folge einer Verbreitung von Tumorzellen sterben vermehrt körpereigene Zellen ab. Die erhöhte Anzahl alarmiert das angeborene Immunsystem, das daraufhin eine akute Entzündungsreaktion auslöst. In der früh induzierten Phase sind es vor allem NK-Zellen und während der adaptiven Immunantwort CTL, die für die Bekämpfung von Tumorzellen verantwortlich sind.[289]

Regulation des adaptiven Immunsystems[290]

Die Regulation verläuft nach ähnlichen Mechanismen wie die Regulation der angeborenen Immunantwort. Die Zellen selbst produzieren parallel zu den aktivierenden Zytokinen auch inhibitorische Wirkstoffe, welche verzögert einsetzen. Bleibt der Reiz durch die erfolgreiche Bekämpfung des Pathogens aus, reguliert sich das adaptive Immunsystem wieder herunter und die Effektorzellen verfallen dem programmierten Zelltod.

Zusätzlich existieren regulatorische T-Zellen. Diese T_{reg}-Zellen sorgen im aktiven Zustand für eine Beschränkung der Immunreaktion, sodass die Kontrolle über die Entzündungsreaktion durch die vorherrschenden positiven Rückkoppelungen nicht verlorengeht. Zusätzlich sorgen

288 Vgl. Martin und Resch 2009, S. 285 ff.

289 Es wird davon ausgegangen, dass permanent entartete Zellen im menschlichen Körper entstehen. Dennoch treten Tumorerkrankungen relativ selten auf, woraus geschlossen wird, dass die meisten Tumorzellen vom Immunsystem frühzeitig beseitigt werden (vgl. Martin und Resch 2009, S. 289).

290 Vgl. Martin und Resch 2009, S. 191 ff.

die regulatorischen T-Lymphozyten im Gewebe für die Aufrechterhaltung der Selbsttoleranz und verhindern so autoimmune Reaktionen.[291]

Zusammenfassung

Werden die Abläufe der unterschiedlichen Immunreaktionen verglichen, so wird deutlich, dass die Muster, unabhängig von dem Pathogentypus, deutliche Parallelen aufweisen. In einem ersten Schritt setzt zunächst die Aktivierung der angeborenen Immunantwort ein. Dendritische Zellen nehmen Antigene auf und verarbeiten diese zu Peptiden, die sie im sekundären lymphatischen Organ präsentieren. Dieser Schritt ist entscheidend für die spätere Ausrichtung des adaptiven Immunsystems. Dabei kann die dendritische Zelle durch ihre PRR zwischen den einzelnen Pathogen-Kategorien unterscheiden. Darauf aufbauend werden entsprechende Zytokine freigesetzt, die fortan die adaptive Immunantwort maßgeblich prägen. Ab diesem Punkt unterscheiden sich die Immunantworten im Detail, das Muster bleibt aber gleich. Die entsprechenden T-Zellen differenzieren und vermehren sich. B-Zellen werden bei Bedarf aktiviert und einem Isotypenwechsel unterzogen. Nach der jeweiligen Proliferation der T-Effektorzellen und der Produktion der Antikörper wandern diese über die Blutbahnen in das infizierte Gewebe. Dort angekommen greifen die Mechanismen des adaptiven Immunsystems auf die der angeborenen Immunantwort zurück. Makrophagen werden effizienter aktiviert, Antigene opsoniert und somit für Fresszellen zugänglicher gemacht. Außerdem wird die Anzahl der Zellen des angeborenen Immunsystems erhöht etc. Zusammenfassend erlaubt das adaptive Immunsystem durch eine antigenspezifische Erkennung und Markierung, den Einsatz der angeborenen Immunreaktion qualitativ zu verbessern.

3.1.4 Das immunologische Gedächtnis[292]

Einer der größten Unterschiede zwischen angeborenem und adaptivem Immunsystem ist die Bildung eines immunologischen Gedächtnisses. Während das angeborene Immunsystem bei jedem Kontakt mit einem Pathogen auf festgeschriebene Mechanismen zurückgreift und somit sich die Bekämpfung von Pathogenen nicht verändert, werden im Laufe der Entwicklung einer adaptiven Immunantwort Gedächtniszellen gebildet.

Die Gedächtniszellen erlauben bei einem Zweitkontakt mit ihrem entsprechenden Pathogen eine signifikant schnellere Auslösung der adaptiven Immunantwort. Sie bewahren ihre ursprüngliche Antigenspezifität, die durch die erwähnte somatische Hypermutation weiter

[291] Vgl. Martin und Resch 2009, S. 194 ff. sowie Rink et al. 2015, S. 113 ff.

[292] Für eine ausführlichere Beschreibung des immunologischen Gedächtnisses siehe Martin und Resch 2009, S. 170 ff. sowie Murphy et al. 2014, S. 559 ff.

gesteigert werden kann.[293] Die Aktivierungsschwelle ist für die Gedächtniszellen somit wesentlich niedriger, so können T_H-Gedächtniszellen ohne antigenpräsentierende Zellen aktiviert werden.[294] Die Gedächtniszellen patrouillieren durch Blut und Gewebe auf der Suche nach dem äquivalenten Antigen. Werden sie aktiviert, können sie direkt vor Ort und ohne den zeitintensiven Prozess der Aktivierung des adaptiven Immunsystems in den peripheren lymphatischen Organen ihre Effektorfunktion aufnehmen. Erfolgte im Rahmen eines Erstkontakts ein Isotypenwechsel, wird dieser von den B-Gedächtniszellen beibehalten.[295] Im Falle eines Zweitkontakts wird nicht standardmäßig IgM produziert, sondern vielmehr werden direkt die effektiveren IgG, IgE oder IgA hergestellt. Diese Fähigkeit erlaubt es, Zweitinfektionen direkt vor Ort zu bekämpfen, sodass keine schwerwiegenden Infektionen zustande kommen.

3.1.5 Der Abwehrmechanismus des menschlichen Organismus

Das menschliche Immunsystem hat sich über Jahrmillionen hinweg zu einem effizienten Abwehrmechanismus entwickelt, der die Lebensfähigkeit des menschlichen Organismus sichert. Der Komplexität der Pathogene wird mit einer Varietät an Möglichkeiten zur Bekämpfung begegnet. Dabei basiert das Immunsystem auf zwei Ästen, dem angeborenen und dem adaptiven Immunsystem. Das Überleben kann durch eines dieser Systeme alleine nicht gesichert werden, vielmehr sind es gerade die vielschichtigen Interaktionen der beiden Systeme, die den Schutz aufrechterhalten.

Das angeborene Immunsystem übernimmt die Funktion der Gefahrenerkennung, des Einleitens initialer Gegenmaßnahmen und der Eindämmung einer Infektion. Durch spezielle Rezeptoren ist das angeborene Immunsystem in der Lage, körperfremd von körpereigen und gefährlich von ungefährlich zu unterscheiden. Wird ein Erreger dabei identifiziert, wird eine Entzündungsreaktion ausgelöst. Durch gewisse Routinemechanismen ist das Immunsystem somit in der Lage, Erreger zu bekämpfen, die Quantität an Leukozyten an dem Infektionsherd zu erhöhen, die Entzündung lokal einzudämmen und das adaptive Immunsystem auszulösen. Die Erkennung wie auch die Mechanismen des angeborenen Immunsystems sind antigenunspezifisch und nicht an einen spezifischen Erreger angepasst. Dadurch wird garantiert, dass das Immunsystem schnell reagieren kann. Jedoch haben Pathogene aufgrund der gleichbleibenden Routinemechanismen über die Zeit Möglichkeiten entwickelt, die Mustererkennung oder

[293] Äquivalent zu der beschriebenen Spezifität von Lymphozyten ist die Aktivierung der Rezeptoren von Gedächtniszellen ebenso von dimensionaler Natur. Eine Gedächtniszelle exprimiert zwar ausschließlich Rezeptoren einer Spezifität. Diese sind jedoch in der Lage, auch Antigene mit ähnlichen Sequenzen der Oberflächenstruktur zu erkennen. Dies geschieht jedoch mit geringerer Intensität. Erkennt eine Gedächtniszelle nicht das spezifische, sondern ein ähnliches Antigen und löst darauf eine Immunantwort aus, wird von Kreuzimmunität gesprochen.

[294] Vgl. Martin und Resch 2009, S. 172.

[295] Vgl. Murphy et al. 2014, S. 562.

die Bekämpfung zu manipulieren. Dagegen ist das adaptive Immunsystem in der Lage, Antigene spezifisch zu erkennen und eine angepasste Immunantwort zu entwickeln. Dies bedarf eines längeren Zeitraumes, weshalb die Funktion des angeborenen Immunsystems unabdingbar ist. Durch die antigenspezifischen Mechanismen, die die Mechanismen des angeborenen Immunsystems qualitativ modifizieren, ist das Immunsystem als Ganzes in der Lage, eine große Bandbreite an Erregern erfolgreich zu bekämpfen und dadurch das Überleben des menschlichen Organismus sicherzustellen. Parallel zu der Entwicklung einer adaptiven Immunantwort bilden sich Gedächtniszellen der T- und B-Zellen. Mithilfe dieser entwickelt sich eine Immunität des menschlichen Organismus gegen spezifische Erreger. Kommt es zu einem erneuten Kontakt, kann das adaptive Immunsystem mit einer antigenspezifischen Immunantwort direkt am Infektionsherd stimuliert werden, wodurch die zeitliche Verzögerung ausbleibt.

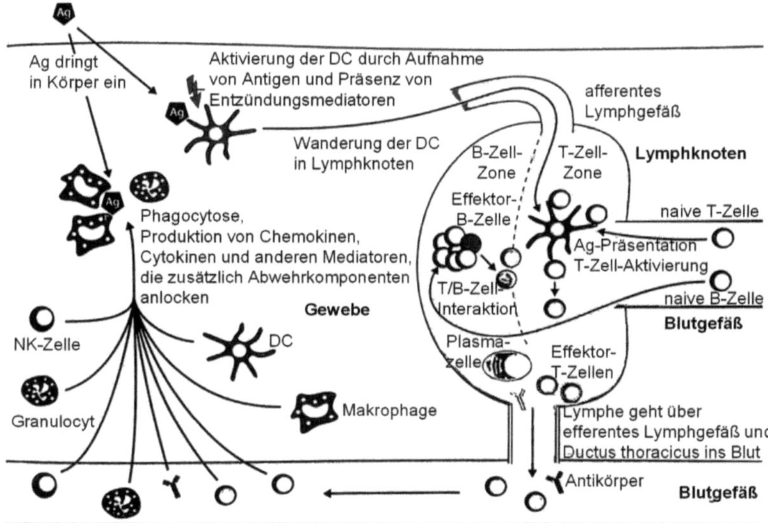

Abbildung 9: Ablauf einer Immunantwort[296]

Zusammenfassend veranschaulicht Abbildung 9 die Abläufe einer Immunreaktion vom Auftreten bis zur Eliminierung eines Pathogens.

[296] Quelle: Rink et al. 2015, S. 11. In der Abbildung wird Ag als Kurzform für Antigen und DC als Abkürzung für dendritische Zellen verwendet. Für eine kurze Beschreibung der Abbildung sei an dieser Stelle auf Rink et al. 2015, S. 11 verwiesen.

3.1.6 Abschließende Bemerkung

Die Einführung in das Immunsystem soll mit ein paar kritischen Bemerkungen abgeschlossen werden. Dabei werden drei Punkte diskutiert: (1) Das Immunsystem ist nicht fehlerfrei und gelangt unter bestimmten Umständen an seine Grenzen. (2) Die Komplexität des Immunsystems ermöglicht keine allumfassende Einführung in die Thematik. (3) Mit der Komplexität einhergehend wurde das Hauptaugenmerk der Einführung auf die Beschreibung der Immunreaktion gelegt.

(1) Im zurückliegenden Abschnitt wurde ausschließlich darauf eingegangen, auf welche Weise das Immunsystem Krankheitserreger beseitigt. Das angeborene Immunsystem schafft durch seine Routine-Mechanismen ausreichend Zeit, sodass das adaptive Immunsystem eine antigenspezifische Antwort entwickeln kann. Zwar ist das Immunsystem in der Lage, eine enorme Bandbreite an Erregern erfolgreich zu bekämpfen, wenngleich Krankheiten wie beispielsweise HIV, Hepatitis C oder Tumore verdeutlichen, dass das Immunsystem unter gewissen Umständen an seine Grenzen gelangen und versagen kann. Die Erreger der beschriebenen Krankheiten sind in der Lage, die Mechanismen der Erkennung und Bekämpfung von Pathogenen derart zu manipulieren, dass selbst das adaptive Immunsystem nicht in der Lage ist, diese zu eliminieren.

Des Weiteren deuten Autoimmunerkrankungen auf eine Fehlfunktion des Immunsystems hin. Es wurde bereits erwähnt, dass Zellen des Immunsystems einer negativen und positiven Selektion unterliegen und dass das Immunsystem dabei einen Balanceakt meistern muss. Bei manchen Menschen entwickelt sich jedoch eine Immunreaktion gegen ungefährliche körpereigene oder körperfremde Antigene. Beispielsweise werden bei der Heuschnupfenallergie ungefährliche Pollen durch das Immunsystem fälschlicherweise als gefährlich eingestuft. Dabei sind die Symptome wie Husten und Anschwellen der Schleimhäute Folgen einer humoralen adaptiven Immunantwort.

(2) Die voranstehenden Ausführungen dienen einem ersten groben Überblick über das Immunsystem und die Abläufe einer Immunantwort. Vermehrt wurde im Text auf ausführlichere Werke verwiesen, die bestimmte Mechanismen oder Entwicklungen näher erläutern. Die behandelten Immunreaktionen repräsentieren lediglich Abstraktionen, die auf stark vereinfachten Annahmen beruhen wie beispielsweise einer „sterilen" Infektion oder einem linearen Verlauf der Immunantwort. Auch wenn durch diese nicht-umkehrbar-eindeutige Transformation keine Schlussfolgerungen darüber möglich sind, welche Zellen beispielsweise ein bestimmtes Verhalten ausgelöst haben, sind solche Vereinfachungen jedoch erforderlich, um den relevanten

Sachverhalt zu beschreiben und zu analysieren. Dem Leser sollte aber bewusst sein, dass es sich hierbei lediglich um homomorphe Modelle handelt.

(3) Zusammenfassungen bedürfen immer eines Beobachters und seines Standpunktes. Dabei werden bestimmte Aspekte mehr in den Mittelpunkt gerückt, andere dagegen nicht näher erläutert. Beim Lesen dieser Einführung sollte bedacht werden, dass sich diese Arbeit den Abläufen einer Immunreaktion widmet. Dementsprechend wurde auch der Schwerpunkt in der obigen Ausführung bestimmt. Manch andere Mechanismen, so die Entwicklung der Rezeptorvielfalt, kamen mit Rücksicht auf den Umfang dieser Arbeit zu kurz, in dem Fall wurde auf weitere Werke der Immunologie verwiesen.

3.2 Das Immunsystem aus einer systemtheoretischen Perspektive

Im Rahmen der Immunologie wird das Wesen des Immunsystems mit seinem Zweck, seinen Bestandteilen und seinen Abläufen aus einer biologischen und biochemischen Perspektive detailliert diskutiert. Aus der Intention heraus, Erkenntnisse der Immunologie in die Betriebswirtschaftslehre zu transferieren, wird innerhalb dieser Arbeit eine weitere Perspektive, die der allgemeinen Systemtheorie, präsentiert. Der Begriff „Immunsystem" impliziert bereits, dass es sich hierbei um ein System im allgemeinen Sinne handelt. Im Folgenden wird dieser Sachverhalt mithilfe der Systemtheorie genauer analysiert und diskutiert.

Ulrich bezeichnet „[..] die allgemeine Systemtheorie als die formale Wissenschaft von der Struktur, den Verknüpfungen und dem Verhalten irgendwelcher Systeme [..]"[297].Dabei beinhaltet der Begriff „System" drei wesentliche Grundmerkmale: (1) Teile, Glieder oder Elemente, (2) eine Einheit oder Ganzheit und (3) eine Ordnung, wonach die Elemente nicht willkürlich vorliegen, sondern einem bestimmten Anordnungsmuster folgen, sodass eine gewisse Struktur erkennbar ist.[298] In diesem Zusammenhang wird auch von Beziehungen zwischen den Teilen gesprochen. Ulrich verweist hierbei auf die Autoren Luhmann, Beer und Flechtner, die allesamt Beziehungen als essenziellen Bestandteil des Systembegriffes in ihren Begriffsverständnissen aufgenommen haben.[299] Sein Begriffsverständnis von einem System[300] beschreibt Ulrich wie

---

[297] Ulrich 1970, S. 105.

[298] Vgl. Ulrich 1970, S. 105.

[299] Der Begriff „Beziehungen" wird in unterschiedlicher Form verwendet. So spricht Luhmann von Interdependenzen (vgl. Luhmann 1964, S. 23), Beer von Konnektivität (vgl. Beer 1959, S. 24) und Flechtner von Relationen (vgl. Flechtner 1972, S.10).

[300] In seinem Buch „Die Unternehmung als produktives soziales System" stellt Ulrich fest, dass Unklarheit über eine einheitliche Begriffserklärung in der Wissenschaft besteht (vgl. Ulrich 1970, S. 105). Einige Autoren schließen beispielsweise bestimmte Systemeigenschaften in ihre Beschreibungen mit ein, die nach dem Ermessen von Ulrich nicht zwingend zutreffen. Dabei erwähnt er beispielhaft die Autoren Gibson, Chorafas und

folgt: *„Unter einem System verstehen wir eine geordnete Gesamtheit von Elementen, zwischen denen irgendwelche Beziehungen bestehen oder hergestellt werden können."*[301]

Die Bezeichnung des Immunsystems als dynamisch komplexes System im allgemeinen systemtheoretischen Sinne impliziert, dass es sich um ein Konstrukt handelt, das sich von der übrigen Wirklichkeit abgrenzt. Es besteht aus mehreren unterschiedlichen Elementen, zwischen denen bestimmte Beziehungen vorherrschen, und diese Gesamtheit unterliegt einer gewissen Ordnung. Des Weiteren weist das Immunsystem ein bestimmtes Verhalten auf, indem Teile des Systems Bewegungen sowie Interdependenzen unterliegen, sodass das System keinem statischen Zustand entspricht. Dieses Verhalten ist dabei auf einen bestimmten Zweck, den das Immunsystem innerhalb seiner Umwelt erfüllt, ausgerichtet. Ferner stellt das Immunsystem ein relativ offenes System dar, das Energie, Materie und/oder Informationen aus seiner Umwelt aufnimmt und abgibt. Werden die Erläuterungen aus Abschnitt 3.1 rekapituliert, so können diese bisherigen Annahmen nachvollzogen werden. Im Folgenden werden diese Punkte näher im Hinblick auf die Aspekte der allgemeinen Systemtheorie erläutert.

3.2.1 Die Ganzheit und seine Teile

Für eine systemtheoretische Analyse eines Systems ist eine Systemabgrenzung unabdingbar. Die Einordnung, ob etwas als System, Sub-System oder Element betrachtet wird, hängt dabei von der Wahrnehmung und von dem Interesse des Beobachters ab.[302] Der Beobachter entscheidet, welche Ganzheit in den Fokus rückt und legt auf diese Weise fest, was System, Sub-System und Super-System ist. Von diesem Ausgangspunkt kann er nach Bedarf die Betrachtungsebene wechseln und dadurch die Perspektive verengen oder erweitern. Betrachtet der Beobachter eine niedrigere Systemebene, wird von einer Analyse eines Systems und dessen Elementen oder Sub-Systemen gesprochen. Dagegen wird ein Wechsel auf eine höhere Ebene als Integration eines relevanten Systems in ein umfassenderes größeres

Churchmanz, die behaupten, dass die Ordnung eines Systems geplant sei und dass ein System einen gewissen Zweck verfolge. Ulrich versteht darunter jedoch ein bewusst zur Erreichung eines bestimmten Zweckes errichtetes System und verweist darauf, dass die Verwendung dieser Sichtweise es erschwert, die Begrifflichkeit „System" auf natürlich lebende Systeme transferieren zu können, wodurch der Systembegriff seinen allgemeingültigen Charakter verlieren würde. Anstatt diese bestimmten Eigenschaften in sein Begriffsverständnis von einem System einzuarbeiten, differenziert Ulrich zwischen den grundlegenden Merkmalen „Element", „Ganzheit" und „Ordnung" und den möglichen Eigenschaften „Geplantheit", „Zweckorientiertheit", „Dynamik" und „Offenheit" eines Systems (vgl. Ulrich 1970, S. 106).

301 Ulrich 1970, S. 105, Hervorh. i. O.

302 Krieg betont, dass jede Art von Systemabgrenzung eine Frage des Ermessens und abhängig von der Intention des Beobachters ist. Je nach Standpunkt kann demnach ein System ein Sub-System, ein Super-System oder ein Element darstellen. Entscheidend bei der Auswahl eines Systems ist, dass es die drei Grundmerkmale „Element", „Ganzheit" und „Ordnung" aufweist. Kann ein Teil eines Systems diese Eigenschaften nicht mehr aufweisen, so ist es nicht möglich, diesen Teil als ein (Sub-)System anzuerkennen und es weiter aufzugliedern. Stattdessen wird von einem Element eines Systems gesprochen. Nicht selten ist eine weitere Aufteilung eines (Sub-)Systems nicht vom Beobachter erwünscht. Auch in diesem Fall kann eine Aufgliederung ausbleiben und der Teil eines Systems als Element angesehen werden (vgl. Krieg 1971, S. 24 und die dort aufgeführte Literatur).

bezeichnet.[303, 304] Ausgehend von der Intention des Beobachters, die Betrachtung des Immunsystems als System in den Fokus der Untersuchung zu stellen, repräsentiert der menschliche Organismus als umfassende Ganzheit das Super-System. Weil das Immunsystem nicht nur Beziehungen mit dem Super-System „Mensch" eingeht, sondern ebenso mit der den Menschen umfassenden Umwelt interagiert, sollte auch das Super-Super-System „Außenwelt" bei der Analyse bedacht werden.

Auf einer niedrigeren Systemebene können die lymphatischen Organe, die Schutzbarrieren sowie das angeborene und adaptive Immunsystem mit dessen humoralen und zellulären Bestandteilen als Sub-Systeme des Immunsystems verstanden werden. Möglich ist eine weitere Analyse dieser Sub-Systeme durch das weitere Vordringen auf die nächst tiefere Systemebene. Im Zusammenhang mit einer Immunreaktion sind das angeborene und das adaptive Immunsystem von elementarer Bedeutung, weshalb diese im Rahmen dieser Arbeit auch als Sub-Systeme interpretiert und näher analysiert werden. Dagegen werden die Organe und Barrieren als Elemente angesehen. Abbildung 10 veranschaulicht auf abstrakte Weise das Konstrukt des Immunsystems als System und die dazugehörigen Sub- und Super-Systeme.

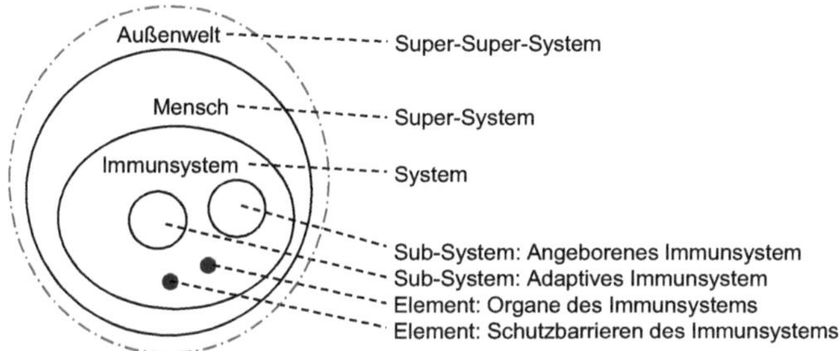

Abbildung 10: Systemabgrenzung des Immunsystems[305]

In den Lehrbüchern der Immunologie herrscht überwiegend Einigkeit bezüglich der Abgrenzung des Immunsystems.[306] Argumentiert wird teilweise über die Abstammung der Bestandteile und teilweise über deren Funktionalität. Bei den zellulären Bestandteilen, den Leukozyten, lässt das Prinzip der Abstammung eine relativ klare und weitreichende Zuordnung zu, da

303 Vgl. Ulrich und Probst 1995, S. 33.

304 Am Beispiel des Sonnensystems wird dieser Sachverhalt deutlich: Der Planet Erde als Mittelpunkt der Betrachtung präsentiert das System. Dieses System ist Bestandteil eines Super-Systems, welches in diesem Falle das Sonnensystem ist. Eine Veränderung des Blickwinkels schreibt nun dem Sonnensystem die Rolle des Systems zu. Fortan repräsentiert der Planet Erde ein Sub-System und die Milchstraße das Super-System. Die Milchstraße wiederum kann als Sub-System des Universums interpretiert werden. Passend dazu schreibt Beer: „Das Universum scheint sich aufzubauen aus einem Gefüge von Systemen, wo jedes System von einem jeweils größeren umfasst wird – wie ein Satz von hohlen Bauklötzen. Ein System lässt sich über einen weiteren Bereich ausdehnen; man kann es aber ebensogut [sic!] auf kleinere Einheiten beschränken." (Beer 1959, S. 24)

305 Quelle: eigene Darstellung.

306 Vgl. u. a. Martin und Resch 2009, Schütt und Bröker 2011, Murphy et al. 2014 sowie Rink et al. 2015.

Immunzellen ausnahmslos von einer gemeinsamen Vorläuferzelle abstammen. Zudem werden zahlreiche humorale Bestandteile durch Leukozyten freigesetzt. Ferner erlaubt die Argumentation bezüglich der Abstammung neben der Systemabgrenzung ebenso eine Abgrenzung auf der Sub-System-Ebene. Die Vorläuferzellen aller Immunzellen differenzieren sich im Knochenmark in myeloische Progenitoren sowie lymphoide Progenitoren und legen dadurch fest, ob eine Zelle dem angeborenen oder dem adaptiven Immunsystem angehört.

Auch das Prinzip der Funktionalität bietet einen soliden Erklärungsansatz. Demnach zählen all diejenigen Bestandteile, die bei einer Immunreaktion mitwirken, als Teil der Gesamtheit. Ferner gelten alle Bestandteile, die auf PAMP reagieren, als Teile des angeborenen Immunsystems; und Elemente, die auf bestimmte Antigene spezifisch reagieren, zählen als Teil des adaptiven Immunsystems.

Für sich betrachtet zeigen sich in beiden Prinzipien Schwachstellen. Das Prinzip der Abstammung umfasst nicht alle humoralen Bestandteile. Während einer Immunreaktion setzen u. a. auch Epithelzellen oder die Leber Wirkstoffe frei, die demnach nicht zum Immunsystem zählen würden. Nach dem Prinzip der Funktionalität müsste dagegen die Leber aufgrund ihrer Wirkstoffsezernierung dem Immunsystem angehören. Des Weiteren müsste die NK-Zelle angesichts ihrer Abstammung vom lymphoiden Progenitor dem adaptiven Immunsystem zugeschrieben werden. Stattdessen wird sie aufgrund ihrer Funktionalität zum angeborenen Immunsystem gezählt.

Hier zeigt sich, dass eine Systemabgrenzung eines (relativ) offenen Systems immer im Ermessen des Beobachters liegt und somit keiner expliziten Regel folgt. Schlussendlich erlauben die Kombination der beiden Prinzipien sowie ein gewisser Ermessensspielraum des Betrachters eine logisch vertretbare Systemabgrenzung. Werden die Abstammung – genauer gesagt die Entwicklung der Bestandteile – und ihre Funktionalitäten abstrakt betrachtet, können diese durch ein Beziehungsgeflecht zwischen einzelnen Elementen interpretiert werden. Eine Analyse dieses Beziehungsgeflechts würde nach Hartmanns Prinzip „Übergewicht der inneren Bindungen“[307] ein Bild ergeben, das die Abgrenzung des Immunsystems von seiner übrigen Umwelt sowie die Abgrenzung der Sub-Systeme untereinander visualisiert.

Als Ganzheit folgt das Immunsystem dem Leitsatz „Das Ganze ist mehr als die Summe seiner Teile“[308]. Ein System besitzt bestimmte Eigenschaften und Verhaltensweisen, die nicht

[307] Bei der Kategorisierung von offeneren Systemen verweist Ulrich auf das Abgrenzungskriterium „Übergewicht der inneren Bindung“ nach Hartmann (vgl. Hartmann 1949, S. 332). Demnach liegt ein System oder Sub-System vor, wenn „[...] innerhalb dieser Gesamtheit ein größeres Maß von Interaktionen oder Beziehungen besteht als von der Gesamtheit nach außen.“ (Ulrich 1970, S. 108)

[308] Aristoteles, zitiert nach: Bertalanffy 1972, S. 18.

einzelnen Teilen zugeschrieben werden können. Auch die Summe der Einzelfähigkeiten ist nicht in der Lage, die Fähigkeiten eines Systems vollständig zu erklären, da die Systemeigenschaften und Verhaltensarten auf einem Zusammenspiel aller Elemente, die untereinander komplex verknüpft sind, beruhen.[309] Diesen Sachverhalt beschreibt Malik wie folgt.

> „Es gehört zu den hervorstechendsten Merkmalen von Systemen, dass, obwohl jedes Ganze aus Teilen besteht, die Teile nicht isoliert verstanden werden können. Jeder Teil erhält seinen Sinn und seine Funktion erst als Element des Ganzen. Man kann die Teile einer Systemganzheit daher auch nicht einzeln analysieren oder gestalten, sondern nur im Zusammenhang mit anderen Teilen."[310]

Die Funktion des Immunsystems ist die Wahrung der Überlebensfähigkeit des menschlichen Organismus durch die Abwehr von Krankheitserregern. Das Hervorstechende dabei ist die komplexe Interaktion der Elemente auf System- und Sub-Systemebene. Eine erfolgreiche Bekämpfung von bestimmten Antigenen ist nur durch die Zusammenarbeit der Systeme des angeborenen und adaptiven Immunsystems möglich. Ebenso ist die Kooperation der Elemente innerhalb der Systeme ausschlaggebend für ihre Funktionsweise. So ist beispielsweise das angeborene Immunsystem abhängig von der Vielfalt der Zellen und der damit einhergehenden Diversifikation an unterschiedlichen Funktionen. Wie neutrophile Granulozyten eine wichtige Rolle bei der Bekämpfung von Bakterien einnehmen, so sind eosinophile und basophile Granulozyten bedeutsam bei der Bekämpfung von Parasiten.

3.2.2 Die Struktur und Ordnung des Immunsystems

Dynamische Systeme besitzen zumeist eine sehr hohe Komplexität. Diese Komplexität wird dadurch sichtbar, dass ein System eine hohe Anzahl an unterschiedlichen Zuständen annehmen kann. Dennoch „[ist] [d]ie Welt der Systeme [..] nicht einfach von einer monströsen Komplexität"[311], denn von den möglichen Zuständen gibt es zahlreiche, die nicht eintreffen. Eine solche Ordnung ist nicht nur beschrieben durch eine Struktur, sondern durch das Wechselspiel von Verhalten und Struktur. Eine Struktur legt den Spielraum des Verhaltens eines Systems fest. Gleichzeitig aber ist das Verhalten dafür verantwortlich, ob eine Struktur bewahrt wird oder ob sie sich entwickelt.[312] Die beiden Merkmale bilden somit eine zirkuläre Wirkungskette.[313] Durch das Zusammenspiel von Verhalten und Struktur entstehen Regeln oder genauer gesagt Regelmäßigkeiten, die das Eintreffen bestimmter Zustände unmöglich machen. „Ordnung enthält damit Einschränkungen der Freiheiten oder Verhaltensmöglichkeiten

309 Vgl. Hassenstein 1972, S. 32.
310 Malik 1981, S. 51.
311 Ulrich und Probst 1995, S. 66.
312 Vgl. Ulrich und Probst 1995, S. 70.
313 Vgl. Probst 1987, S. 36.

in einem System, indem Willkür und Zufall in einem gewissen Maße ausgeschlossen werden."[314] Gomez, Malik und Oeller beschreiben das Konzept dieser Constraints wie folgt.

> „Die Grundidee ist sehr einfach. Wir stellen uns eine Menge von Ereignissen vor, die denkbar sind, d. h. die logisch möglich sind. Wir stellen ferner fest, dass nicht alle der denkbaren Ereignisse eintreten, sondern dass die Menge der tatsächlich eintretenden oder beobachteten Ereignisse kleiner ist, als die Menge der möglichen Ereignisse. Die Schlussfolgerung ist, dass es offenbar irgendetwas geben muss, das das Eintreten aller denkmöglichen Ereignisse verhindert, d. h. die Menge der möglichen Ereignisse einschränkt auf die Menge der tatsächlichen Ereignisse".[315, 316]

Durch die Ordnung können in Systemen Verhaltensmuster identifiziert werden. Sie manifestiert sich durch die Beziehungen der Elemente und sind im statischen Zustand als Netzwerk sowie im zeitlichen Zustand als Muster in Verhaltensabfolgen sichtbar.[317] Das Netzwerk, das Ulrich auch als „Struktur" eines Systems bezeichnet,[318] ist Ausdruck eines räumlichen Gefüges der einzelnen Teile einer Ganzheit und bestimmt zugleich die Wirkungsmöglichkeiten eines jeden Elements. Es verdeutlicht, auf welche Weise diese miteinander in Beziehung stehen. Die räumliche Anordnung ist im Immunsystem von dem jeweiligen Zelltypus abhängig: Makrophagen, Mastzellen und dendritische Zellen befinden sich vorwiegend im Gewebe, Monozyten sowie Granulozyten in der Blutbahn und T- sowie B-Zellen in den Lymphknoten. Durch diese Aufstellung lassen sich aufgrund der räumlichen Nähe erste Beziehungen ableiten, die das Verhalten des Immunsystems jedoch nicht hinreichend erklären.

Neben der räumlichen Dimension beschreibt die Struktur auch die zeitliche Abfolge von Aktivitäten eines Systems. Ulrich und Krieg sprechen dabei von der Prozessstruktur.[319] Strukturen in dynamischen Systemen sind keine statischen Gefüge, sondern verändern sich unter bestimmten Umständen. Erst aus der Analyse der räumlichen und zeitlichen Vernetztheit des Immunsystems lässt sich das Verhalten der Gesamtheit erklären, was eine Analyse der inneren Beziehungen dieses Systems notwendig erscheinen lässt.[320] Die stimulierenden, regulierenden oder kontrollierenden Aktivitäten des Immunsystems basieren alle auf der Aufnahme, der Verarbeitung oder der Abgabe von Informationen, was bedeutet, dass zwischen den Zellen kommunikative Beziehungen existieren. Dabei ist nach Krieg das Verhalten dynamischer

---

[314] Probst 1987, S. 68.
[315] Gomez et al. 1975, S. 197 f., Hervorh. i. O.
[316] Als Beispiel veranschaulicht, stellt die Erdanziehungskraft als Naturgesetz solch eine einschränkende Regelmäßigkeit dar. Rollt eine Kugel von einem Tisch, so fällt diese umgehend zu Boden. Dem Beobachter ist dies aufgrund der Naturgesetze bewusst. Diese Gesetzmäßigkeit schließt für ihn jedes abweichende Verhalten aus. Ohne diese Regel wären aber auch andere Ereignisse denkbar: Die Kugel steigt zur Decke, die Kugel rollt in der Horizontalen weiter, oder die Kugel bleibt in der Luft stehen. Das Prinzip der Schwerkraft begrenzt somit die tatsächlich möglichen Zustände von Systemen auf der Erde.
[317] Vgl. Ulrich und Probst 1995, S. 77 sowie Krieg 1971, S. 20.
[318] Vgl. Ulrich 1970, S. 109.
[319] Vgl. Ulrich 1970, S. 110 sowie Krieg 1971, S. 20.
[320] Vgl. Ulrich und Probst 1995, S. 36 ff.

Systeme nicht nur durch die Art der Beziehungen bestimmt, sondern ebenso von deren Umfang.[321] Sind Verflechtungen von vielfältiger Natur, ist der wahre Wirkungsverlauf eines Systems sehr schwer zu erfassen, denn je ausgeprägter und komplexer die Beziehungen, desto komplexer ist auch das Verhalten eines Systems.

Die Regelmäßigkeiten und Gesetzmäßigkeiten eines Systems schränken den möglichen Spielraum für Aktivitäten der Gesamtheit ein. Durch die Reduzierung der Komplexität erlaubt die Ordnung (stochastische) Voraussagen bezüglich des Verhaltens eines Systems. Die Reduktion ermöglicht dem Beobachter, fehlerhafte oder fehlende Dinge in einem System zu erkennen und zu ergänzen, Verhalten abzustimmen oder Teile eines Systems zusammenzufügen.[322] Als solch eine Gesetzmäßigkeit kann u. a. die eingeschränkte Bewegungsmöglichkeit der Elemente je nach Zelltypus gesehen werden, die gezielt durch das Immunsystem beeinflusst wird. Beispielsweise können Granulozyten nur während einer Entzündungsreaktion die Blutbahn verlassen. Diese Regulierung beruht nicht auf reiner Willkür, vielmehr wird durch sie sichergestellt, dass durch die hohe Konzentration der Granulozyten in der Blutbahn im Krankheitsfall genügend Zellen zur Verfügung stehen, um eine effektive Immunantwort entwickeln zu können. Auch Beschränkungen der möglichen Kontaktaufnahmen von Leukozyten[323] und damit Einschränkungen innerhalb der Abläufe einer Immunantwort dienen einem gewissen Zweck. Hierdurch kann die Gefahr einer unkontrollierten Immunreaktion reduziert werden. Erst diese zu beobachtende Ordnung des Immunsystems ermöglicht es, Vorhersagen bezüglich Verhaltensmustern zu treffen, auf denen letztendlich die spätere kybernetische Analyse beruht.

3.2.4 Die Eigenschaften des Immunsystems

Zusammenfassend erfüllt das System „Immunsystem" alle drei erforderlichen Grundmerkmale: eine Ganzheit, bestehend aus verschiedenen Elementen, die einer gewissen Ordnung unterstellt sind. Für eine genauere Beschreibung von Systemen führt Ulrich fünf Systemeigenschaften auf: (1) die Offenheit, (2) die Dynamik, (3) die Zweck- und Zielorientiertheit, (4) die

[321] Vgl. Krieg 1971, S. 55.
[322] Vgl. Probst 1987, S. 68.
[323] Die Kontaktaufnahme innerhalb des Immunsystems verläuft vorwiegend nach demselben Muster: Eine Zelle setzt einen bestimmen Botenstoff frei oder exprimiert ein Molekül auf der Oberfläche. Dadurch tritt die Zelle mit einer anderen Zelle, die den äquivalenten Rezeptor für den Botenstoff oder das Molekül besitzt, in Kontakt. Dieses Muster findet sich bei Zytokinen, Immunglobulinen, MHC-Klasse-I- und MHC-Klasse-II-Molekülen, Chemokinen, Komplement etc. wieder. Durch die notwendige Kopplung von Mediator und Rezeptor schafft der menschliche Körper eine umfangreiche Kontrolle. Jegliches Verhalten des Immunsystems wird über einen Mediator und den entsprechenden Rezeptor ausgelöst, reguliert oder abgebrochen. Trägt eine Zelle einen entsprechenden Rezeptor nicht, ist sie nicht in der Lage, durch einen bestimmten Wirkstoff aktiviert zu werden.

Komplexität und (5) die Determiniertheit.[324] Inwieweit das Immunsystem im Besitz dieser Merkmale ist, wird im Folgenden diskutiert.

3.2.4.1 Die Offenheit des Immunsystems

Systeme sind Teil eines Größeren, eines Super-Systems. Die Offenheit beschreibt, inwieweit zwischen System und Umwelt Wechselbeziehungen bestehen, und repräsentiert eine dimensionale Eigenschaft eines Systems.[325] Sie kann auf einer Skala zwischen zwei Extrempunkten eingeordnet werden. Diese Extreme bestehen aus einem vollständig von der Umwelt abgeschlossenen System und aus einem absolut offenen System. Bei dem vollständig isolierten System existieren keinerlei Wechselbeziehungen zwischen System und Umwelt. Bei einer absoluten Offenheit wiederum können keine Systemgrenzen identifiziert werden, und ein System löst sich in seiner Umwelt auf.[326] Nach dem Prinzip „Übergewicht der inneren Bindung“[327] kann bei einem offenen System nicht mehr klar differenziert werden, welche Beziehungen innere und welche äußere sind, sodass eine Abgrenzung unmöglich erscheint.

Im Rahmen der Wechselbeziehungen zwischen System und Umwelt nimmt ein System Energie, Materie und/oder Informationen aus der Umwelt auf und gibt wiederum Materie, Energie und/oder Informationen an die Umwelt ab. Im System findet ein Transformationsprozess statt, der die Inputs verwertet und in Outputs wandelt. Von außen kann diese Input-Output-Transformation als Verhalten der Gesamtheit interpretiert werden.[328] Unter der Annahme, dass das Immunsystem ein absolut geschlossenes System ist, würden keine solchen Beziehungen zwischen dem Super-System „Mensch“ und dem System „Immunsystem“ bestehen. Dieser Extremfall kann aus mehreren Gründen ausgeschlossen werden.

(1) Das Immunsystem benötigt Materie und Energie, um zum einen neue Immunzellen im Knochenmark zu entwickeln und um zum anderen Zellen aktivieren zu können. Aber das System nimmt nicht nur Energie auf, sondern gibt ebenso welche ab. Bei der Phagozytose von Pathogenen oder abgestorbenen Zellen entstehen Moleküle, die zur Energiegewinnung wiederverwertet werden. Aber auch niederwertige Energie wird durch den Prozess der Phagozytose an das Super-System „Mensch“ abgegeben.

(2) Es bestehen Interaktionen zwischen dem Immunsystem und dem menschlichen Organismus. Bei einer Immunreaktion werden Elemente des Super-Systems „Mensch“ wie Epithelzel-

[324] Vgl. Ulrich 1970, S. 111.
[325] Vgl. Ulrich 1970, S. 112.
[326] Vgl. Ulrich 1970, S. 112.
[327] Vgl. Hartmann 1949, S. 332.
[328] Vgl. Ulrich 1970, S. 112 f.

len oder die Leber in eine Immunantwort miteinbezogen. Zur gezielten Aktivierung dieses Verhaltens ist ein Austausch von Informationen erforderlich.

(3) Zuletzt besteht die Grundfunktion des Immunsystems in der Wahrung der Lebensfähigkeit des Menschen. In dieser Funktion muss das Immunsystem negative Einflüsse des Super-Super-Systems „Außenwelt“ ausgleichen. Als geschlossenes System würde das Immunsystem demnach seine Daseinsberechtigung verlieren.

Auch ein absolut offenes System kann im Falle des Immunsystems ausgeschlossen werden. Zum einen wurde aufgeführt, dass bei einem absolut offenen System keine Systemabgrenzung erfolgen kann. Wie in Abschnitt 3.2.1 jedoch gezeigt, ist diese Abgrenzung durchaus möglich. Zum anderen weist das Immunsystem Selbstreferenz und damit einen bestimmten Grad an (operationaler) Geschlossenheit auf. In einem operational geschlossenen System wirkt jedes Verhalten auf sich selbst zurück und bildet dadurch den Ausgangspunkt für jegliches weitere Verhalten.[329] Wird eine Immunreaktion betrachtet, so ist ersichtlich, dass zu Beginn beispielsweise ein Makrophage ein Pathogen erkennt. Daraufhin werden Botenstoffe freigesetzt, die die Mechanismen einer Immunantwort auslösen. Über dendritische Zellen wird das adaptive Immunsystem aktiviert, und T-Zellen proliferieren zu Effektorzellen. Diese wiederum wandern ins Gewebe, wo sie Kontakt zu Makrophagen aufnehmen und diese bei der Bekämpfung der Erreger beeinflussen. Eine Immunreaktion stellt demnach eine zirkuläre Wirkungskette dar.

Es lässt sich damit festhalten, dass es sich bei der hier diskutierten Ganzheit um ein relativ geschlossenes System handelt. Die Offenheit des Immunsystems impliziert, dass das Verhalten des Systems niemals vollständig autonom sein kann, da es kontinuierlich von seinem Umfeld beeinflusst wird.[330] Für eine Systemanalyse ist es wichtig, diesen Sachverhalt zu verstehen und das Immunsystem selbst als ein Teil eines größeren Ganzen anzusehen, denn „[e]rst das Erkennen der Funktionen, die ein System in seiner Umwelt ausübt, führt [..] zum Verstehen der Verhaltensweisen des Systems.“[331]

Damit das Immunsystem seine Existenz trotz des ständigen Austauschs von Materie, Energie und/oder Information wahren kann, muss es die Kontrolle über den Input-Output-Transformationsprozess aufrechterhalten. Auf diese Weise kann ein System etwaige Störungen abfangen.[332] In diesem Zusammenhang prägte Bertalanffy den Begriff des „Fließgleichgewichts“.[333]

---

[329] Vgl. Probst 1987, S. 79.
[330] Vgl. Ulrich und Probst 1995, S. 51.
[331] Ulrich und Probst 1995, S. 52.
[332] Vgl. Ulrich 1970, S. 112 f.
[333] Vgl. Bertalanffy 1932, S. 191 ff. sowie Bertalanffy 1953, S. 11 ff.

Das Immunsystem hat die Tendenz, nach Störungen durch Krankheitserreger in einen Gleichgewichtszustand zurückzufinden. Dieser Zustand ist geprägt durch einen ständigen, gleichmäßigen Fluss an Materie, Energie und/oder Information. Das System erreicht dabei einen stabilen Zustand, der kein statisches, sondern ein fließendes oder dynamisches Gleichgewicht repräsentiert.

Zuletzt ist der Grad der Offenheit keine starre Größe. Sie kann sich zum einen im Laufe der Zeit verändern, zum anderen kann der Grad der Offenheit innerhalb eines Systems variieren. Gegenüber unterschiedlichen Einflüssen nimmt das Immunsystem verschiedene Ausmaße an Offenheit an. Es versucht, sich mithilfe seiner Barrieren so weit wie möglich vor dem Einfluss von Krankheitserregern aus der Umwelt abzuschotten und zugleich gegenüber Energie für die Entwicklung von Immunzellen zu öffnen. Gerade diese Fähigkeit eines Systems, sich gegen bestimmte Einflüsse zu schließen oder zu öffnen, ist elementar für das Überleben der Gesamtheit.[334]

3.2.4.2 Die Dynamik des Immunsystems

Dass ein System gewissen Bewegungen unterliegt und bestimmte Verhaltensweisen aufweist, wurde bereits weiter oben angeführt. In der Systemtheorie wird hierfür der Begriff der „Dynamik“ verwendet. Dabei stellt die Dynamik ebenfalls eine dimensionale Eigenschaft dar.[335] In dem Extrem der Statik herrscht innerhalb eines Systems absoluter Stillstand. In diesem Fall kann ein System auch als einfacher Zustand interpretiert werden. Weist jedoch die Gesamtheit eine gewisse Dynamik auf, so stellt ein System nicht nur einen Zustand räumlicher Anordnung von Elementen dar, sondern der Zustand verändert sich mit dem Verhalten eines Systems. Die Dynamik ist somit das Resultat einer Abfolge von Aktivitäten.[336]

Das Immunsystem stellt keinen statischen, einfachen Zustand dar. Vielmehr ist es ein komplexes Konstrukt von Geschehnissen. Die Aufgabe des Immunsystems besteht in der Ausübung von Handlungen zur Abwehr von Störungen, die die Lebensfähigkeit des Super-Systems „Mensch" gefährden. Dieses Ziel kann nur durch eine Abfolge von Aktivitäten der einzelnen Elemente erreicht werden, was wiederum bedeutet, dass das Immunsystem sich verhält und bewegt. Demnach kann es als dynamisches System bezeichnet werden.

Unterschieden wird dabei zwischen der inneren und der äußeren Dynamik.[337] Die äußere Dynamik beschreibt das Verhalten als Ganzes, das für einen externen Beobachter ersichtlich ist.

---

[334] Vgl. Ulrich 1970, S. 113.
[335] Vgl. Ulrich 1970, S. 113.
[336] Vgl. Ulrich 1970, S. 113.
[337] Vgl. Ulrich 1970, S. 113 f.

Dementsprechend ist diese Dynamik abhängig von der Intensität des Transformationsprozesses von Inputs in Outputs.[338] Beim Immunsystem ist dies zum Beispiel die Transformation von schädlichen Pathogenen in wiederverwertbare und niederwertige Energie. Basierend auf der hohen Anzahl der vom Menschen durch Nahrung, Trinkwasser oder Wunden aufgenommen, bekämpften und verarbeiteten Pathogene kann von einer besonders hohen äußeren Dynamik ausgegangen werden.

Die innere Dynamik dagegen ist das Verhalten zwischen den Elementen in der Gesamtheit und ist somit Resultat der inneren Beziehungen eines Systems.[339, 340] Bei der Bekämpfung eines einzelnen Pathogens laufen während einer Immunantwort bereits unzählig viele Aktivitäten zwischen den Elementen des Immunsystems ab. Diese können sowohl parallel als auch zeitlich versetzt vonstattengehen. Zusätzlich muss das Immunsystem seine Prozessstruktur flexibel an die hohe Varietät der Erreger anpassen, sodass geschlussfolgert werden kann, dass das Immunsystem auch eine äußerst hohe innere Dynamik aufweist.

Die Eigenschaft der Dynamik verdeutlicht, dass der Faktor „Zeit“ bei einer Analyse eines dynamischen Systems notwendig ist und nicht vernachlässigt werden darf, denn das Immunsystem ist nicht als ein starrer Zustand, sondern als Abfolge von Aktivitäten zu verstehen.

3.2.4.3 Die Zweck- und Zielorientiertheit des Immunsystems

Durch die Transformation von Inputs in Outputs erfüllt ein System zumeist einen bestimmten Zweck in seiner Umwelt. Diese Interessen und Funktionen können jedoch nur analysiert werden, wenn ein System von außen und als Teil seines Super-Systems betrachtet wird.[341] Neben ihrem zweckorientierten Charakter können Systeme parallel eigene Ermessensspielräume besitzen, in denen sie ihre eigenen Ziele festsetzen, verfolgen und so ihr Verhalten selbst bestimmen.[342] Solche Systeme werden als zielorientiert bezeichnet. Zu bedenken ist, dass zwischen Zweck und Ziel Wechselwirkungen bestehen können. Sie können unabhängig

---

338 Vgl. Ulrich 1970, S. 113.

339 Vgl. Ulrich 1970, S. 113 f.

340 Um die Zusammenhänge und vor allem die Unterschiede zwischen innerer und äußerer Dynamik zu veranschaulichen, wird folgendes Beispiel herangezogen: Betrachtet eine Person als externer Beobachter einen anderen Menschen, so erkennt er, dass das System „Mensch“ hochwertige Energie in Form von Sauerstoff aufnimmt. Diese Energie verarbeitet er auf irgendeine Weise und gibt niederwertige Energie als Kohlenstoffdioxid wieder ab. Diese beobachtbare Transformation stellt in diesem Beispiel die äußere Dynamik dar. Die innere Dynamik ist dagegen die Abfolge der Aktivitäten, die im Inneren eines Systems stattfinden. Sobald der Körper den Sauerstoff aufnimmt, gelangt dieser in die Lunge, wo er von roten Blutkörperchen aufgenommen wird. Sie transportieren den Sauerstoff beispielsweise in die Muskeln, wo er aufgenommen und verbraucht wird. Bei diesem Prozess wird Sauerstoff in Kohlendioxid umgewandelt, der mithilfe der roten Blutkörperchen in die Lunge gelangt und von dort über die Atemwege in die Umwelt ausgestoßen wird.

341 Vgl. Ulrich 1970, S. 114.

342 Vgl. Ulrich 1970, S. 114.

voneinander sein, sich aber auch gegenseitig widersprechen und somit eine gleichzeitige Erfüllung unmöglich machen.[343]

Bei dem Immunsystem besteht der zu erfüllende Zweck in der Wahrung der Lebensfähigkeit des menschlichen Organismus. Die Diskussion, inwieweit Zellen des Immunsystems – genauer gesagt das Konglomerat an Immunzellen in Form des Immunsystems – über ein Bewusstsein verfügen und infolgedessen einen eigenen Ermessensspielraum zur Selbstbestimmung von Zielen besitzen, würde an dieser Stelle den Rahmen der Arbeit überschreiten.[344] Ohne Bedenken kann jedoch behauptet werden, dass das Ziel „Überleben“ bei allen lebenden Organismen alle weiteren Ziele übersteigt, weshalb in diesem Zusammenhang kein Widerspruch gegenüber einer möglichen multiplen Zweck- und Zielorientierung des Systems besteht.

3.2.4.4 Die Komplexität des Immunsystems

Die Komplexität ist die „[...] *Fähigkeit eines Systems, in einer gegebenen Zeitspanne eine grosse* [sic!] *Zahl von verschiedenen Zuständen annehmen zu können.*“[345] Diese Fähigkeit ist das Produkt aus Kompliziertheit und Dynamik einer Gesamtheit. Die Dynamik wurde soeben thematisiert und bezieht sich auf die innere sowie äußere Bewegung eines Systems. Die Kompliziertheit dagegen umschreibt die Anzahl an unterschiedlichen Elementen eines Systems und ist als statischer Begriff anzusehen, den Ulrich und Probst am Beispiel eines Buches erklären: Ein Buch ist kompliziert, wenn es viele Kapitel, umständliche Sätze oder schwierige Wörter beinhaltet. Das geschriebene Wort im Buch weist keine Dynamik auf, verändert sich nicht über die Zeit und ist damit ein statischer Zustand.[346]

Bereits gezeigt wurde, dass das Immunsystem eine äußerst hohe äußere sowie innere Dynamik aufweist. Die Kompliziertheit lässt sich bei dem Immunsystem theoretisch wie folgt berechnen: Ein gesunder Erwachsener besitzt in der Norm ungefähr 4500-8000 Leukozyten pro µl.[347] Hochgerechnet auf ungefähr fünf bis sechs Liter Blut, die eine gesunde erwachsene Person besitzt, ergibt dies eine Anzahl von rund 22,5-48 Milliarden Immunzellen. Somit kann bei dem menschlichen Immunsystem von einem äußerst komplizierten System ausgegangen werden.

---

343 Ein Mensch mag für sich persönlich das Ziel setzen, durch Karriere Geld und Prestige zu erlangen. Wird diese Person als Teil eines sozialen Systems einer Unternehmung betrachtet, so können diese eigens gesetzten Ziele dazu führen, dass ein Konflikt entsteht. Der Mensch könnte sich weigern, zum Wohle der Unternehmung zu agieren und somit seinen zugeordneten Zweck nicht erfüllen. Stattdessen würde er seine eigenen Interessen verfolgen und Entscheidungen im Sinne seiner persönlichen Ziele treffen.

344 Zudem ist im Sinne der allgemeinen Systemtheorie und der Kybernetik darauf hinzuweisen, dass die Zweck- und Zielorientierung als gegeben angesehen wird (vgl. Ulrich 1970, S. 115).

345 Ulrich und Probst 1995, S. 58, Hervorh. i. O.

346 Vgl. Ulrich und Probst 1995, S. 57 f.

347 Vgl. Rink et al. 2015, S. 17.

Um das Ausmaß der Komplexität eines Systems zu bestimmen, wird der Begriff der „Varietät“ verwendet.[348] Die Varietät hängt von dem Produkt der Kompliziertheit und der Dynamik eines Systems ab. Diesen Zusammenhang von Dynamik und Kompliziertheit veranschaulicht Beer mit einem Rechenbeispiel[349]: Demnach besitzt ein System mit sieben Elementen eine Varietät von 42 (Varietät $= n(n-1)$), solange angenommen wird, dass zwischen zwei Elementen zwei verschiedene Arten von Beziehungen $(\mathrm{A} \rightarrow \mathrm{B} \neq \mathrm{B} \rightarrow \mathrm{A})$ bestehen. Wird des Weiteren angenommen, dass es sich um ein dynamisches System handelt, in dem die jeweils 42 Beziehungen an- und ausgeschaltet werden können, um so unterschiedliche Zustände zu erreichen, steigt die Varietät des Systems auf 2^{42}. Es wird deutlich, dass die Varietät schlagartig steigt, sobald die Dynamik eines Systems zunimmt. Dynamik ist jedoch nicht gleichzusetzen mit hoher Varietät. Besteht eine Ganzheit aus nur wenigen Elementen und begrenzten Relationsmöglichkeiten, kann ein System folgerichtig, unabhängig von der Dynamik, auch nur wenige Zustände annehmen. In diesem Fall wird von einem einfachen System gesprochen. Wird diese Rechnung zur theoretischen Herleitung der Varietät des Immunsystems herangezogen, so ergibt sich eine (theoretische) Varietät von $2^{506\times10^{18}}$.[350, 351]

Damit wird eine theoretisch mögliche Varietät des Immunsystems beschrieben, nicht jedoch die Anzahl der tatsächlich eintretenden Ereignisse. Aufbauend auf den getroffenen Annahmen wird davon ausgegangen, dass eine Zelle in der Lage ist, mit jeder beliebigen Zelle des Immunsystems, unabhängig vom jeweiligen Zelltyp, in Kontakt zu treten. Auf abstrakter Ebene scheint diese Annahme tragbar, da Leukozyten beispielsweise Pathogene aufspüren, indem ihre entsprechenden Rezeptoren die Oberflächen jeder ihnen begegnender Zelle, auch die anderer Immunzellen, abtasten. Diese Art der Kontaktaufnahme ist stark von der räumlichen Anordnung der Zellen abhängig, sodass die Varietät der tatsächlich eintretenden Ereignisse niedriger ausfällt. Auch andere Gesetzmäßigkeiten des Immunsystems grenzen die theoretische Varietät ein. Demnach wird dem obigen Rechenbeispiel keine konkrete Aussagekraft zugesprochen. Es dient vielmehr der Veranschaulichung der enormen Komplexität des Immunsystems.

Mit einer äußerst hohen Dynamik und Kompliziertheit stellt das Immunsystem folgerichtig ein äußerst komplexes System dar. Mit seiner Varietät an räumlichen Anordnungen und den

---

348 Vgl. Beer 1966, S. 247.

349 Vgl. Beer 1966, S. 246 ff.

350 Ausgegangen von 22,5 Milliarden Immunzellen, die jeweils zwischen zwei Elementen eine wechselseitige Beziehung eingehen können, ergibt sich im statischen Zustand eine Varietät von $n(n-1) = 22{,}5\times10^{9}(22{,}5\times10^{9}-1) \approx 506\times10^{18}$. Wird ferner angenommen, dass jede dieser Beziehungen an- oder ausgeschaltet werden kann, ergibt sich eine Varietät von $2^{506\times10^{18}}$.

351 Zur Einordnung der Größenordnung dieser Zahl: Nach Berechnungen des Astrophysikers Eddington im Jahr 1938 (die Eddington Zahl) beträgt die gesamte Anzahl an Protonen und Elektoren im Universum ungefähr $2\times136\times2^{256}$ (vgl. Eddington 1949, S. 221).

möglichen Kombinationen an Beziehungen nimmt das Immunsystem eine nicht greifbare Komplexität an, die die Vorstellungskraft des Menschen übertrifft. Daher muss sich der Beobachter eines Systems mit Abstraktionen behilflich sein. Ashby schreibt dazu:

> „Kein biologisches System ist bisher in seiner ganzen Komplexität untersucht worden und wird es vermutlich auch nicht so bald werden. Der Biologe nimmt in der Praxis immer eine enorme Vereinfachung vor, bevor er mit der Arbeit beginnt [...]. Der freiwillige Verzicht darauf, sämtliche möglichen Unterscheidungen durchführen zu wollen und die freiwillige Beschränkung der Untersuchung eines dynamischen Systems auf irgendeinen Homomorphismus des Ganzen werden gerechtfertigt und so gut wie unvermeidbar, wenn es der Experimentator mit einem System biologischen Ursprungs zu tun hat."[352]

Ashby kommt daher zu dem Schluss, dass der Beobachter

> „[...] jeden Ehrgeiz aufgeben [muss], das *gesamte* System kennenlernen zu wollen. Sein Ziel muß [sic!] es sein, zu einer Teilkenntnis zu gelangen, die, wenn auch dem Ganzen gegenüber nur bruchstückhaft, doch in sich selbst vollständig und für sein praktisches Vorhaben ausreichend ist."[353]

Aufgrund der enormen Komplexität des Immunsystems kommt auch diese Arbeit nicht ohne homomorphe Modelle aus. Zum einen wurden im Rahmen der Einführung in das Immunsystem Vereinfachungen zunutze gemacht, zum anderen stellt die systemtheoretische Perspektive des Immunsystems eine homomorphe Transformation des konzeptionellen Modells dar.

3.2.4.5 Die Determiniertheit des Immunsystems

Eng verbunden mit der Komplexität eines Systems ist die Kategorisierung in determinierte oder probabilistische Systeme.[354] Die Eigenschaft der Determiniertheit ist eine Weiterführung der Kategorisierung von Systemen nach Beer in einfache, komplexe und äußerst komplexe Systeme.[355] In determinierten Systemen ist ein Beobachter in der Lage, vollständige Voraussagen darüber zu treffen, in welcher Weise Teile eines Systems aufeinander einwirken, was ihn wiederum in die Lage versetzt, Aussagen über das Verhalten eines Systems als Ganzes zu treffen. In hochkomplexen Systemen wie dem Immunsystem mit zahlreichen Elementen und Beziehungen können dagegen keine eindeutigen Vorhersagen getroffen werden. Es weist einen probabilistischen Charakter auf. Vorgänge sind, wenn überhaupt, stochastisch erfassbar und mittels Wahrscheinlichkeitsrechnung beschreibbar.[356] Diese Vorhersagen sind mithilfe von identifizierten Mustern und Abstraktionen durch beobachtbare Gesetzmäßigkeiten und Regelmäßigkeiten des Immunsystems formulierbar. Von der Idee, vollständige und detaillierte

---

352 Ashby 1985, S. 158 f.
353 Ashby 1985, S. 159, Hervorh. i. O.
354 Vgl. Ulrich 1970, S. 117.
355 Vgl. Beer 1959, S. 27.
356 Vgl. Ulrich 1970, S. 117 f.

Vorhersagen über das Immunsystem treffen zu können, sollte jedoch Abstand genommen werden.

3.2.5 Das Immunsystem als dynamisches, komplexes System

Die Bezeichnung des Immunsystems als dynamisches, komplexes System im allgemeinen systemtheoretischen Sinne konnte bereits bei der Einführung in das Immunsystem nachvollzogen werden. Mit den Ausführungen zum Immunsystem aus einer systemtheoretischen Perspektive wurde diese Annahme nochmals mithilfe der vorgestellten Merkmale eines Systems im Sinne der allgemeinen Systemtheorie bekräftigt.

Das Immunsystem als solches lässt sich mittels der Abstammung der Zellen und ihrer Funktionalität sowie eines gewissen Ermessensspielraumes des Betrachters von seiner Umwelt abgrenzen. Es ist dabei Teil des Super-Systems „Mensch“ und besteht aus den Sub-Systemen „angeborenes Immunsystem“, „adaptives Immunsystem“ und aus den Elementen „primäre und sekundäre, lymphatische Organe“ und „Schutzbarrieren“. Entsprechend dem Credo „[d]as Ganze ist mehr als die Summe seiner Teile“[357] sind es die komplexen Interaktionen zwischen diesen Sub-Systemen, die die erfolgreiche Bekämpfung der Pathogene ermöglicht. Anhand der fünf Eigenschaften eines Systems lässt sich das Immunsystem zudem als ein relativ geschlossenes, dynamisches, zielorientiertes, äußerst komplexes und probabilistisches System charakterisieren.

Die Ganzheit des Immunsystems stellt ein Netzwerk aus in Beziehung stehenden Elementen dar und ist keine zufällige Ansammlung seiner Teile, sondern eine strukturierte Anordnung von Sub-Systemen und Elementen. Durch das Zusammenwirken von Verhalten und Struktur des Immunsystems, einer strukturierten Anordnung seiner Teile sowie Einschränkungen bei möglichen Kontaktaufnahmen zwischen einzelnen Zellen herrscht eine gewisse Ordnung, sodass das System nicht von „monströse[r] Komplexität“ [358] ist. Die Ordnung begrenzt die Verhaltensmöglichkeiten und bewältigt dabei die mögliche Komplexität, wodurch Beobachtungen von Regelmäßigkeiten und schlussendlich Aussagen über mögliche Verhaltensmuster des Immunsystems möglich sind. Anhand dieser Regelmäßigkeiten erfolgt im nächsten Schritt mittels einer kybernetischen Betrachtung der Abläufe einer Immunreaktion die Analyse der Verhaltensweisen und der Struktur dieses Systems.

[357] Aristoteles, zitiert nach: Bertalanffy 1972, S. 18.
[358] Ulrich und Probst 1995, S. 66.

3.3 Das Immunsystem aus einer kybernetischen Perspektive

Das Verhalten des Immunsystems ist darauf ausgerichtet, die eigene Überlebensfähigkeit und die des übergeordneten Super-Systems „Mensch“ im Angesicht unvorhergesehener Infektionen zu wahren. Aufgrund der enormen Eigenvarietät und des Bestehens über einen Zeitraum von mehreren Millionen Jahren kann davon ausgegangen werden, dass das System die notwendige Bedingung des Eigenvarietätstheorems von Ashby erfüllt.[359] Damit stellt sich zugleich die Frage, wie das Immunsystem diese Komplexität unter Kontrolle halten, das Verhalten entsprechend ausrichten und so das eigene Fortbestehen sichern kann.

Mit dieser kybernetisch orientierten Fragestellung und dem Ziel, Meta-Prinzipien in den Verhaltensmustern des Immunsystems zur Abwehr von Krankheitserregern zu identifizieren, befasst sich der folgende Abschnitt. Um ein allgemeines Begriffsverständnis zu schaffen, werden zunächst die Grundbegriffe der Kybernetik kurz vorgestellt, gefolgt von der Thematisierung der Beziehungen und Transformationen innerhalb des Immunsystems. Daran anschließend werden die vorherrschenden Verhaltensweisen und Strukturen innerhalb des Systems untersucht. Den Abschluss findet dieser Abschnitt in einer kurzen Zusammenfassung der gewonnenen Erkenntnisse.

3.3.1 Grundbegriffe der Kybernetik

Die Kybernetik als Teildisziplin der allgemeinen Systemtheorie befasst sich speziell mit dynamischen, komplexen und zielorientierten Systemen. Die zentrale Problematik der Kybernetik liegt in der Bewältigung von Komplexität.[360] Sie sucht Antworten auf folgende Fragen: „Wie kann die Varietät eines Systems unter Kontrolle gehalten werden?“[361] „Wie kann ein System mit ungeheuer vielen Verhaltensmöglichkeiten gelenkt werden?“[362] „Auf welche Variablen und Beziehungen können wir Einfluss nehmen?“[363] „Welche Teile oder Variablen können wir nicht beeinflussen oder sind nicht lenkbar?“[364] Das Hauptaugenmerk liegt dabei auf den bestimmten Verhaltensweisen der Steuerungs- und Regelungsvorgänge eines Systems.[365]

Den Anfang der Kybernetik bildet das Werk von Wiener „Cybernetics or Control and Communication in the Animal and the Machine“ aus dem Jahr 1948. Wiener und seine Kollegen beschließen „[...] das ganze Gebiet der Regelung und Nachrichtentheorie, ob in der Maschine

[359] Vgl. Abschnitt 3.2.4.4.
[360] Vgl. Gomez 1978, S. 19.
[361] Probst 1987, S. 30.
[362] Probst 1987, S. 30.
[363] Probst 1987, S. 30.
[364] Probst 1987, S. 30.
[365] Vgl. Ulrich 1970, S. 119.

oder im Tier, mit dem Namen ‚Kybernetik' zu benennen [...]"[366] und bezeichnen diese somit als Wissenschaft von der „Regelung und Nachrichtenübertragung im Lebewesen und in der Maschine"[367]. In den darauffolgenden Jahren wurde eine Vielzahl an unterschiedlichen Begriffsbeschreibungen veröffentlicht, dennoch besteht kein Konsens im Sinne eines allgemeingültigen Verständnisses der Kybernetik.[368] Nach Beer ist die Kybernetik „[..] die Wissenschaft von Kommunikation und Regelung."[369] Flechtner betrachtet Kybernetik als „[..] die allgemeine, formale Wissenschaft von der Struktur, den Relationen und dem Verhalten dynamischer Systeme."[370] Krieg sieht in der Kybernetik „[..] die formale, interdisziplinäre Metawissenschaft von den Strukturen und Nachrichtentransformationen aller denkmöglichen zielorientierten dynamischen Systeme."[371]

Dabei ist ersichtlich, dass diese Auffassungen in den zentralen Aspekten übereinstimmen. Diese lassen sich wie folgt zusammenfassen: Die Kybernetik befasst sich mit alle Arten von Beziehungen innerhalb eines Systems, die immanent in der Struktur und im Verhalten eines Systems sind und den unterschiedlichen Verhaltensarten eines Systems, welche je nach Autor als Regelung, Lenkung oder Transformation bezeichnet werden. Dieses Verhalten ist wiederum das Ergebnis des Vorganges der Aufnahme und Verarbeitung von Informationen.[372] Der Aspekt der Struktur wird zwar nicht von allen Autoren explizit aufgeführt, jedoch wird Verhalten als notwendige Folge der Systemstruktur verstanden, die wiederum aus den Aktivitäten eines Systems hervorgeht.[373] Aus dem Zusammenspiel von Verhalten und Struktur ergeben sich innerhalb eines Systems Regeln, Regelmäßigkeiten und Gesetzmäßigkeiten.[374, 375] Dem Ganzen übergeordnet ist letztlich „[...] die Frage, wie Systeme jeglicher Art die Komplexität ihrer Umwelt bewältigen können, die vor allem aus den permanenten Änderungen sowie der Änderungsgeschwindigkeit resultiert."[376] Das zentrale Ziel der Kybernetik, die Bewältigung der Komplexität, kann ein System nur durch ein bestimmtes Zusammenspiel von Verhalten und Struktur erreichen. Mithilfe von Regelungsvorgängen kann die Komplexität reduziert werden.

---

366 Wiener 1963, S. 39.
367 Wiener 1963, S. 3.
368 Flechtner schreibt in seiner Einleitung dazu: „Es gibt heute schon eine Fülle von Definitionen und Wesensbestimmungen der Kybernetik, die wohl alles Wesentliche an ihr erfassen, aber doch meist in Überbetonung einer oder einiger Seiten." (Flechtner 1972, S. 9)
369 Beer 1959, S. 21.
370 Flechtner 1972, S. 10.
371 Krieg 1971, S. 27.
372 Vgl. Flechtner 1972, S. 288.
373 Es existiert eine zirkuläre Interdependenz zwischen Verhalten und Struktur (vgl. Probst 1987, S. 36). Verhaltensweisen können nur mit Hinblick auf die im System vorliegende Struktur analysiert werden, denn die Lenkungskapazität eines Systems hängt von dessen grundlegender Struktur ab (vgl. Malik 1996, S. 173 f.).
374 Diese sind, von außen betrachtet, als Ordnung wahrnehmbar, die von den theoretisch möglichen Zuständen eines Systems nur eine begrenzte Zahl tatsächlich eintreffen lässt (vgl. Gomez et al. 1975, S. 197 f.). Die Struktur als Ausdruck eines räumlichen und zeitlichen Anordnungsmusters einzelner Elemente beschreibt, welche Teile miteinander in Beziehung treten können. Ulrich bezeichnet das Netzwerk eines Systems deshalb auch als Struktur (vgl. Ulrich 1970, S. 109).
375 Vgl. zu den Aspekten der Struktur, Ordnung und Regelmäßigkeiten sowie Gesetzmäßigkeiten Abschnitt 3.2.2.
376 Gomez 1978, S. 19.

Zusammengefasst und veranschaulicht ergibt sich folgender modellartiger Bezugsrahmen zur Wissenschaft der Kybernetik.

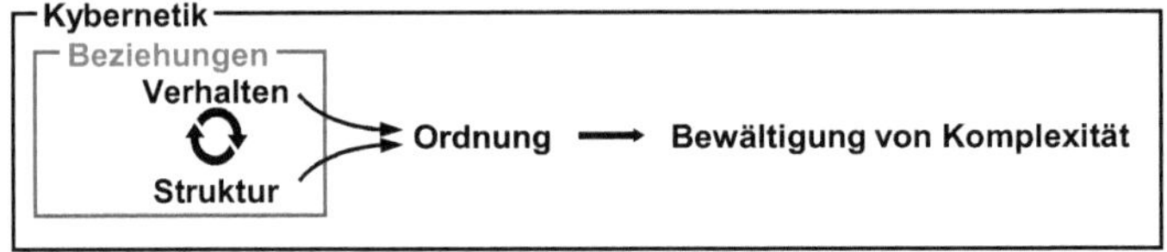

Abbildung 11: Bewältigung von Komplexität durch Verhalten und Struktur als Ziel der Kybernetik[377]

Ableitend aus diesem Konstrukt wird ersichtlich, dass das Verständnis, wie und warum ein System in der Lage ist, Komplexität zu bewältigen, über die Analyse des Verhaltens und der Struktur zu erlangen ist, wofür wiederum die vorherrschenden Beziehungen miteinbezogen werden müssen.

3.3.2 Kommunikation und Transformationen innerhalb des Immunsystems

3.3.2.1 Kommunikationssystem und Nachrichtenverarbeitung

Aus Sicht der Kybernetik ist die Kommunikation ein zentraler Bestandteil des Immunsystems. Sie stellt eine Form der Beziehung im Sinne eines Austausches von Nachrichten zwischen Elementen und Sub-Systemen innerhalb eines Systems sowie zwischen unterschiedlichen Systemen dar. Bei der Kommunikation von Informationen lösen Nachrichten das Verhalten eines Systems aus,[378] sodass Informationen über die Art und den Ort der Infektion unabdingbar sind, um eine entsprechende Immunreaktion aktivieren zu können. Die Aktivierung einer Entzündungsreaktion über die Sezernierung von Zytokinen ist, abstrakt gesehen, nichts anderes als die Übermittlung der Nachricht, dass ein Erreger eines bestimmten Typus in den menschlichen Körper eingedrungen ist. Die Kommunikation im Immunsystem erfolgt durch Botenstoffe wie Zytokine oder Chemokine, mittels humoraler Bestandteile wie Immunglobuline, durch Spaltprodukte des Komplementsystems oder mithilfe eines direkten Kontakts zwischen zwei Zellen, genauer gesagt einer Zelle und einem Molekül.[379] Die Zellen des Immunsystems übermitteln dabei ihre Nachrichten, indem sie die eigentliche Information

[377] Quelle: eigene Darstellung.

[378] Dabei gilt eine kommunizierte Nachricht dann als Information, wenn deren Inhalt „Nichtwissen" (Flechtner 1972, S. 66) und Ungewissheit beim Empfänger beseitigt. Flechtner spricht von dem Prozess des „Gleichwerdens": Zu Beginn der Nachrichtenübertragung ist der Informationsstand von Sender und Empfänger einer Nachricht ungleich. Durch die Übermittlung findet ein Wissensausgleich statt, wodurch sich Sender und Empfänger in Bezug auf den Inhalt der Nachricht angleichen (vgl. Flechtner 1972, S. 66). Informationen stellen somit einen Sonderfall von Kommunikation dar, was zur Folge hat, dass die nachfolgende Beschreibung des Kommunikationssystems ebenso auf Informationen und das damit verbundene Informationssystem zutrifft. Der Einfachheit halber wird im Folgenden vom Kommunikationssystem gesprochen.

[379] Hiermit ist der direkte Kontakt zwischen dem Rezeptor einer Zelle und einem Oberflächenmolekül einer anderen

segmentieren. Die Information über den Ort der Entzündung wird durch ein Chemokin weitergeleitet, die Information über das Eindringen eines Antigens in den Organismus mittels eines proinflammatorischen Zytokins wie TNF-α. Die Information über den Typus des Erregers – intra- oder extrazelluläres Bakterium, Virus oder Parasit – wird durch ein weiteres Zytokin wie IL-12, IL-17 oder IFN-α übermittelt.

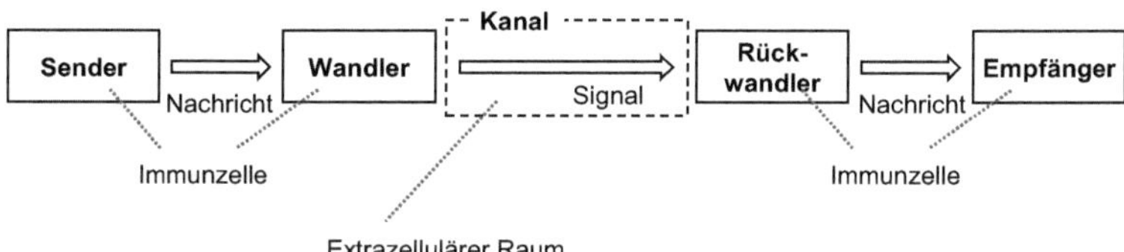

Abbildung 12: Kommunikationssystem des Immunsystems[380]

Bei der Nachrichtenübertragung im Immunsystem durchläuft eine Nachricht vom Sender zum Empfänger mehrere Stufen, die zusammen das Kommunikationssystem bilden (vgl. Abbildung 12).

Ausgangspunkt eines kybernetischen Kommunikationssystems ist ein Sender. Dieser möchte eine Nachricht wie beispielsweise einen Gedanken kommunizieren, die jedoch in der Regel in ihrer ursprünglichen Form nicht übertragbar ist. Daher erfolgt eine Transformation der Mitteilung durch einen Wandler, wobei diese mithilfe eines Codes in eine bestimmte Zusammenstellung von Zeichen übersetzt wird. Das resultierende Signal fungiert fortan als Träger der Nachricht und kann in dieser Form übermittelt werden.[381] Ein Code legt dabei die Regeln, nach denen die Zeichen[382] sowie Signale angeordnet sein müssen, fest, sodass eine Nachricht ihren originalen Sinn behält.[383] Ferner stellt er sicher, dass die Nachricht durch Codierung und Decodierung nicht verfälscht wird. Entscheidend ist, dass Wandler und Rückwandler denselben Code verwenden. Besitzt ein Sender dagegen einen anderen, also einen dem Empfänger nicht bekannten Code, ist eine Decodierung nicht möglich, da die Signale aus der Perspektive des Empfängers keinen Sinn ergeben.[384]

Zelle gemeint – beispielsweise zwischen einem Peptid:MHC-Klasse-II-Komplex auf der Oberfläche einer dendritischen Zelle und einem entsprechenden Rezeptor einer T-Zelle.

380 In Anlehnung an Flechtner 1972, S. 124.

381 Vgl. Flechtner 1972, S. 18 f.

382 Die Zeichen sind in der Sprache einzelne Laute, die gemeinsam Worte ergeben. In der gesamten Zusammenstellung bilden sie ein Signal. Anschaulicher ist die Bedeutung der Zeichen in der Schrift. Buchstaben sind jeweils einzelne Zeichen, die nach einem Code, der Sprache, so angeordnet sind, dass sie Wörter ergeben. Diese wiederum fügen sich zu Sätzen zusammen. Das Gesamte wird sodann als Schriftstück übermittelt, das als Signal beim Empfänger ankommt (vgl. Flechtner 1972, S. 16 f.).

383 Vgl. Flechtner 1972, S. 18.

384 Vgl. Flechtner 1972, S. 20.

Die Übertragung eines Signals vom Wandler zum Rückwandler erfolgt über einen Kanal, der somit die Funktion der eigentlichen Nachrichtenübertragung übernimmt. Essenziell für die Funktion des Kanals ist, dass Nachrichten kanalgerecht codiert sind.[385] Beim Rückwandler angelangt, wird eine Information mithilfe des Codes wieder decodiert und in die ursprüngliche Nachricht zurückübersetzt. Am Ende dieses Vorganges erhält der Empfänger im Idealfall die ursprüngliche Nachricht.[386]

Innerhalb des Immunsystems basieren alle Beziehungen auf dem Austausch von Informationen. Hierfür sind alle Zellen in der Lage, untereinander kommunikative Verbindungen einzugehen und dabei sowohl als Sender als auch als Empfänger einer Nachricht zu fungieren. Durch das vorherrschende Netzwerk kann das Immunsystem alle notwendigen Elemente in eine Immunreaktion mit einbeziehen und koordinieren. Die Beziehungen zwischen den beteiligten Zellen sind jedoch nicht immer von gleicher Intensität. Es entwickeln sich Ad-hoc-Netzwerke, die sich nach der erfolgreichen Bekämpfung der Erreger wieder auflösen. Innerhalb dieser vereinen sich diejenigen Immunzellen, die bei einer vorliegenden Infektion zentrale Funktionen übernehmen. Diese Netzwerke sind durch eine starke kommunikative Vernetzung geprägt und stellen damit sicher, dass die Kommunikation und die daraus resultierende Entwicklung der Immunantwort effizienter vonstattengehen. So basiert beispielsweise eine Immunantwort gegen intrazelluläre Bakterien auf einer intensiven Zusammenarbeit von Makrophagen, neutrophilen Granulozyten und T_H1-Zellen. Zellen wie eosinophile oder basophile Granulozyten, die bei extrazellulären Parasiten eine zentrale Aufgabe übernehmen, werden ebenfalls während einer solchen Immunreaktion mit einbezogen. Sie sind jedoch nicht essenziell bei der Bekämpfung intrazellulärer Bakterien, weshalb die Beziehungen zu den Zellen innerhalb des Ad-hoc-Netzwerks weniger ausgeprägt sind.

Die Kommunikationskette des Immunsystems wird mithilfe eines Reizes ausgelöst, der durch einen in den Körper eingedrungenen Erreger erzeugt wird. Eine Immunzelle erkennt mit ihren PRR die PAMP des Erregers, was abstrakt dem Empfangen eines Signals (PAMP) durch einen Rückwandler (PRR) entspricht. Kommunikation zwischen den einzelnen Zellen oder zwischen Antigenen und Immunzellen findet dabei nur statt, wenn die entsprechenden Rezeptoren, die Rückwandler, bei dem Empfänger vorhanden sind. Die Variation an Rezeptoren auf einer Zelle entscheidet somit, ob sie eine bestimmte Nachricht empfangen können oder nicht. Beispielsweise können dendritische Zellen mit ihrem Peptid:MHC-Klasse-II-Komplex nur mit T-Zellen und ihren entsprechenden Rezeptoren in Kontakt treten. T-Zellen sind selbst nicht in

[385] So ist beispielsweise eine in Schriftform codierte Nachricht bei einer Kommunikation über optische Signale nicht zielführend.

[386] Für eine ausführliche Abhandlung über das Kommunikationssystem wird an dieser Stelle auf Flechtner 1972, S. 16 ff. verwiesen.

der Lage, Antigene unmittelbar zu erkennen, weil ihnen hierzu die Rezeptoren fehlen. Sie sprechen somit nicht dieselbe „Sprache“, weshalb T-Zellen auch auf die Hilfe der dendritischen Zellen angewiesen sind. Durch die Anforderung des Besitzes spezifischer Rezeptoren erhalten Immunzellen jeweils nur die für sie relevanten Informationen, wodurch die empfangene Komplexität auf das Notwendigste reduziert wird.

Durch die Verarbeitung des Reizes besitzt die Zelle Informationen über Ort und Art der Infektion, die sie an die übrigen Zellen des Immunsystems weitergibt. Damit diese Nachrichten übermittelt werden können, müssen sie zunächst in Signale transformiert werden. Da eine Immunzelle die entsprechenden Botenstoffe oder Oberflächenmoleküle in ihrem Zellinneren selbst synthetisiert, übernimmt sie letztendlich die Funktionen des Senders, Wandlers, Rückwandlers und Empfängers.

Entscheidend bei der Codierung und Decodierung ist, dass Sender und Empfänger denselben Code verwenden. Passend hierzu beschreibt Flechtner die biologische Nachrichtenübertragung,[387] die so auch innerhalb des Immunsystems in Form der Zytokine und Chemokine stattfindet. Diese Art der Übertragung erfolgt mithilfe materieller Träger, den Proteinen, die aus einer Kombination aus unterschiedlichen Aminosäuren, die Flechtner als Alphabet bezeichnet, aufgebaut sind.[388] Bei der Verknüpfung der Aminosäuren folgen alle Zellen eines Organismus einem bestimmten Muster oder einem bestimmten Code, der im Zellkern gespeichert ist.[389] Somit ist eine Zelle zum einen in der Lage, Nachrichten in das entsprechende Signal zu codieren und zum anderen ein empfangenes Signal, genauer gesagt Protein, zu decodieren. Die Decodierung erfolgt dabei über einen mittels eines Moleküls ausgelösten Rezeptor und den dadurch ausgelösten chemischen Prozess.[390] Am Ende dieses Ablaufes entstehen wiederum spezielle Moleküle, die im Zellkern als Reiz aktivierend wirken. Daraufhin läuft ein Vorgang der

---

387 Vgl. Flechtner 1972, S. 172 ff.

388 Vgl. Flechtner 1972, S. 182. Durch Zusammenlagerungen einzelner Aminosäuren kann eine Zelle Ketten, also Proteine, erstellen, die über 1000 Aminosäuren enthalten (vgl. Flechtner 1972, S. 182). Dieses Vorgehen ermöglicht der Zelle eine enorme Varietät an unterschiedlichen Proteinen, oder genauer gesagt Botenstoffen zu entwickeln, und impliziert damit ein entsprechendes Portfolio an Möglichkeiten, sich mitzuteilen. Derzeit wird davon ausgegangen, dass über 100 Zytokine (vgl. Martin und Resch 2009, S. 134) und 50 Chemokine existieren (vgl. Martin und Resch 2009, S. 153). Hinzu kommen die einzelnen Spaltprodukte des Komplements, die Immunglobuline und die Oberflächenmoleküle, sodass dem Immunsystem für die Kommunikation ein äußerst großes Portfolio an Kommunikationsmitteln zur Verfügung steht.

389 Vgl. Flechtner 1972, S. 182 f.

390 Diese Signalübertragung soll kurz anhand eines Zytokinrezeptors einer beliebigen Immunzelle beschrieben werden: Ein Rezeptor für Zytokine besteht aus zwei Domänen an Janus-Kinasen (JAK). Durch die Bindung eines Zytokins bildet der Rezeptor Dimere, wodurch die zytoplasmatischen JAKs nahe zueinander rücken und sich gegenseitig aktivieren. Als Folge binden innerhalb der Zelle Transkriptionsfaktoren an den Rezeptor und werden ihrerseits von den JAKs aktiviert. In Form von Dimeren wandern die Transkriptionsfaktoren daraufhin in den Zellkern. Dort lösen sie, je nach Typ des Zytokins und des aktivierten Rezeptors, ein bestimmtes Verhalten aus (vgl. Murphy et al. 2014, S. 309 ff.). Die Signalübertragung unterscheidet sich zwar bei den jeweiligen Rezeptoren, prinzipiell laufen sie jedoch nach demselben Muster ab: Durch die Bindung eines Moleküls, ob Botenstoff, Ligand oder Oberflächenmolekül eines Erregers, wird der Rezeptor aktiviert.

Nachrichtenverarbeitung ab, wodurch letztendlich eine bestimmte Verhaltensweise aktiviert wird.

Innerhalb des Immunsystems findet die Nachrichtenübertragung entweder über den extrazellulären Raum oder durch einen direkten Kontakt zwischen einem Rezeptor einer Zelle und einem Oberflächenmolekül einer anderen Zelle oder einem anderen Molekül statt. Immunzellen befinden sich im extrazellulären Raum, wodurch Botenstoffe wie Zytokine, Chemokine, Immunglobuline oder Bestandteile des Komplementsystems in der Lage sind, alle Zellen des Immunsystems zu erreichen. Dagegen findet eine Kommunikation mittels exprimierter Oberflächenmoleküle wie des MHC-Klasse-I- oder -Klasse-II-Moleküls nur über den direkten Kontakt im Sinne räumlicher Anordnung der Elemente statt. Da somit zwei unterschiedliche Kanäle im Immunsystem vorliegen, ist die erfolgreiche Signalübermittlung davon abhängig, ob ein Signal kanalgerecht codiert ist. Für Informationen, die über mehrere Empfänger und über eine gewisse Distanz kommuniziert werden, kommen Botenstoffe zum Einsatz. Bei einem Informationsaustausch, der nur zwischen zwei spezifischen Zellen stattfinden soll, werden Oberflächenmoleküle als Signal verwendet.

Der Faktor „Zeit“ ist während einer Infektion eine der kritischsten Variablen. Aufgrund dessen ist eine minimale Übertragungszeit der Informationen essenziell, um verspätet einsetzende Korrekturmaßnahmen zu vermeiden. Daher wird bei der Signalübermittlung das gesamte Signal gleichzeitig über den Kanal übertragen. Immunzellen kommunizieren Informationen nicht, wie bei einem Gespräch üblich, über eine gewisse Zeitspanne[391], sondern die gesamte Nachricht wird mithilfe des Signals wie bei der Betrachtung eines Bildes zu einem Zeitpunkt übertragen. Zwar findet ununterbrochen Kommunikation in dem System statt, jedoch sind dies redundante Mitteilungen oder Nachrichten mit anderem Inhalt. Demnach lässt sich das Kommunikationssystem als ein Parallel-System beschreiben. Ein solches System erlaubt die Minimierung der Übertragungszeit, benötigt jedoch eine größer Kanalbreite,[392] die aber durch den extrazellulären Raum gegeben ist. Auch die Gegebenheiten bei der direkten Kontaktaufnahme über ein Oberflächenmolekül und einen korrespondierenden Rezeptor entsprechen einem Parallel-System, da das Oberflächenmolekül alle Informationen in sich birgt, die durch den Kontakt zeitgleich übermittelt werden.

Für das Immunsystem ist es essenziell, dass die ursprüngliche Nachricht über Typ und Ort der Infektion zuverlässig über das gesamte System hinweg kommuniziert wird. Nur bei einer störungsfreien Kommunikation kann gewährleistet werden, dass sich die entwickelnde adaptive

[391] Werden Signale über eine gewisse Zeitspanne übermittelt, liegt ein Serien-System vor. Die Ansprüche an die Kanalbandbreite sind geringer, die Übertragung benötigt dagegen mehr Zeit (vgl. Flechtner 1972, S. 152).

[392] Vgl. Flechtner 1972, S. 152.

Immunantwort tatsächlich gegen das vorliegende Antigen wendet. Laut Flechtner ist es jedoch unrealistisch, dass die ursprüngliche Nachricht nach der Codierung in ein Signal, der Übertragung mittels eines Kanals und der Decodierung der empfangenen Nachricht entspricht.[393] Aufgrund dessen hat das Immunsystem Mechanismen entwickelt, die trotz Störungen zumindest eine Äquivalenz der versendeten und empfangenen Nachricht sicherstellen.

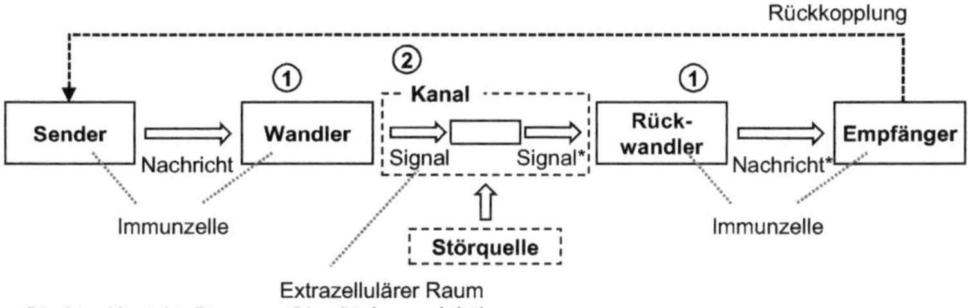

Abbildung 13: Mögliche Störungen in einem Kommunikationssystem[394]

Störungen können an zwei Punkten eines Kommunikationssystems auftreten (vgl. Abbildung 13): (1) Verwenden Wandler und Rückwandler nicht den gleichen Code, ist nicht garantiert, dass die empfangene Nachricht[395] der ursprünglichen entspricht. (2) Im Kanal können Nachrichten unter technischen und semantischen Störungen leiden.[396] Von technischer Störung ist die Rede, wenn ein Signal nicht fehlerfrei übertragen wird, beispielsweise bei einem Telefonat mit kurzzeitigen Empfangsstörungen. Wird ein Signal dagegen fehlerfrei übertragen, aber vom Empfänger missverstanden, so liegt eine semantische Störung vor.[397]

(1) Um Störungen bei der Codierung und Decodierung zu verhindern, ist die Verwendung desselben Codes entscheidend. Wie schon beschrieben, ist dies im Immunsystem durch die genetische Verbreitung des Codes im Zellkern gewährleistet. (2) Ein probates Mittel gegen technische Störungen ist die Redundanz bei der Nachrichtenübertragung. Dabei wird die gleiche Nachricht mehrfach übertragen.[398] Dies lässt sich auch innerhalb des Immunsystems beobachten. Botenstoffe werden nicht nur einmal ausgesandt, sondern von mehreren Zellen über eine gewisse Zeitspanne hinweg kontinuierlich ausgeschüttet. Unterliegen einzelne Nachrichtenübertragungen technischen Störungen, so kann dies durch redundante Botenstoffe kompensiert werden. Nebst der Begründung der technischen Störung ist ferner eine gewisse Redundanz vonnöten, da Immunzellen bei einer Aktivierung einem bestimmten Schwellenwert

393 Vgl. Flechtner 1972, S. 20.
394 In Anlehnung an Flechtner 1972, S. 124.
395 In Abbildung 13 als Nachricht* gekennzeichnet.
396 In Abbildung 13 als Signal* gekennzeichnet.
397 Vgl. Ulrich 1970, S. 130 sowie Flechtner 1972, S. 20.
398 Vgl. Ulrich 1970, S. 130 f.

unterliegen. Für ihre Aktivierung benötigen sie eine kritische Anzahl an Rezeptoren, die auf ein bestimmtes Antigen oder einen bestimmten Botenstoff reagieren. So wird sichergestellt, dass sich beispielsweise ein infolge einer Kettenreaktion irrtümlich sezerniertes Zytokin nicht zu einer invasiven Immunantwort entwickelt. Erst wenn mehrere Rezeptoren denselben Reiz erhalten haben, findet die entsprechende Reaktion statt. Der Mechanismus der Redundanz gewährleistet somit nicht nur bei technischen, sondern auch bei semantischen Störungen eine zuverlässige Nachrichtenübertragung. Des Weiteren bedient sich das Immunsystem der Rückkopplung, um das Kommunikationssystem gegenüber semantischen Störungen abzusichern. Die größte Herausforderung für das Immunsystem besteht in dem Balanceakt der Unterscheidung zwischen Gefährlichem und Ungefährlichem und somit zwischen einer hohen Sensitivität bei der Identifizierung von Krankheitserregern und einer hohen Sensibilität zur Vermeidung einer fälschlichen Auslösung von Immunantworten.[399] Einerseits ist es überlebenswichtig, dass Erreger frühestmöglich erkannt und so in ihrer Verbreitung eingedämmt werden, andererseits muss das Immunsystem sicherstellen, dass Nachrichten nicht missverstanden und dadurch keine falschen Reaktionen ausgelöst werden. Ist dies nicht gewährleistet, führen die zum Teil hoch invasiven Mechanismen zu erheblichen Kollateralschäden. Um diesen Balanceakt zu bewältigen, besitzt das Immunsystem eine gewisse Sensitivität sowie Sensibilität im Sinne von Mechanismen zur Verhinderung semantischer Störungen. Bei dem Prinzip der Sensitivität gilt: Je weniger invasiv die Folgen der Aktivierung einer Zelle sind, desto sensitiver reagiert diese Zelle auf Antigene. Umgekehrt bedeutet dies: Je invasiver der Eingriff, desto geringer die Sensitivität der Zelle und umso höher die Sensibilität. Eine hohe Sensibilität heißt nicht, dass solche Zellen nicht oder kaum auf Erreger reagieren, vielmehr sind in solchen Fällen vermehrt Mechanismen zur Absicherung gegenüber semantischen Störungen installiert. Am Beispiel der Mastzelle und der B-Zelle wird dieser Sachverhalt deutlich: Eine aktivierte Mastzelle sezerniert „nur" Zytokine, die eine Entzündungsreaktion auslösen. Dabei werden keine Zellen im umliegenden Gewebe geschädigt. Der Mechanismus ist nicht-invasiv, weshalb die Mastzelle hoch sensitiv auf mögliche Krankheitserreger reagiert. Durch die Zytokine werden lediglich weitere Zellen eingeschwemmt. Diese müssen wiederum erst durch Erreger aktiviert werden, um ihre Mechanismen, beispielsweise das Freisetzen der Granula bei eosinophilen Granulozyten, zu aktivieren. Folglich würde ein Fehlalarm einer Mastzelle nur zur Folge haben, dass Immunzellen in den Infektionsherd eingeschwemmt werden. Da dabei keine oder nur geringe Kollateralschäden auftreten, können Fehlalarme in Kauf genommen werden. Dagegen würde eine fälschlicherweise aktivierte B-Zelle auf körpereigene Zellen reagieren und entsprechende Antikörper produzieren, die diese Zellen angreifen, opsonieren und so für

[399] In vorliegender Arbeit ist mit dem Begriff „Sensitivität“ eine äußerst hohe Empfindsamkeit gemeint. Dagegen ist unter dem Begriff „Sensibilität“ eine besondere Sorgfalt zu verstehen.

deren Zerstörung sorgen.[400] Aufgrund dieser invasiven Eingriffe existieren bei der Aktivierung von B-Zellen unterschiedliche Mechanismen, um eine irrtümliche Aktivierung zu verhindern. Prinzipiell bedarf eine B-Zelle zweier unterschiedlicher Signale zur erfolgreichen Aktivierung: der Identifizierung des entsprechenden Antigens und co-stimulierender Signale einer T_H-Zelle, die auf dasselbe Antigen reagiert. Abstrakt besteht somit eine Rückkopplung, bei der der Empfänger sich die empfangene Nachricht bestätigen lässt.[401] Das empfangene Signal wird mithilfe einer T_H-Zelle reflektiert, um so Missverständnisse ausschließen zu können. Wird bedacht, dass eine T_H-Zelle für eine erfolgreiche Aktivierung drei unterschiedliche Signale von einer dendritischen Zelle benötigt und diese dendritische Zelle wiederum zuvor ein Antigen erfolgreich erkennen muss, ist ersichtlich, dass mehrere horizontal verknüpfte Rückkopplungen vorliegen. Diese Art der Rückkopplung findet sich vor allem bei der Aktivierung der adaptiven Immunantwort[402] und weniger im angeborenen Immunsystem[403]. Im Kontext der semantischen Störungen lässt sich auch die von den Lehrbüchern der Immunologie beschriebene essenzielle Bedeutung der dendritischen Zelle erklären. Abstrakt spielt sie die Schlüsselrolle bei der Vereitelung semantischer Störungen. Das Immunsystem begibt sich in eine gewisse Abhängigkeit, da die Kommunikation zur Auslösung des adaptiven Immunsystems ausschließlich über diese eine Zelle erfolgt. T- wie auch B-Zellen können in Abwesenheit der dendritischen Zelle nicht aktiviert werden, da T-Zellen des unmittelbaren und B-Zellen des mittelbaren Signals (Aktivierung der T_H-Zelle) bedürfen. Die unterschiedlichen Verhältnisse von Sensitivität und Sensibilität entsprechen den verschiedenen Funktionen des angeborenen und adaptiven Immunsystems. Das angeborene Immunsystem, mit dem Fokus auf der Entschleunigung der Krise und nicht der endgültigen Beseitigung der Pathogene, ist verstärkt auf Schnelligkeit und Sensitivität ausgerichtet. Dagegen unterliegt das adaptive Immunsystem vermehrt kommunikativen Rückkopplungen, um semantische Störungen zu verhindern. Zusammengefasst fußt das Kommunikationssystem des Immunsystems auf unterschiedlichen unabhängigen Mechanismen (Redundanz und Rückkopplung), um die Äquivalenz der ursprünglichen und empfangenen Nachricht trotz eventueller technischer und semantischer Störungen gewährleisten zu können.

---

400 Bei der Hashimoto-Thyreoiditis bilden B-Zellen Antikörper, die körpereigene Zellen als Krankheitserreger identifizieren, sie deshalb opsonieren und so für deren Zerstörung sorgen.

401 Vgl. Ulrich 1970, S. 130 f.

402 Rückkopplungen zur Verhinderung von semantischen Störungen: bei der Entwicklung der TCR und BCR oder bei der Aktivierung der CTL (vgl. Abschnitt 3.1.3.1).

403 Dessen ungeachtet existieren im angeborenen Immunsystem ebenso Rückkopplungsmechanismen: Aktivierte Zellen reagieren nicht „blind" auf einen Erreger, sondern müssen selbst entsprechende Pathogene vor Ort erkennen; das Komplementsystem besitzt aufgrund seiner zum Teil sehr aggressiven Reaktionen in seinen Kaskaden unterschiedliche Schutzmechanismen. Grundsätzlich ist jedoch festzuhalten, dass im adaptiven Immunsystem, aufgrund der invasiveren Folgen, weit umfangreichere Rückkopplungsmechanismen installiert sind.

Der Kommunikationsvorgang ist mit dem Empfang und der Decodierung einer Mitteilung nicht abgeschlossen. Eine Nachricht kann erst das Verhalten eines Elementes oder Systems verändern, wenn sie verarbeitet wurde. Formal beschreibt die Nachrichtenverarbeitung jeden Vorgang, durch den eine empfangene Nachricht verändert oder mit bereits vorhandenen Nachrichten kombiniert wird.[404] Durch die Nachrichtenverknüpfung entsteht eine neue Nachricht, die das Verhalten des Empfängers beeinflusst.[405] Dabei kann das Verarbeitete unvermittelt das Verhalten verändern, oder es wird für die spätere Verwendung gespeichert. Der aus der Speicherung resultierende Nachrichtenbestand kann auf diese Weise als „Erfahrungsgedächtnis“ Einfluss auf das weitere Verhalten nehmen.[406, 407] Im Immunsystem wird ein bestimmtes Verhalten dadurch ausgelöst, dass ein durch die Signalübertragung entstandener Reiz an den Zellkern übermittelt und dort verarbeitet oder besser gesagt verknüpft wird. Abhängig von der jeweiligen Nachrichtenverknüpfung wird eine Zelle zu einer speziellen Handlung veranlasst, beispielsweise ein Makrophage zur Phagozytose bei einer Infektion mit extrazellulären Bakterien. T-Zellen werden dazu bewegt, sich zu differenzieren, oder B-Zellen vollziehen einen Isotypenwechsel. Der Nachrichtenbestand repräsentiert die Erfahrungswerte des Immunsystems hinsichtlich der Bekämpfung von Infektionen, die sich über die Zeit des Bestehens entwickelt haben. Damit ist nicht ausschließlich das immunologische Gedächtnis gemeint. Vielmehr haben sich diese Mechanismen durch die Ko-Evolution von Immunsystem und Pathogenen über mehrere Millionen Jahre entwickelt. Aufgrund der Komplexität der unterschiedlichen Signalübertragungswege und der Abläufe im Inneren eines Zellkerns wird die Nachrichtenverarbeitung sowie die Codierung und Decodierung im weiteren Verlauf nicht näher beleuchtet und stattdessen als eine Black-Box betrachtet.[408]

Resümierend basieren die Beziehungen im Netzwerk „Immunsystem“ auf dem Austausch von Informationen. Diese Signalübertragung und -verarbeitung löst entsprechende Verhaltensweisen einer Zelle aus. Dabei entwickeln sich im Laufe einer Immunreaktion Ad-hoc-Netzwerke, die die Kollaboration zwischen bestimmten Immunzellen intensivieren. Um zu garantieren,

---

[404] Vgl. Flechtner 1972, S. 200.

[405] Vgl. Flechtner 1972, S. 201.

[406] Vgl. Flechtner 1972, S. 188.

[407] Bei dem Prozess des Speicherns wird eine Nachricht über die Zeit transportiert. Das Speichern stellt somit eine Sonderform der Nachrichtenübertragung dar und kann mit dem Kommunikationssystem und den jeweiligen Elementen, Kanalkapazitäten und Störungen verglichen werden (vgl. Flechtner 1972, S. 189).

[408] Manche Systeme können nicht näher analysiert werden, oder eine detaillierte Analyse liegt nicht im Sinne des Beobachters. In solchen Fällen kann mithilfe der Black-Box-Theorie versucht werden, das Verhalten von außerhalb eines Systems zu ermitteln. Können bei der Beobachtung von Inputs sowie Manipulationen des Inputs und den daraus resultierenden Outputs Regelmäßigkeiten ausgemacht werden, ermöglichen diese einen Rückschluss auf das Verhalten des schwarzen Kastens (vgl. Ashby 1961, S. 51 ff., Ulrich 1970, S. 132 f. sowie Flechtner 1972, S. 215 ff.). Dank den Forschungsarbeiten der Immunologen konnten solche Regelmäßigkeiten innerhalb des Immunsystems identifiziert werden, auf denen die Ausführungen der Verhaltensweisen von Immunzellen in den Lehrbüchern aufbauen. Für den weiteren Verlauf dieser Arbeit ist somit entscheidend, dass beispielsweise das Zytokin IL-12 für die Differenzierung einer T-Zelle zur T_H1-Zelle verantwortlich ist, aber nicht dafür, welche Prozesse im Zellinneren hierfür verantwortlich sind.

dass Informationen weitestgehend unverfälscht beim Empfänger ankommen, besitzt das Kommunikationssystem des Immunsystems Mechanismen der Redundanz und Rückkopplung. Diese sollen Auswirkungen von technischen und semantischen Störungen minimieren. Darüber hinaus sorgt die genetische Verbreitung der Anordnungsmuster von Aminosäuren bei der Synthetisierung von Proteinen für eine einheitliche Sprache innerhalb des Systems.

3.3.2.2 Transformationen im Immunsystem

Ziel des Immunsystems ist, neben der Beseitigung abgestorbener oder entarteter Zellen, das Fernbleiben von Krankheitserregern sicherzustellen. Eine Abweichung von diesem Sollzustand kündigt eine Infektion an und damit auch eine Gefährdung der Überlebensfähigkeit des menschlichen Organismus. Schlussfolgernd besitzt das Immunsystem keinen intrinsischen Anreiz, seinen Zielzustand zu verlassen. Stattdessen ist es bestrebt in seinem inneren Gleichgewicht zu verweilen, das als stabil[409] zu bezeichnen ist. Verlässt das System den Sollzustand aufgrund einer Störung, ist es fortan bemüht, in einen stabilen Zustand zurückzukehren und sein „inneres Milieu“[410] zu erhalten. Hierbei bedient sich das Immunsystem zyklisch ablaufender Transformationen.[411]

Abbildung 14 stellt einen solchen zyklischen Ablauf abstrakt dar: Das System wird aufgrund des Eindringens eines Erregers aus seinem Gleichgewichtszustand A gebracht und transformiert sich in den Zustand B. Durch die Verarbeitung der Informationen über Typ und Ort der Infektion werden das angeborene Immunsystem (Transformation zu Zustand C) und zu einem späteren Zeitpunkt das adaptive Immunsystem (Transformation zu Zustand D) aktiv. Mithilfe der sich daraus entwickelnden Immunantwort erfolgt die Bekämpfung und Beseitigung der

---

409 Systeme, die sich von selbst nicht verändern, sind in einem inneren Gleichgewicht und Veränderungen werden nur durch äußere Einflüsse ausgelöst. Flechtner beschreibt drei unterschiedliche Arten von Gleichgewichtszuständen, ein stabiles (eine Kugel auf dem Boden einer Schale), ein labiles (eine Kugel auf einer umgestülpten Schale) und ein indifferentes Gleichgewicht (eine Kugel auf einer ebenen Fläche). Dabei bezieht sich seine Kennzeichnung auf das Verhalten eines Systems. Zur Veranschaulichung wählt er hierfür eine Kugel, die durch einen äußeren Impuls beeinflusst und fortan sich selbst überlassen wird. Bei einem stabilen Gleichgewicht verschiebt der Impuls die Kugel, die sich danach direkt wieder in einen stabilen Zustand, den Boden der Schale, zurückbegibt. Kann ein altes Gleichgewicht von selbst nicht mehr erreicht werden, die Kugel rollt von der Schale, so liegt ein labiles Gleichgewicht vor. Hat eine Verschiebung der Kugel keinen Einfluss auf den Gleichgewichtszustand des Systems, die Kugel rollt eben auf dem Boden, so besitzt dieses ein indifferentes Gleichgewicht (vgl. Flechtner 1972, S. 361 f.). Auf Systeme übertragen versucht ein stabiles System Veränderungen mithilfe zyklisch ablaufender, inverser Transformationen auszugleichen und in einen stabilen Zustand zurückzukehren. Für Flechtner entspricht dies der Erhaltung des „inneren Milieus“ der Homöostase bei Organismen. Labile Systeme dagegen haben sich unwiderruflich von ihrem alten Zustand entfernt und suchen ein neues Gleichgewicht auf (vgl. Flechtner 1972, S. 362).

410 Flechtner 1972, S. 362.

411 Der Zustand eines Systems ist nicht immer gleichbleibend. Durch das Verhalten eines Systems und Einflüsse der Umwelt verändert sich dieses als Folge von Veränderungen seiner Elemente. Dadurch besitzt es zu verschiedenen Zeitpunkten unterschiedliche Eigenschaften. „[D]ie Elemente sind noch dieselben, sie sind aber nicht mehr die gleichen […]“. (Flechtner 1972, S. 354) Diese Systemveränderungen werden als Transformation bezeichnet. Damit ein System einer Transformation unterliegt, müssen sich Elemente nicht zwangsweise grundlegend ändern. Bereits eine Umstrukturierung reicht aus, dass sich die Eigenschaften eines Systems verändern (vgl. Flechtner 1972, S. 354 f.).

Erreger (Zustand E), wodurch das System letztendlich in seinen Gleichgewichtszustand (Zustand A) zurückfindet oder in einen neuen (Zustand A') übergeht.[412]

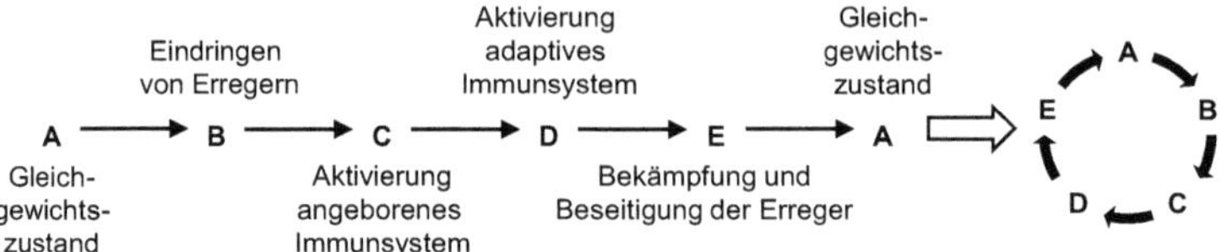

Abbildung 14: Wiederherstellung eines Gleichgewichts durch einen zyklischen Ablauf von Transformationen[413]

Bei der Bekämpfung von Krankheitserregern verwendet das Immunsystem in erster Instanz die vorliegenden Mechanismen des angeborenen Immunsystems. Da das angeborene Immunsystem jedoch nicht für alle spezifischen Antigene über das entsprechende Verhaltensrepertoire für eine vollständige Bekämpfung verfügt, liegt der Fokus in diesen Fällen auf der Entschleunigung der Krise. Die eigentliche Lösungsfindung erfolgt dann durch die Identifizierung der Antigene mittels der entsprechenden antigenspezifischen Immunzelle des adaptiven Immunsystems. Daraus entwickelt sich eine Immunantwort, die auf die bereits vorhandenen Ressourcen und Mechanismen des angeborenen Immunsystems zurückgreift. Immunantworten mithilfe von Immunglobulinen, T_H-Zellen oder auch CTL bedürfen immer der Unterstützung der Zellen des angeborenen Immunsystems, genauer gesagt bauen sie auf den angeborenen Mechanismen auf und modifizieren diese. Haben beispielsweise Makrophagen im Rahmen der Routinen des angeborenen Immunsystems Probleme bei der Erkennung oder Bekämpfung spezifischer Antigene,[414] so können sie mithilfe der Modifizierung durch T_H-Zellen gezielt diese Antigene anvisieren und beseitigen. Die Mechanismen des angeborenen Immunsystems sind somit nicht nur in der ersten Instanz aktiv, sie übernehmen ebenso eine essenzielle Funktion innerhalb der antigenspezifischen Immunantwort, die am Ende einer Immunreaktion steht. Hieraus erschließt sich die zirkuläre Wirkungskette.[415] Die sich bildenden Ad-hoc-Netzwerke schaffen hierfür die Rahmenbedingungen, indem sie die relevanten Immunzellen des angeborenen und adaptiven Immunsystems zusammenbringen und so deren Kollaboration

---

[412] Diese Darstellung ist ein stark vereinfachtes Modell, das lediglich den Gedanken des zyklischen Ablaufes der Transformationen veranschaulicht. Die einzelnen Zustände sind nicht deterministisch und können nicht klar deklariert werden. Zustand B beispielsweise umfasst jedwede Varietät der Krankheitserreger. Welcher Typus tatsächlich für die Infektion verantwortlich ist, kann nicht eindeutig bestimmt werden. Abhängig von dem Typ des Erregers werden entsprechende Mechanismen des angeborenen Immunsystems (Zustand C) und eine antigenspezifische Immunantwort des adaptiven Immunsystems (Zustand D) ausgelöst. Aus der Kombination der angeborenen und adaptiven Immunreaktionen ergibt sich der Zustand E, der folglich auch von einer hohen Komplexität geprägt ist.

[413] Quelle: eigene Darstellung.

[414] Bestimmte Krankheitserreger sind in der Lage, der Mustererkennung des Immunsystems zu entgehen oder eine erfolgreiche Bekämpfung zu manipulieren (vgl. Abschnitt 3.1.3)

[415] Vgl. Abbildung 9: Ein Antigen repräsentiert die externe Störung, die das innere Gleichgewicht erschüttert. Als Folge wird eine zyklische Abfolge von Transformationen ausgelöst, die die Rückkehr zum Gleichgewichtszustand ermöglicht.

intensivieren. Da dem Immunsystem während einer Immunantwort keine neuen Elemente von außen hinzugefügt werden, repräsentieren die Ergebnisse der Transformationen die Umordnung von vorhandenen Elementen.[416] Jedes Verhalten des Immunsystems wirkt auf sich selbst zurück und ist Ausgangspunkt für jegliches weitere Verhalten, womit das System Selbstreferenz aufweist. Nach Beer kann bezüglich der Vorgänge innerhalb des Immunsystems auch von geschlossenen Transformationen gesprochen werden.[417]

Auch wenn Abbildung 14 als stark vereinfachtes homomorphes Modell die Transformationen eines Immunsystems als einwertig darstellt, so haben einzelne Zustände mehrere verschiedene potenzielle Folgezustände und sind damit mehrwertig.[418] Eine detaillierte Vorhersage, welche Zellen explizit aktiviert und welche Folgezustände eintreffen werden, ist aufgrund der probabilistischen Natur des Immunsystems[419] nicht möglich.

Resümierend lässt sich festhalten, dass das Immunsystem eines gesunden Menschen sich in einem stabilen inneren Gleichgewicht befindet. Wird dieses aufgrund einer externen Erschütterung gestört, ist das Immunsystem stets bestrebt, mithilfe eines zyklischen Ablaufes von Transformationen einen Gleichgewichtszustand wieder zu erreichen. Die Transformationen innerhalb des Immunsystems können dabei als geschlossen und mehrwertig charakterisiert werden.

[416] Aufgrund des Fehlens einer klaren Systemabgrenzung und des fließenden Übergangs vom Immunsystem zum restlichen menschlichen Organismus können, abhängig von dem Ermessensspielraum des Beobachters, Elemente einer Immunreaktion auch als Nicht-Bestandteil des Immunsystems gewertet werden. An dieser Stelle wird dennoch eine operationale Geschlossenheit unterstellt, da die Elemente zumindest im Vorhinein dennoch im menschlichen Organismus vorhanden waren und nicht erst im Rahmen einer Immunreaktion von außen hinzugegeben oder verändert wurden.

[417] Laut Beer liegt eine geschlossene Transformation vor, „[w]enn das Ergebnis einer solchen Transformation kein neues Element enthält, sondern nur in einer Umordnung von vorhandenen Elementen besteht [...]". (Beer 1959, S. 58) Eine geschlossene Transformation greift auf Zustände zu, die bereits im System vorhanden sind. Das System bezieht sich stets auf sich selbst und weist Selbstreferenz auf. Im Rahmen einer offenen Transformation kann ein System Zustände annehmen, die nicht im Bestand der Anfangszustände existieren (vgl. Krieg 1971, S. 56). Beispielsweise können Systeme sich verändern, indem Elemente von außen hinzugefügt oder ausgetauscht werden.

[418] Haben einzelne Zustände mehrere verschiedene Folgezustände, wird dies als mehrwertige Transformation bezeichnet. Diese liegen in probabilistischen und stochastischen Systemen vor. Anfangszustände einer Transformation können mit gewissen Wahrscheinlichkeiten unterschiedliche Folgezustände annehmen. Eine eindeutige Vorhersage der Resultate einer solchen Transformation kann jedoch nicht getroffen werden. Die einwertige Transformation liegt dagegen vor, wenn jedem Anfangszustand nur ein Folgezustand zukommt. Sind bei einer einwertigen Transformation zusätzlich alle Transformationsergebnisse unterschiedlich, so liegt eine ein-eindeutige Transformation vor. Können unterschiedliche Ausgangszustände den gleichen Zielzustand annehmen, wird von einer mehr-eindeutigen Transformation gesprochen (vgl. Beer 1966, S. 108 ff. sowie Krieg 1971, S. 56 und die dort aufgeführte Literatur).

[419] Vgl. Abschnitt 3.2.4.5.

3.3.3 Verhaltensweisen und Struktur des Immunsystems

3.3.3.1 Das angeborene Immunsystem

Innerhalb eines zielorientierten Systems sind Handlungen darauf ausgerichtet, einen gegebenen Zielwert zu erreichen. Bei Störungen, Abweichungen eines Istwertes von einem Sollwert, löst ein System bestimmte Verhaltensmuster aus, mit deren Hilfe Abweichungen entgegengesteuert wird. Um das durch das übergeordnete System „menschlicher Organismus" vorgegebene Ziel zu erreichen, ist das Immunsystem bestrebt, zum einen die im Gewebe befindlichen abgestorbenen Zellen und zum anderen alle im menschlichen Organismus befindlichen Zellen und Moleküle, welche die Überlebensfähigkeit des Organismus gefährden, zu beseitigen. Um die Einhaltung des Sollwertes zu garantieren, muss das Immunsystem in der Lage sein, sich selbst zu regulieren.

Dies erfordert von dem Immunsystem die Verhaltensweise der Regelung.[420] Dabei werden korrektive Handlungen durch abweichende Outputs ausgelöst. Die Regelung basiert auf der Funktion der Rückkopplung und des Feedbacks, d. h., der Output eines Systems wird mit dem Input gekoppelt.[421] Im Rahmen dieser Kopplung findet ein Soll-Ist-Abgleich statt. Wird dabei eine Abweichung festgestellt, reagiert ein System mit Veränderungen des Inputs, um so den gewünschten Sollwert zu erreichen. In diesem Zusammenhang ist von Selbstregulierung eines Systems die Rede. Dabei ist es belanglos, was zu der Veränderung des Istwertes geführt hat.[422] Stattdessen wird fortan versucht, den Istwert dem Sollwert anzugleichen. In diesem Sinne liegt der Fokus auf der zu regulierenden Variable und deren möglichen Zuständen.[423]

---

420 In der Kybernetik wird zwischen den Verhaltensweisen der Steuerung, Regelung und Anpassung unterschieden. „[Der] Begriff der Steuerung [ist] vor allem [aufzufassen] als eine Neutralisierung vom Zufall abhängiger Handlungen [...]" (Ducrocq 1959, S. 8). Durch gezielte Steuerungsmaßnahmen, die durch eine externe Steuerinstanz erfolgen, werden Störungen neutralisiert oder ihnen entgegengewirkt, bevor sie den Transformationsprozess beeinflussen können. Hierdurch werden unkontrollierte Outputs vermieden (vgl. Flechtner 1972, S. 28). Diese „[...] zielgerichtete Verhaltensbeeinflussung von Systemen oder Komponenten durch andere Systeme oder Komponenten, ohne dass Rückwirkungen stattfinden [...]" (Krieg 1971, S. 72) wird als Vorwärtskoppelung bezeichnet (vgl. Krieg 1971, S. 72). Im Kontext des Immunsystems würde dies bedeuten, dass Krankheitserreger noch vor der Infizierung des menschlichen Körpers entdeckt und neutralisiert werden. Jedoch bedarf dieser Lenkungsmechanismus vollkommener Informiertheit und eines determinierten Systems (vgl. Krieg 1971, S. 73). Aufgrund der Komplexität der relevanten Umwelt und der Unvorhersehbarkeit von zukünftigen Ereignissen sowie dem probabilistischen Charakter des Systems erfüllt das Immunsystem nicht die Bedingungen für die Verhaltensweise der Steuerung als des alleinigen Lenkungsinstruments (vgl. Krieg 1971, S. 74) und kann entgegen den Verhaltensweisen der Regelung und Anpassung auch nicht innerhalb des Immunsystems beobachtet werden.

421 Vgl. Ulrich 1970 S. 120 ff., Krieg 1971 S. 74 ff., Flechtner 1972, S. 34 ff. sowie Probst 1981, S. 254 ff.

422 Vgl. Beer 1959, S. 46.

423 Als Paradebeispiel für die Regelung in der Kybernetik wird der Thermostat aufgeführt (vgl. Luhmann 2008, S. 52 f.). Ein Thermostat prüft kontinuierlich die Temperatur in einem Raum. Solange die Temperatur nicht unter die Gewünschte fällt, hat der Regelkreis keinen Anlass aktiv zu werden. Wird dagegen eine Abweichung von Ist- und Sollwert identifiziert, unterschreitet sich also die Raumtemperatur von der gewünschten Temperatur, wird mithilfe der Rückkopplung Einfluss auf die Inputs des Systems genommen und somit auch auf den Prozess „Heizen". Diese Veränderung des Verhaltens hat solange Bestand, bis Ist- und Sollwert einander wieder entsprechen. Ein funktionierender Thermostat oder die weiterentwickelte Klimaanlage beispielsweise erlaubt

Die bedeutende Rolle der Regelung in der Kybernetik beschreibt Beer damit, dass

> „[..] der Rückkopplungsregler [..] nicht nur darauf geeicht [ist], einer *bestimmten* Art von Störung, sondern *jeder* Störung entgegenzuwirken. Ohne irgendeine besondere oder hochkomplizierte Konstruktion hält der Rückkopplungsregler eine große Anzahl möglicher Variationsquellen unter Kontrolle. Vor allen Dingen überwacht er solche Störungen, deren Ursachen unbekannt sind. Damit haben wir den Punkt erreicht, wo sich die wahre Bedeutung des Begriffes zeigt. Denn in der Kybernetik haben wir es, [...], mit äußerst komplexen Systemen zu tun, also mit solchen Systemen, die sich nicht bis in alle Einzelheiten hinein beschreiben lassen."[424, 425]

Für die Verhaltensweise der Regelung bedarf es der Struktur eines monostabilen Systems, das auch als Servomechanismus bezeichnet wird. Gomez, Malik und Oeller beschreiben einen Servomechanismus als Controller, der bestimmte Größen unter genau spezifizierbaren Bedingungen in einem Gleichgewichtszustand stabil hält, indem Maßnahmen durch die Rückkopplungen von Abweichungen selbstständig ausgelöst werden.[426]

Ein Servomechanismus besitzt dabei zwei Charakteristika. (1) Dem Controller sind alle möglichen Ausprägungen des Zustandes der zu kontrollierenden Größe x seiner relevanten Umwelt – auch infolge von Störungen – bekannt, jedoch nicht deren zeitliches Eintreten. (2) Die Entscheidungsregeln des Controllers sind fixiert, somit wird einem bestimmten Input x' immer die gleiche Operation y' zugeordnet.[427] Da das angeborene Immunsystem diese Voraussetzungen erfüllt,[428, 429] ist es als servomechanisches Modell in der Lage, die Anzahl an Krankheitserregern im menschlichen Organismus als zu kontrollierende Größe unter genau spezifizierbaren Bedingungen in einem Gleichgewichtszustand stabil zu halten.

In dem folgenden Schaubild (vgl. Abbildung 15) ist die Struktur eines Servomechanismus modellhaft veranschaulicht. Die Umwelt repräsentiert das relevante System mit der Beziehung $Input \rightarrow Transformationsprozess \rightarrow Output$. Der Input untergliedert sich in lenkungskritische Variablen und Störungen. Unter die Erstgenannten fallen jegliche Faktoren, die direkt oder

keinen Rückschluss auf die Außentemperatur, da sie unabhängig von der Außentemperatur stets bestrebt sind, die gewünschte Innentemperatur aufrechtzuerhalten. Ein gut funktionierender Regler ist somit in der Lage, Komplexität zu absorbieren (vgl. Ashby 1985, S. 289).

424 Beer 1959, S. 46, Hervorh. i. O.

425 Einhergehend mit der zentralen Rolle der Reglung innerhalb der Kybernetik ist der Servomechanismus zudem ein fundamentaler Baustein für höher entwickelte Lenkungsmodelle. Die Verhaltensweise der Anpassung und die damit verbundenen Strukturen von ultrastabilen Systemen sind Konstrukte, bestehend aus vertikal gekoppelten Rückkopplungen zweiter Ordnung (vgl. Krieg 1971, S. 82).

426 An dieser Stelle sei für eine ausführlichere Abhandlung über den Servomechanismus auf Gomez et al. 1975, S. 825 ff. sowie S. 834 ff. verwiesen.

427 Vgl. Gomez et al. 1975, S. 827.

428 Da die Rezeptoren der Zellen des angeborenen Immunsystems (PAMP) nur die Erregertypen erkennen und nicht antigenspezifisch reagieren, besteht die Umwelt des angeborenen Immunsystems folglich nicht aus der vollständigen Komplexität der Pathogene, sondern nur aus den unterschiedlichen Klassen an Erregern.

429 Das angeborene Immunsystem besitzt feste Handlungsmuster, die im Sinne einer fixierten Entscheidungsregel einem spezifischen Krankheitserregertypus stets dieselben korrektiven Maßnahmen zuordnet (vgl. Abschnitt 3.1.2.2).

indirekt modifiziert werden können und so die Möglichkeit bieten, Einfluss auf den Transformationsprozess zu nehmen.[430] Hingegen gehören alle Variablen, die sich der Kontrolle des lenkenden Systems entziehen, zur Kategorie „Störvariable“. Auf den Sachverhalt des menschlichen Immunsystems übertragen, sind die lenkungskritischen Variablen des angeborenen Immunsystems durch Makrophagen, Granulozyten, Monozyten, Mastzellen, dendritische Zellen, NK-Zellen, humorale Bestandteile, T_{reg}-Zellen usf. repräsentiert. Infektionen durch Krankheitserreger wie intra- oder extrazelluläre Bakterien, Viren und Parasiten können als externe Störungen, hingegen entartete sowie abgestorbene Zellen als interne Störungen verstanden werden. Die Aktivitäten des Transformationsprozesses im Immunsystem bestehen zum einen aus der Beseitigung abgestorbener oder entarteter Zellen und zum anderen aus der Kontrolle aller im Körper befindlichen Zellen und Moleküle. Der Output bei der Beseitigung von Zellen besteht in wiederverwertbarer Energie in Form von Proteinen, die dem eigenen Stoffwechsel dienlich sind, und aus niederwertiger Energie, die aus dem menschlichen Körper ausgeschieden wird. Die jeweils möglichen Zustände dieser Umwelt sind durch x repräsentiert und bilden zugleich den Input des servomechanischen Controllers C.

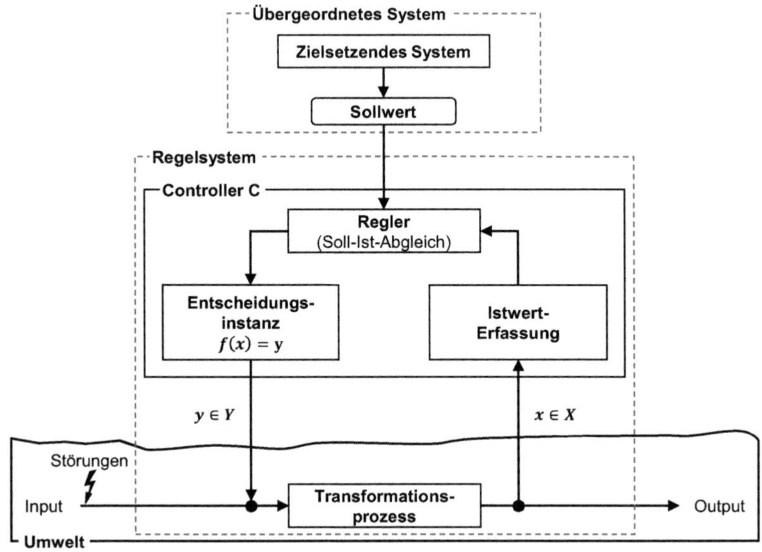

Abbildung 15: Regelsystem eines Servomechanismus[431]

[430] Diejenigen Inputs, die sich durch einen Lenkungseingriff y verändern lassen und somit eine gezielte Einflussnahme auf den Transformationsprozess, genauer gesagt auf die Aktivitäten ermöglichen, werden als lenkungskritische Variablen oder Regelvariablen bezeichnet (vgl. Gomez et al. 1975, S. 877).

[431] In Anlehnung an Ulrich 1970, S. 123 sowie Gomez et al. 1975, S. 826.

Das Immunsystem ist bestrebt, dass der Istwert x und der Sollwert „Abwesenheit von gefährlichen Krankheitserregern" übereinstimmen. Jedoch kann es innerhalb dieser Umwelt zu etwaigen externen und internen Störungen kommen, die das System aus seinem inneren Gleichgewicht werfen. Dies führt zur Auslösung korrektiver Maßnahmen durch die Entscheidungsinstanz, die eine fixierte Entscheidungsregel $f(x) = y$ impliziert. Anhand dieser Regel nimmt der Controller im Falle einer Abweichung des Istwertes vom Sollwert Modifikationen an der Umwelt vor.

Bei der Identifizierung von körperfremden Pathogenen und Tumoren durch entsprechende Rezeptoren wird ein Reiz über die Signalübertragung an den Zellkern übermittelt. Ein solcher Reiz, der durch aktive PRR übermittelt wird, kommuniziert dem Controller eine identifizierte Abweichung[432] des Istwertes vom Sollwert. Der Zustand x kann prinzipiell folgende Ausprägungen annehmen: (1) Abwesenheit von Krankheitserregern (Istwert entspricht Sollwert), (2) Infektion durch ein intrazelluläres Bakterium, (3) Infektion durch ein extrazelluläres Bakterium, (4) Infektion durch einen Virus, (5) Infektion durch einen Parasiten und (6) Auftreten eines Tumors. Das angeborene Immunsystem teilt folglich die enorme Varietät an Krankheitserregern in Cluster ein, womit es eine signifikante Komplexitätsreduzierung vollführt. Dies ermöglicht dem System, jedem möglichen Zustand x, der durch eine Soll-Ist-Abweichung charakterisiert ist[433], eine unverzügliche korrigierende Maßnahme y anhand der festen Entscheidungsregel zuzuordnen.

Die Maßnahmen basieren allesamt auf einer Entzündungsreaktion, unterscheiden sich dabei jedoch in Details, wie u. a. in ihrem Zytokinmilieu.[434] Im Rahmen der Entzündungsreaktion werden die Mechanismen „Eliminierung und Entsorgung von Pathogenen", „Alarmieren und Anlocken der im Blut zirkulierenden humoralen und zellulären Bestandteile des Immunsystems" und „Regulation der Entzündung" und die „Akute-Phase-Reaktion" aktiv.[435] Die ausgelösten korrektiven Maßnahmen verändern die lenkungskritischen Variablen des angeborenen Immunsystems in ihrer Anzahl und nehmen so Einfluss auf die ablaufenden Prozesse. Sie lösen die Bekämpfung der Pathogene aus und forcieren somit die Rückkehr in einen Gleichgewichtszustand.

---

[432] Die Detektion einer Abweichung erfordert, dass ein Regelsystem, genauer gesagt ein Controller, in der Lage ist, den aktuellen Istwert x zu erfassen (Istwert-Erfassung) und diesen dem von außen vorgegebenen Sollwert gegenüberzustellen (Regler).

[433] Die oben genannten Zustände (2) – (6).

[434] Vgl. Abschnitt 3.1.2.2.

[435] In Abschnitt 3.1.2.2 werden auch die Mechanismen „Erkennung der Pathogene" und „Auslösung und Prägung einer adaptiven Immunantwort" aufgeführt. Diese repräsentieren im abstrakten Sinne keine korrektiven Maßnahmen. Die „Erkennung der Pathogene" stellt die permanente Ist-Erfassung sowie den Soll-Ist-Abgleich dar und die „Auslösung und Prägung einer adaptiven Immunantwort" wird durch die Rückkopplung zweiter Ordnung wiedergegeben, auf die später einzugehen ist.

Das Verhalten der Regelung des Immunsystems ist letztendlich eine Form der Nachrichtenverarbeitung. Die Informationen „Istwert“ (beispielsweise „Detektion von intrazellulären bakteriellen Pathogenen“) und „Sollwert“ („Abwesenheit von Krankheitserregern“) werden durch den Regler miteinander verknüpft. Hieraus resultiert eine neue Nachricht („Infektion liegt vor“), die Grundlage für die Entscheidungsinstanz ist. Diese wiederum verknüpft die erhaltene Information mit dem ihr zugrunde liegenden Nachrichtenbestand, also der fixierten Entscheidungsregel und beeinflusst je nachdem das Verhalten des Systems („Auslösung einer akuten Entzündungsreaktion gegen intrazelluläre bakterielle Erreger“).

Durch die Übertragung der soeben beschriebenen Merkmale und Verhaltensweisen des Immunsystems auf die kybernetische Struktur eines monostabilen Systems ergibt sich folgendes servomechanisches Modell des angeborenen Immunsystems (vgl. Abbildung 16).

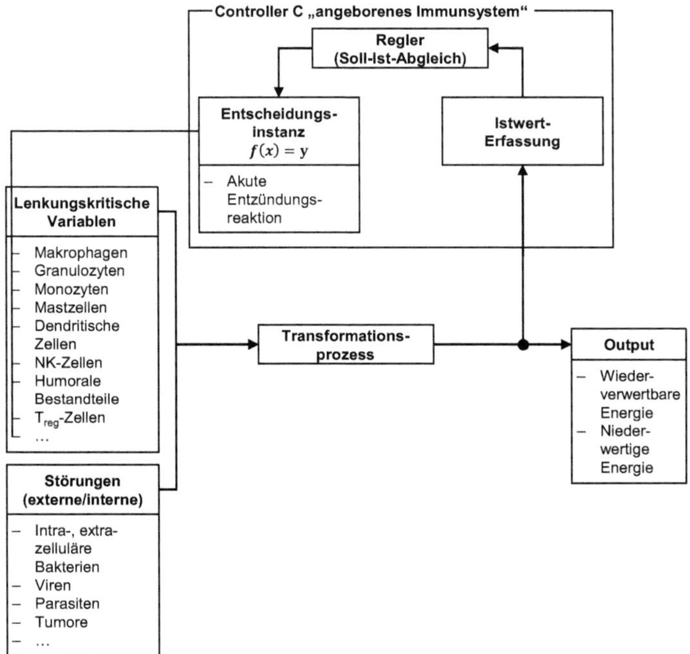

Abbildung 16: Das angeborene Immunsystem als servomechanischer Controller[436]

Eine Rückkopplung kann das Eintreten einer Abweichung nicht per se verhindern, stattdessen können mit ihrer Hilfe die resultierenden Auswirkungen auf das System beseitigt werden, was bedeutet, dass das Verweilen in einem Zielzustand nicht möglich ist. Dies ist in der Struktur

[436] In Anlehnung an Gomez et al. 1975, S. 879.

des Regelsystems begründet, da es gerade durch die Abweichungen von Ist- und Sollwert die Entzündungsreaktion in Kraft setzt. Somit oszilliert der Istwert um den Sollwert.[437] Aufgrund dieser Schwingungen ist ein Regelsystem nie vollständig in einem stabilen Gleichgewicht. Es ist jedoch umso stabiler, je kleiner die beschriebenen Schwankungen ausfallen. Diese Schwankungen wiederum sind umso geringer, je schneller und fehlerloser die Feedbackvorgänge im Immunsystem ablaufen.[438]

Die größte Gefahr für ein Regelsystem ist die Instabilität. Hierfür hat Krieg fünf Ursachen ausgemacht: (1) Ein Regelsystem kann durch unzureichende Kapazitäten der Regelinstanz, also durch das Nicht-Einhalten des Varietätstheorems, in Instabilität geraten. Entscheidend für eine funktionierende Regelung ist daher die Einhaltung des Gesetzes der erforderlichen Vielfalt nach Ashby.[439] (2) Nicht erreichbare Ziele oder zu kleine Toleranzbereiche bei den Schwingungen des Istwertes können ebenfalls Ursache für Instabilitäten sein. (3) Ferner verursachen andauernde Übermittlungs- und Verarbeitungsfehler sowie (4) Unter- oder Überkompensation aufgrund unangemessener Verstärkungen in der Regelinstanz und (5) verspätete Korrekturmaßnahmen ebenfalls Instabilitäten. Bei Letzteren kann das Einsetzen von Feedback-Schleifen eine gegenteilige Wirkung entfalten. Regelbefehle treffen zu einem falschen Zeitpunkt ein, wodurch Störungen gar verstärkt werden können.[440] Um sich gegen diese Ursachen der Instabilität zu wappnen, besitzt das Immunsystem unterschiedliche Mechanismen.

(1) Ashbys Eigenvarietätstheorem besagt, dass ein System, um seine Überlebensfähigkeit zu wahren, über eine Eigenvarietät verfügen muss, die mindestens genauso groß ist, wie die der relevanten Umwelt.[441] Im Kontext der Kybernetik sollte eine Regelinstanz somit über ein ausreichend großes Repertoire an Verhaltensmöglichkeiten verfügen, um Störungen eines Systems kompensieren zu können. Bei der Bekämpfung von Krankheitserregern greift das Immunsystem in erster Instanz auf die vorliegenden Mechanismen des angeborenen Immunsystems zurück. Durch Kategorisierung der Krankheitserreger in intrazelluläre oder extrazelluläre Bakterien, Viren oder Parasiten reduziert das angeborene Immunsystem signifikant die Komplexität, um so mit der begrenzten Anzahl an Verhaltensmöglichkeiten die Bedingung der notwendigen Vielfalt zu erfüllen und die Krankheit zunächst eindämmen zu können. So hilfreich und notwendig die Komplexitätsreduzierung an dieser Stelle für die Entschleunigung der Krise ist, so muss sie doch an anderer Stelle wieder aufgehoben werden, um das Problem vollständig erfassen und beseitigen zu können. Denn „[i]mmer wenn Varietät vernichtet wird, geht Information verloren. Varietät, die unter dem Aspekt der Lenkung reduziert wird, muss,

---

[437] Vgl. Flechtner 1972, S. 36 f.
[438] Vgl. Ulrich 1970, S. 122 f.
[439] Vgl. Ashby 1985, S. 299.
[440] Vgl. Krieg 1971, S. 77 f.
[441] Vgl. Ashby 1985, S. 299.

wenn möglich, irgendwo wieder generiert werden können."[442] Dies geschieht im Rahmen einer adaptiven Immunantwort, auf die an späterer Stelle genauer eingegangen wird.

(2) Zu kleine Toleranzbereiche bei Schwankungen des Istwertes können ebenso Instabilitäten verursachen. In Anbetracht oszillierender Istwerte in kybernetischen Systemen würde ein System ununterbrochen korrektive Maßnahmen auslösen und so instabil werden. Um dies im Immunsystem zu verhindern, existieren Schwellenwerte, die überschritten werden müssen, um bestimmte Verhaltensweisen auszulösen. Eine Immunzelle wird nicht aktiviert, wenn ein einzelner Rezeptor auf ein Pathogen oder einen Botenstoff reagiert. Vielmehr muss eine bestimmte Anzahl von Rezeptoren angesprochen werden. Jedoch haben einige Zellen des angeborenen Immunsystems wie Makrophagen, Mastzellen oder dendritischen Zellen einen sehr niedrigen Schwellenwert, sodass diese hochsensitiv auf noch so kleine Abweichungen reagieren können. Damit dieser kleine Toleranzbereich aber nicht zu Instabilitäten führt, sind unterschiedliche Regelmechanismen installiert, die inkorrekte Aktivierungen ohne Folgeschäden wieder herunterregulieren. Des Weiteren unterscheiden sich die Toleranzbereiche einzelner Zellen und Mechanismen voneinander. Je invasiver die Folgen einer Aktivierung, desto größer der Schwellenwert. Mastzellen beispielsweise besitzen einen geringen Wert, der Akute-Phase-Reaktion durch die Leber kommt dagegen ein höherer zu. Dies ist darin begründet, dass für die systemische Akute-Phase-Reaktion eine bestimmte Konzentration an proinflammatorischen Zytokinen überschritten werden muss. Hierdurch wird sichergestellt, dass diese Reaktion nur bei einer akuten Infektion aktiv wird. Es zeigen sich gewisse Parallelen zu den Mechanismen der semantischen und technischen Störungen. Somit fungiert der Schwellenwert – außer zur Sicherung der Äquivalenz von gesendeter und empfangener Botschaft – zusätzlich als Sicherheitsmaßnahme gegenüber Instabilitäten des Regelungsmechanismus. Eine Instabilität des Systems aufgrund eines nicht erreichbaren Zieles kann nicht durch eine Modifizierung des Sollwertes verhindert werden, da die Verfehlung des Sollwertes zum Sterben des menschlichen Organismus führen würde. Das Ziel der Abwehr und erfolgreichen Bekämpfung von Krankheitserregern im menschlichen Organismus ist daher für die Sicherung der Überlebensfähigkeit alternativlos.

(3) Andauernde Übermittlungs- und Verarbeitungsfehler sind das Resultat technischer und semantischer Störungen innerhalb des Kommunikationssystems. Da für das Immunsystem eine fehlerfreie Kommunikation essenziell ist, besitzt es unterschiedliche Mechanismen der Redundanz und Rückkopplung, um eben diese Übermittlungs- und Verarbeitungsfehler zu

442 Probst 1981, S. 182.

verhindern. Diese Mechanismen wurden im Rahmen des Kommunikationssystems des Immunsystems ausführlich diskutiert.[443]

(4) Ein System kann instabil werden, sobald eine Unter- oder Überkompensation von Regelungsmaßnahmen vorliegt. Aufgrund bestehender autokriner Schleifen während einer Entzündungsreaktion sind Unterkompensationen in funktionierenden Immunsystemen weniger problematisch. Im Gegenteil, ohne entsprechende Regelungsmechanismen tendieren die Mechanismen einer Entzündungsreaktion aufgrund dieser Schleifen zur Überkompensation.[444] Das Immunsystem besitzt daher unterschiedliche Wege zur aktiven Regulierung einer Entzündungsreaktion, um fortwährend die Kontrolle über die Immunantwort zu wahren. So muss stets ein Reiz durch einen vorhandenen Krankheitserreger bestehen, um eine Immunantwort aufrechtzuerhalten. Bleibt dieser aus, wird das Immunsystem umgehend heruntergefahren. Außerdem lösen bestimmte Zytokine, neben ihrer proinflammatorischen Wirkung, die Produktion von inhibitorischen Zytokinen wie TGF-β und IL-10 aus. Aufgrund einer zeitlich versetzten Freisetzung verschiebt sich das Verhältnis „proinflammatorisch" zu „inhibitorisch" über die Zeit zugunsten der inhibitorischen Wirkung. Somit sorgen die aktivierenden Zytokine selbstständig für ihre Regulierung. Neben diesen Regelungsmaßnahmen werden Mechanismen zur Bekämpfung von Pathogenen zeitlich versetzt ausgelöst. Das Komplement beispielsweise wird in einer sehr frühen Phase aktiviert, noch bevor sich eine zelluläre angeborene Immunantwort vollständig entfalten kann. Einen langsamen Wirkungsverlauf besitzt dagegen die Akute-Phase-Reaktion. Die zeitliche Staffelung der Mechanismen dient der Vermeidung einer Überkompensation der Immunantwort. Würde ein Krankheitserreger stets alle zur Verfügung stehenden Mechanismen unverzüglich auslösen, könnte eine unverhältnismäßige Reaktion im Falle einer kleineren lokalen Infektion zu Kollateralschäden führen und somit das Immunsystem aus dem Gleichgewicht bringen. Die Möglichkeit, Mechanismen zeitlich versetzt zu aktivieren, hilft dem Immunsystem, differenzierter auf Krankheitserreger reagieren zu können und seine Stabilität effektiver zu wahren.

(5) Zu spät veranlasste Korrekturmaßnahmen können ebenso dazu führen, dass ein System instabil wird, weil sich eine Störung systemisch ausbreitet. Deswegen kommt dem Faktor „Zeit" eine entscheidende Rolle in der Kybernetik zu. Um im konkreten Falle des Immunsystems diesem Faktor gerecht zu werden, reduziert das angeborene Immunsystem signifikant die Komplexität der Umwelt, zumindest temporär, um mit seinem limitierten Repertoire an Verhaltensmöglichkeiten eine Eindämmung des Erregers zu erwirken. Aufgrund der Komplexität der Krankheitserreger bedarf eine spezifische Reaktion eines gewissen zeitlichen Vorlaufs. Kann

[443] Vgl. Abschnitt 3.3.2.1.
[444] Vgl. Abschnitt 3.1.2.2.

sich in diesem Zeitraum ein Pathogen frei vermehren, würde die adaptive Immunantwort zu spät eintreten, wodurch die Überlebensfähigkeit gefährdet wäre.[445] Aufgrund dessen sorgen die initialen Mechanismen des angeborenen Immunsystems für eine Entschleunigung und Eindämmung der Störung.

3.3.3.2 Das adaptive Immunsystem

Die unspezifischen Reaktionen des angeborenen Immunsystems stoßen bei der Bekämpfung von Krankheitserregern unter gewissen Umständen an ihre Grenzen. Eine Grundvoraussetzung für die Funktion eines monostabilen Systems besteht darin, dass dem Controller C ein Modell seiner relevanten Umwelt vorliegt. Es können keine für den Controller unvorhersehbaren Zustände auftreten. Ist dies dennoch der Fall, weil Pathogene bestimmte Resistenzen gegenüber den Mechanismen des angeborenen Immunsystems aufweisen, treten dauerhafte und starke Störungen auf. Diese können von dem Regelsystem „angeborenes Immunsystem" alleine nicht behoben werden. Aufgrund der begrenzten Kapazität der Regelinstanz und der daher notwendigen Komplexitätsreduzierung fehlen die nötigen Instrumente für eine erfolgreiche Beseitigung aller spezifischen Krankheitserreger. Folglich reicht das angeborene Immunsystem als einziger Servomechanismus zur Wahrung der Stabilität in einer nicht klar deklarierten Umwelt nicht aus.[446] Es ist daher auf das Sub-System „adaptives Immunsystem" und die damit einhergehende Fähigkeit der Anpassung angewiesen.

Die Grundstruktur der Anpassung (vgl. Abbildung 17), das ultrastabile System[447], besitzt eine zweite, gekoppelte Feedbackschleife[448] und einen sich daraus ergebenen ultrastabilen Controller.[449] Der übergeordnete ultrastabile Controller B ist befähigt, den Sollwert oder die

---

[445] Vgl. Abschnitt 3.1, insbesondere Abbildung 5.

[446] Vgl. Gomez et al. 1975, S. 829.

[447] Neben der Mono- und Ultrastabilität existiert in der Kybernetik zudem die Multistabilität. Für äußerst komplexe Systeme reicht eine ultrastabile Struktur nicht aus. Veränderungen der Umwelt betreffen bei einer solchen Struktur stets das gesamte System. Dementsprechend können Anpassungen zu aufwendig und zeitintensiv sein (vgl. Gomez et al. 1975, S. 945 f.). Dies kann zur Folge haben, dass ein System aufgrund verspäteter Korrekturmaßnahmen instabil wird. Damit äußerst komplexe Systeme dennoch ihre Stabilität wahren können, müssen sie in der Lage sein, sich partiell anzupassen. Dies setzt voraus, dass die Umwelt sich in voneinander zu unterscheidende Segmente unterteilen lässt. Das multistabile System ordnet fortan den jeweiligen Umweltsegmenten ultrastabile Systeme zu, sodass diese sich, einzeln betrachtet, in Gleichgewichtszuständen befinden (vgl. Gomez et al. 1975, S. 831). Das System nutzt diese lokalen Gleichgewichte, um im Gesamten einen stabilen Zustand zu erreichen. Entscheidend ist dabei, dass zum einen die Zustände der Segmente einander nicht widersprechen und dass zum anderen die Segmente voneinander ganz oder zumindest weitestgehend unabhängig sind (vgl. Gomez et al. 1975, S. 942). Dank der Multistabilität muss sich ein System bei einer partiellen Veränderung der Umwelt nicht vollständig neu ausrichten. Mithilfe der Untergliederung wird einem System ermöglicht, sich partiell anzupassen, was speziell bei äußerst komplexen Systemen überlebenswichtig ist. An dieser Stelle sei für eine ausführlichere Abhandlung über den multistabilen Controller auf Gomez et al. 1975, S. 831 ff. und S. 939 ff. sowie auf Ashby 1960, S. 205 ff. verwiesen. Das Immunsystem weist keine solche Multistabilität auf. Zum einen lässt sich die relevante Umwelt nicht segmentieren, zum anderen bestehen zwischen den einzelnen Sub-Systemen und Elementen zu intensive Verknüpfungen, die eine partielle Anpassung nicht ermöglichen.

[448] Die erste Feedbackschleife, das angeborene Immunsystem, stellt den soeben beschriebenen Servomechanismus dar, der bestrebt ist, den ihm vorgegebenen Sollwert zu erhalten (vgl. Gomez et al. 1975, S. 901).

[449] An dieser Stelle sei für eine ausführlichere Abhandlung über den ultrastabilen Controller auf Gomez et al. 1975,

Entscheidungsregeln des servomechanischen Controllers C_n und damit $f_n(x) = y$ zu verändern. Abstrakt gesehen beschreibt die Veränderung einen Wechsel des Controllers, da ein Servomechanismus gerade u. a. durch seine fixen Entscheidungsregeln charakterisiert ist.[450] Die Festlegung des Servomechanismus durch den Controller B erfolgt dabei unter der Berücksichtigung der essenziellen Variablen und der Überlebensfähigkeit eines Systems. Dadurch ergibt sich für diesen ebenso eine Entscheidungsregel $z = G(x, y)$, nach der der Controller B einen Servomechanismus auswählt.[451] Durch die Rückkopplung zweiter Ordnung erhält B Feedback zur Effektivität des gewählten Mechanismus.[452] Resultiert die Wahl nicht im gesuchten Zustand, wählt B abermals einen neuen Mechanismus aus. Die Servomechanismen fungieren in dieser Struktur somit als Sub-Controller. Die Anpassung eines Systems besteht darin, dass Verhaltensweisen und Regelungsstrategien so lange verändert werden, bis entweder der alte oder ein vom System selbst bestimmter neuer Gleichgewichtszustand erreicht wird.[453]

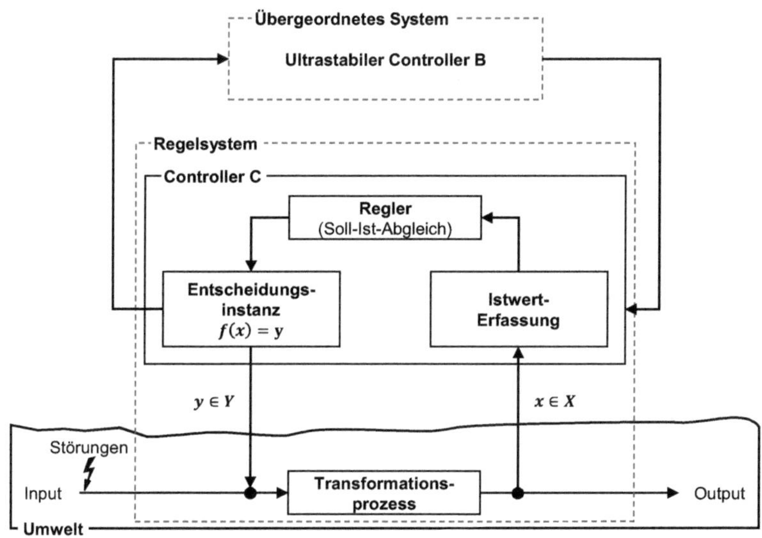

Abbildung 17: Regelsystem eines ultrastabilen Systems[454]

S. 828 ff. und S. 899 ff. sowie auf Ashby 1960, S. 80 ff. verwiesen.

450 Vgl. Gomez et al. 1975, S. 828.

451 Die Form des ultrastabilen Controllers bezeichnen Gomez, Malik und Oeller als „ausgebaute Version" (Gomez et al. 1975, S. 830), nach der die Auswahl eines Servomechanismus auf Modellen und Wissen basiert. Daneben erwähnen die Autoren zusätzlich das Auswahlverfahren nach dem Trial-and-Error-Prinzip (vgl. Gomez et al. 1975, S. 829 f.).

452 Vgl. Gomez et al. 1975, S. 829 f.

453 Vgl. Ulrich 1970, S. 125 f.

454 In Anlehnung an Ulrich 1970, S. 126 sowie Gomez et al. 1975, S. 829.

Ein ultrastabiles System ist durch die Möglichkeit des Wechsels in der Lage, auf unvorhergesehen Zustände der Umwelt zu reagieren. Dieses ist im Optimalfall befähigt, unter den neuen Umständen den Zielzustand zu erreichen und zu wahren.

> „Ein homöostatisches System hat somit nicht nur die Fähigkeit, ein Gleichgewicht zu erreichen, sondern es hat eine Fähigkeit höherer Ordnung, nach jeder Störung immer wieder erneut ein Gleichgewicht aufzusuchen. Ashby nannte diesen Systemtyp daher nicht nur stabil, sondern *ultrastabil*."[455]

Homöostaten als Lenkungsmodelle sind essenziell für die Erreichung der erforderlichen Eigenvarietät. Sie garantieren die Anpassung an Umweltveränderungen, indem sie die Struktur von Anpassungsmechanismen verändern können. Hierdurch entwickeln sich für das Immunsystem ein größeres Verhaltensrepertoire und die Möglichkeit, jene Mechanismen auszuwählen, die für die aktuelle Situation überlebenswichtig sind.[456]

Innerhalb des menschlichen Immunsystems übernimmt das adaptive Immunsystem die Rolle dieses ultrastabilen Controllers. Durch die Rückkopplung zweiter Ordnung[457] wird dem System mitgeteilt, dass eine Störung vorliegt und eine Anpassung der Lenkungsmechanismen notwendig ist. Diese Rückkopplung wird dabei im Rahmen einer Entzündungsreaktion unverzüglich ausgelöst, um so schnellstmöglich eine spezifische Immunreaktion zu entwickeln. Erweisen sich die Maßnahmen des angeborenen Immunsystems als ausreichend, muss die adaptive Immunreaktion wieder herunterreguliert werden. Das Immunsystem nimmt damit bewusst in Kauf, dass sich die Aktivierung des adaptiven Immunsystems im Nachhinein als überflüssig herausstellen kann, Dies liegt darin begründet, dass der potenzielle Schaden, der von eine zu spät erkannten Infektion signifikant größer ist, als die auf diesem Wege verlorene Energie. Zur Wahrung der Überlebensfähigkeit müssen Störungen durch spezifische Antigene in ihrer vollkommenen Komplexität erfasst werden. Informationen dürfen nicht durch Komplexitätsreduzierung verlorengehen. T- sowie B-Zellen werden daher innerhalb der sekundären lymphatischen Organe mit der vollständigen Varietät der Erreger konfrontiert.[458] Nur hierdurch wird garantiert, dass die invasiven Eingriffe des adaptiven Immunsystems zielgerichtet gegen die entsprechenden Pathogene vorgehen können. Durch die Auslösung der Rückkopplung zweiter Ordnung beginnt der Prozess der Entwicklung einer adaptiven Immunantwort inner-

---

[455] Malik 1996, S. 394, Hervorh. i. O.

[456] Vgl. Probst 1981, S. 263 ff.

[457] Im Immunsystem verknüpft die dendritische Zelle das Regelsystem mit dem übergeordneten System. Durch die Phagozytose eines Pathogens und die daran anschließende Wanderung in eines der sekundären lymphatischen Organe übermittelt sie die notwendigen Informationen für die Entwicklung einer antigenspezifischen Immunantwort.

[458] T-Zellen werden mithilfe der Peptid:MHC-Klasse-I&II-Komplexe durch die dendritischen Zellen aktiviert. Bei der Verarbeitung der Krankheitserreger zu Peptiden wird die Komplexität der Erreger nicht angetastet. B-Zellen nehmen direkten Kontakt zu den Antigenen in den lymphatischen Organen auf.

halb der lymphatischen Organe nach dem Approximationsprinzip und der Trial-and-Error-Methode.[459] Die Wahl des Servomechanismus durch den ultrastabilen Controller trifft letztlich auf den resultierenden und vielversprechendsten Ansatz. Durch die Möglichkeit der Entwicklung einer adaptiven Immunantwort stehen dem ultrastabilen Controller theoretisch $2^{10^{18}}$ unterschiedliche Servomechanismen zur Verfügung,[460] um der Komplexität der Krankheitserreger gerecht zu werden.[461]

Nach der erfolgreichen Entwicklung wandern T_H-Zellen, Antikörper und/oder CTL an den Infektionsherd. Dort angelangt passen sie die Mechanismen der angeborenen Immunantwort an das spezifische Pathogen an und greifen auf die bereits vorhandenen Ressourcen und Mechanismen zurück, sodass eine erfolgreiche Bekämpfung der Erreger erfolgen kann. Adaptive Immunantworten bauen demnach auf dem angeborenen Immunsystem auf und modifizieren die unspezifischen Mechanismen. Die korrektiven Operationen, beispielsweise der Mechanismus der Phagozytose und damit auch die fixe Entscheidungsregel $f(x) = y$ des Servomechanismus „angeborenes Immunsystem“, werden dadurch qualitativ verändert.

Die Struktur des Immunsystems mit dem adaptiven Immunsystem als ultrastabilem Controller und unter der Berücksichtigung des Wechsels servomechanischer Controller lässt sich abstrakt wie folgt darstellen.

---

459 Vgl. Abschnitt 3.1.3.2.

460 Es wird angenommen, dass das Immunsystem 10^{18} unterschiedliche antigenspezifische Immunzellen besitzt, auf denen eine adaptive Immunreaktion aufbauen kann. Mit jeder antigenspezifischen Immunzelle entsteht eine andere adaptive Immunantwort und letztlich stellt damit jede Zelle, abstrakt gesehen, einen eigenen Servomechanismus dar. Zusätzlich muss der initial aktive Servomechanismus, das angeborene Immunsystem, hinzugefügt werden, sodass dem ultrastabilen Controller $10^{18} + 1$ Servomechanismen zur Verfügung stehen. Da in der Realität keine sterilen Infektionen vorliegen, sind im Laufe einer Immunantwort unterschiedliche adaptive Immunantworten aktiv. Für jedes weitere spezifische Antigen im menschlichen Organismus entwickelt sich eine neue adaptive Immunreaktion. Jede dieser Reaktionen entspricht einer weiteren Modifizierung der korrektiven Maßnahmen und folglich einem Wechsel des Servomechanismus. Dies bedeutet, dass bei der Berechnung der gesamten Anzahl an zur Verfügung stehenden Servomechanismen nicht nur die einzelnen, unterschiedlichen Immunzellen und die sich daraus entwickelnden adaptiven Immunantworten zu betrachten sind, sondern ebenso jede theoretisch mögliche Kombination der Immunreaktionen. Eine antigenspezifische Immunzelle kann aktiv oder passiv sein und besitzt damit zwei Zustände. Bei 10^{18} unterschiedlichen Spezifitäten ergibt sich daraus eine Varietät von $2^{10^{18}}$, die der Anzahl der zur Verfügung stehender Servomechanismen entspricht. Dabei ist der initial aktive Servomechanismus „angeborenes Immunsystem“ miteingeschlossen und entspricht dem Fall, dass alle 10^{18} antigenspezifischen Immunzellen im passiven Zustand sind.

461 Ist die Eigenvarietät im Sinne von den zur Verfügung stehenden Servomechanismen niedriger als die Varietät der Umwelt, besteht die Gefahr, dass Umweltzustände auftreten, denen kein Servomechanismus durch den Controller B zugeordnet werden kann. Ein System ist dann nicht in der Lage, seine Stabilität aufrechtzuerhalten (vgl. Gomez et al. 1975, S. 829). Die Existenz des Menschen über mehrere Millionen Jahre legt die Vermutung nahe, dass durch die Rezeptorvarietät von 10^{18} und die daraus resultierende Anzahl an unterschiedlichen adaptiven Immunantworten das Immunsystem die nötige Eigenvarietät zur Erfüllung des Eigenvarietätstheorems aufbringt, da anderweitig ein Überleben über solch einen Zeitraum nach Ashbys Logik nicht möglich wäre.

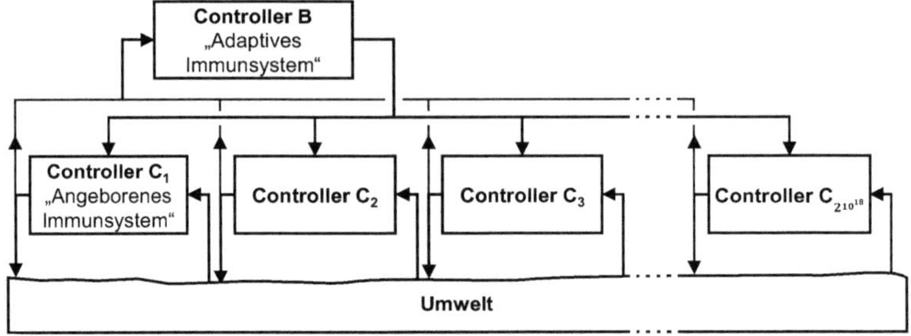

Abbildung 18: Das adaptive Immunsystem als ultrastabiler Controller[462]

Vorausgesetzt wird bei der ultrastabilen Struktur, dass die Umwelt die Eigenschaft der Polystabilität besitzt.[463] Dies bedeutet, dass sie nicht einen einzelnen Gleichgewichtszustand aufweist, sondern viele unterschiedliche Zustände. Das Immunsystem befindet sich immer dann in einem Gleichgewichtszustand, wenn die Abwesenheit von Krankheitserregern sichergestellt ist. Dabei spielen die spezifischen Zustände einzelner körpereigener Zellen weniger eine Rolle. Vielmehr befindet sich das Immunsystem in einem Fließgleichgewicht.[464] Ferner entwickeln sich im Rahmen einer adaptiven Immunantwort und dem damit einhergehenden Wechsel eines Servomechanismus parallel Gedächtniszellen, die die Immunität des Immunsystems bilden und die Entscheidungsregel des Servomechanismus „angeborenes Immunsystem“ weiterentwickeln. Streng genommen kehrt das Immunsystem nicht in seinen ursprünglichen Gleichgewichtszustand zurück, da sich das gesamte System weiterentwickelt hat. Somit besitzt das Immunsystem nicht einen einzelnen Gleichgewichtszustand, sondern weist die Eigenschaft der Polystabilität auf.

Eine besondere Form der Anpassung ist das Lernen. Der Prozess des Lernens stellt selbst eine komplexe Form der Nachrichtenverknüpfung dar, bei der die Aufnahme und Verarbeitung von Informationen zu einer Veränderung des Zustandes eines Systems führen.[465] Ulrich interpretiert das Lernen als „[...] jede relativ dauerhafte Verhaltensänderung von Systemen oder Systemelementen, deren Zweck in einer wirksameren Abwicklung der Systemprozesse besteht.“[466] Flechtner beschreibt es als den Erwerb von Kenntnissen, Fähigkeiten o. ä.[467] Bei ultrastabilen Systemen werden gespeicherte und wiederverwendete Informationen zu

[462] In Anlehnung an Gomez et al. 1975, S. 829. Die einzelnen Controller C_n repräsentieren die aus Abbildung 15 bekannten Servomechanismen, zwischen denen das übergeordnete System „Controller B“ wechseln kann. C_1 stellt den initial aktiven Servomechanismus „angeborenes Immunsystem“ dar, die Weiteren Controller repräsentieren die aus der erfolgreichen Entwicklung einer adaptiven Immunantwort resultierenden Servomechanismen.
[463] Vgl. Gomez et al. 1975, S. 829.
[464] Vgl. Bertalanffy 1932, S. 191 ff. sowie Bertalanffy 1953, S. 11 ff.
[465] Vgl. Flechtner 1972, S. 290 und S. 293.
[466] Ulrich 1970, S. 127.
[467] Vgl. Flechtner 1972, S. 290.

Erfahrungen aus erfolgreichen Verhaltensänderungen dafür genutzt, die Entscheidungsinstanz zu beeinflussen und so die Auswahl von korrektiven Maßnahmen zu modifizieren. Demnach ist „Lernen [..] seinem Wesen nach eine Form von Rückkopplung, bei der das Verhaltensschema durch die vorangegangene Erfahrung abgewandelt wird.“[468]

Innerhalb des Immunsystems manifestiert sich die Fähigkeit des Lernens zum einen in dem existierenden Nachrichtenbestand, der aus der millionenjährigen Ko-Evolution von Erregern und Immunsystem erwachsen ist, und in der Bildung eines immunologischen Gedächtnisses. Bei der erfolgreich ausgebildeten adaptiven Immunantwort entstehen neben Effektorzellen zusätzliche Gedächtniszellen. Abstrakt ist das immunologische Gedächtnis eine im System gespeicherte Sammlung an Nachrichten im Sinne von Erfahrungswerten über erfolgreiche Handlungsweisen. In Form dieses Nachrichtenbestandes beeinflusst das immunologische Gedächtnis fortan die Entscheidungsinstanz und somit die Auswahl korrektiver Maßnahmen. Das Repertoire an Routinen zur Bekämpfung von Störungen des initial aktiven angeborenen Immunsystems wird um eine Alternative erweitert. Mithilfe des immunologischen Gedächtnisses wird bei einem erneuten Kontakt mit dem spezifischen Antigen[469] ohne zeitliche Verzögerung eine antigenspezifische Immunantwort ausgelöst. Dem Zustand „Infektion durch Krankheitserreger x' wird fortan parallel zu der unspezifischen Reaktion eine antigenspezifische Maßnahme y' zugeordnet, ohne dass eine Rückkopplung zweiter Ordnung und der damit verbundene zeitliche Mehraufwand notwendig sind.

Innerhalb der Struktur der Ultrastabilität sowie der Monostabilität sind die Lenkungselemente über das gesamte System verteilt.[470] Weisungsrechte und Verantwortungen sind im Immunsystem nicht hierarchisch zentriert. Stattdessen kann jedes Element des Systems lenkend agieren, wenn es die notwendigen Informationen aufweist. Es existiert keine Zelle, die über den gesamten Zeitraum einer Immunantwort übergeordnet auftritt. Vielmehr ist jede Zelle für ihren spezifischen Bereich, für den sie die notwendigen Kompetenzen vereint, zuständig. Dendritische Zellen aktivieren T-Zellen und forcieren deren Differenzierung, T-Zellen beeinflussen die Aktionen von Makrophagen, Mastzellen wiederum aktivieren Zellen des angeborenen Immunsystems und tragen u. a. durch ihre sezernierten Zytokine zur Differenzierung der adaptiven Immunantwort bei. Durch diese Redundanz der Funktionalität ist die Abhängigkeit von einzelnen Zellen reduziert, und kritische Funktionen sind einfacher zu kompensieren. Speziell bei zeitsensiblen Funktionen wie der Identifizierung und Auslösung einer

[468] Wiener 1958, S. 63.

[469] Die Antigenspezifität eines Rezeptors ist nicht damit gleichzusetzen, dass ein Rezeptor lediglich auf ein bestimmtes Antigen anspricht. Vielmehr bedeutet sie, dass der Rezeptor auf dieses Antigen besonders intensiv reagiert. Gleichwohl erkennt der Rezeptor ebenso andere ähnliche Antigene. Dies geschieht zwar nicht mit gleicher Intensität, dennoch kann durch diese Kreuzimmunität das immunologische Gedächtnis ausgelöst werden.

[470] Die Lenkungselemente eines Regelsystems sind nicht eindeutig lokalisierbar (vgl. Probst 1981, S. 257).

Entzündungsfunktion sind solche Redundanzen zu finden. Demnach spielt es keine Rolle, ob eine Mastzelle, ein Makrophage oder eine dendritische Zelle einen Erreger identifiziert, sie sind ausnahmslos befähigt und auch verpflichtet, kontinuierlich Soll-Ist-Abgleiche durchzuführen und im Falle einer Abweichung regulierende Maßnahmen auszulösen.

3.3.4 Bewältigung der Komplexität

Um die Überlebensfähigkeit des menschlichen Organismus zu wahren, muss das Immunsystem in der Lage sein, jegliche Störungen zu absorbieren und selbstorganisierend einen Gleichgewichtszustand wiederherzustellen. Nach Ashbys Gesetz der erforderlichen Vielfalt sollte hierfür die Eigenvarietät eines Systems mindestens genauso groß sein wie die Varietät der relevanten Umwelt.[471] Dies bedeutet im Rückschluss, je komplexer die relevante Umwelt desto komplexer muss ein System, desto größer das Repertoire an möglichen Zuständen und Verhaltensweisen sein, und desto schwerer ist die Kontrolle eines Systems.

Der Schlüssel zur Kontrolle ist die Struktur, denn „[d]ie Lenkungskapazität eines Systems und damit seine Fähigkeit, Komplexität unter Kontrolle zu bringen, ist abhängig von seinen grundlegenden Strukturen."[472] Sie können die Bewältigung von Komplexität erleichtern, erschweren oder unmöglich machen und bestimmen das Verhalten eines Systems und damit die Möglichkeit der Komplexitätsbewältigung.[473]

Mit dem adaptiven Immunsystem als ultrastabilem Controller, dem angeborenen Immunsystem als initial aktivem Servomechanismus und der sich daraus ergebenden Struktur der doppelten Rückkopplung weist das menschliche Immunsystem die Struktur eines Homöostaten auf. Diese Struktur erlaubt es dem Immunsystem, seine (theoretische) Varietät von $2^{506\times10^{18}}$[474] derart zu kontrollieren und zu lenken, dass sich ein Repertoire von $2^{10^{18}}$ Handlungsstrategien oder – besser gesagt – Servomechanismen ergibt. Diese Aktivitäten treten dabei nicht wahllos in Kraft, sondern werden vom System zielorientiert eingesetzt, um etwaigen Störungen des Gleichgewichts entgegenzuwirken. Es ist somit in der Lage, mit der Verhaltensweise der Anpassung einen gewünschten Zustand zu erreichen und diesen nach Störungen immer wieder erneut aufzusuchen. Die unspezifischen Routinen des Servomechanismus „angeborenes Immunsystem" und damit die Lenkungskapazität sind in Anbetracht der Vielfältigkeit an Krankheitserregern nur bedingt ausreichend, um Infektionen erfolgreich zu bekämpfen. Aufgrund dessen sind die korrektiven Maßnahmen derart gestaltet, dass sie die Krise entschleunigen.

---

[471] Vgl. Ashby 1985, S. 299.
[472] Malik 1996, S. 173.
[473] Vgl. Malik 1996, S. 173.
[474] Vgl. Abschnitt 3.2.4.4.

Diese gewonnene Zeit wird vom Immunsystem dafür genutzt, eine adaptive Immunantwort zu entwickeln, die die unspezifischen Mechanismen modifiziert und die Beseitigung der Krankheitserreger sowie die Rückkehr zu einem Gleichgewicht gewährleistet.

Der Verhaltensweise der Anpassung und der ultrastabilen Struktur liegt ein umfassendes kommunikatives Netzwerk zugrunde. Zellen des Immunsystems sind in der Lage, Beziehungen kommunikativer Art untereinander einzugehen. Das Kommunikationskonstrukt des Immunsystems ermöglicht es, alle Immunzellen in eine Immunantwort mit einzubeziehen und bildet damit das Fundament jeglichen Verhaltens. Erst diese Übertragung von Informationen bezüglich im Körper befindlicher Pathogene ermöglicht die Auslösung von entsprechenden Gegenmaßnahmen. Die Intensität dieser Verknüpfungen kann dabei unterschiedliche Ausmaße annehmen. Innerhalb von Ad-hoc-Netzwerken, die sich im Rahmen einer Immunreaktion bilden, sind Interaktionen zwischen Immunzellen, die bezüglich einer vorliegenden Infektion essenzielle Aufgaben übernehmen, stärker ausgeprägt.

3.4 Das Immunsystem als resilientes System

3.4.1 Die Eigenschaft der Resilienz

Das Immunsystem als resilientes System zu bezeichnen, impliziert nach dem hiesigen Begriffsverständnis, dass es in der Lage ist, im Fall unvorhergesehener Störungen seine Struktur sowie Funktionalität und somit seine derzeitige Identität zu wahren, Erschütterungen zu absorbieren und zu einem Gleichgewichtszustand schnellstmöglich zurückkehren. Hierfür bedarf das Immunsystem der Fähigkeit der Selbstorganisation, der Anpassungsfähigkeit und der Fähigkeit des Lernens. Resiliente Systeme können Krisen und die hierdurch verursachten temporären Instabilitäten zwar nicht verhindern, sie kehren jedoch zeitnah in einen Gleichgewichtszustand zurück.

Aus einer kybernetischen Betrachtungsweise wurde aufgezeigt, dass diese Fähigkeiten auf das Immunsystem zutreffen. Nach Eintritt einer Erschütterung in Form von Krankheitserregern sind die Mechanismen des angeborenen Immunsystems dafür verantwortlich, dass das System in erster Instanz seine Struktur und Funktionalität bewahrt, indem die Störungen abgefedert werden. Die ultrastabile Struktur, mit dem adaptiven Immunsystem als ultrastabilen Controller, ermöglicht fortan die Anpassung des Systems an die unvorhergesehenen Umweltzustände und die selbstregulierte Rückführung in ein stabiles Gleichgewicht. Die Wahrung dieses Zustandes, speziell gegenüber unvorhergesehenen Ereignissen, hebt Beer als einen der bedeutendsten Vorteile der Regelung und der Rückkopplung hervor.[475] Ferner betonen Gomez, Malik und Oeller, dass adaptives Verhalten nur von Systemen mit einer ultrastabilen Struktur geleistet werden kann.[476] Die Mechanismen des angeborenen Immunsystems und damit die Fähigkeit der Absorption werden mithilfe der Fähigkeit zu lernen in Form des immunologischen Gedächtnisses unentwegt weiterentwickelt. Durch die Vergrößerung des Repertoires spezifischer Korrekturmaßnahmen kann eine immer größer werdende Bandbreite an Erregern bereits durch den initial aktiven Servomechanismus erfolgreich bekämpft werden.

Im Folgenden wird diskutiert, inwieweit sich die notwendigen Resilienztreiber (1) Redundanz, (2) Bricolage, (3) Kollaboration und (4) Selbstorganisation innerhalb des Immunsystems manifestieren. Ziel ist es, neben der kybernetischen Argumentation die Erkenntnisse der Resilienzforschung zu verwenden, um die Aussage „das Immunsystem ist ein resilientes System" zu bekräftigen.

3.4.2 Resilienztreiber des Immunsystems

3.4.2.1 Redundanz

Die Redundanz im Sinne von „slack resources" beschreibt die Existenz von ungebundenen Ressourcen innerhalb eines Systems. Sie stehen zur freien Verfügung und können demnach flexibel eingesetzt werden, sobald Engpässe bei Prozessen auftreten. Im Falle einer Infektion garantieren sie, dass ausreichend viele Immunzellen für die Bekämpfung von Pathogenen vorhanden sind. Innerhalb des Immunsystems kann diese Redundanz an drei Aspekten ausgemacht werden.

(a) Im ruhenden Zustand zirkulieren in der Blutbahn des menschlichen Organismus unentwegt Granulozyten, Monozyten und NK-Zellen sowie in den sekundären lymphatischen Organen T- und B-Zellen. Die Funktionalität dieser Zellen ist dabei stark eingeschränkt und wird erst mit der Auslösung einer Entzündungsreaktion aktiv. Die Zirkulation der Zellen durch den menschlichen Körper minimiert die Zeit, die die Zellen für die Einschwemmung in einen bestimmten Infektionsherd benötigen. Engpässe bei der Versorgung mit notwendigen Ressourcen in der Peripherie werden so weitestgehend vermieden.

(b) Eine Aktivierung des Immunsystems geht immer mit einer Erhöhung der Produktion von neuen Immunzellen in den primären lymphatischen Organen einher. Während einer Entzün-

---

[475] Vgl. Beer 1959, S. 46.
[476] Vgl. Gomez et al. 1975, S. 824.

dungsreaktion werden neben den proinflammatorischen und krankheitserregertypischen Botenstoffen auch spezielle Wachstumshormone wie beispielsweise das Zytokin GM-CSF[477] freigesetzt. Auf diese Weise ist für einen kontinuierlichen Fluss an neuen Immunzellen gesorgt. Dabei werden speziell Zellen mit einer kurzen Lebensdauer wie Granulozyten produziert, die während einer Entzündungsreaktion einer hohen Fluktuation unterliegen. Dieser Sachverhalt beschreibt keine ungebundenen Ressourcen, wie sie in der Theorie beschrieben werden. Dennoch besitzt das Immunsystem hierdurch Potenziale, um in kürzester Zeit notwendige Ressourcen für die Krisenbewältigung zur Verfügung zu stellen.

(c) Ein weiterer Aspekt der Redundanz ist das Verhalten von im Gewebe befindlichen Zellen. Dendritische Zellen, Makrophagen und Mastzellen patrouillieren ununterbrochen durch den menschlichen Organismus und führen Soll-Ist-Abgleiche durch, um Störungen frühestmöglich zu identifizieren. Hierbei rufen sie nicht ihr volles Leistungsvermögen ab. Dies ermöglicht den Zellen, energieeffizient zu agieren und gleichzeitig im Falle einer Infektion ihr Leistungspotenzial und ihre Reserven voll auszuschöpfen.

3.4.2.2 Bricolage

Eine vollständige Immunantwort besitzt einen kaskadenartigen Charakter. Auf diese Weise kann das Immunsystem die vollständige Komplexität der Pathogene erfassen, ohne Gefahr zu laufen, aufgrund verspäteter Korrekturmaßnahmen die Stabilität zu verlieren. In einer ersten Stufe entschleunigt das angeborene Immunsystem mit seinen fixen Routinen die Krise, indem die Erreger in ihrer quantitativen und räumlichen Ausbreitung gehemmt werden. In einer zweiten Stufe entwickelt das adaptive Immunsystem eine spezifische Reaktion, die in der Lage ist, den Erreger erfolgreich zu bekämpfen. Dabei werden keine zwei voneinander unabhängigen Reaktionen entwickelt, vielmehr modifiziert eine adaptive Immunantwort mithilfe aktivierter T- und B-Zellen die unspezifischen Mechanismen des angeborenen Immunsystems, sodass die angepassten Routinen effektiv gegen einen spezifischen Erreger einsetzbar sind: T_H-Zellen nehmen direkten Kontakt zu Zellen des angeborenen Immunsystems auf und unterstützen sie fortan bei der Bekämpfung. Antikörper neutralisieren und opsonieren Erreger, wodurch sie die Zerstörung des Pathogens durch Makrophagen oder Granulozyten forcieren. In diesem Prozess der Lösungsfindung zeigt sich die Fähigkeit der Bricolage des Immunsystems. Als operational geschlossenes System greift es auf im System vorhandene Ressourcen und Wissen zurück, ohne auf die Zuführung externer Inputs angewiesen zu sein. Ferner besitzt das

[477] Vgl. Murphy et al. 2014, S. 69. Granulozyten-Makrophagen-Kolonie-stimulierender Faktor (granulocyte-macrophage colony-stimulating factor, kurz GM-CSF).

Immunsystem die Fähigkeit, Ressourcen und Wissen in neuen, zuvor unbekannten Kontexten einzusetzen.

3.4.2.3 Kollaboration

Das Merkmal der Kollaboration beschreibt die Existenz von kommunikativen Netzwerken innerhalb eines Systems, das die Zusammenführung von Ressourcen und Wissen sicherstellt. Es werden damit die Rahmenbedingungen zur Entwicklung eines Lösungsansatzes geschaffen. Das Immunsystem stellt ein kommunikatives Netzwerk dar, in dem zwischen allen Zellen Beziehungen aufgebaut werden können. Des Weiteren werden die Wechselbeziehungen zwischen erfolgskritischen Variablen durch die Bildung von Ad-hoc-Netzwerken weiter intensiviert, um die Zusammenarbeit effizienter zu gestalten. In einem solchen Netzwerk versammeln sich diejenigen Zelltypen, die für die Bekämpfung eines spezifischen Pathogens essenziell sind. Makrophagen, neutrophile Granulozyten, dendritische Zellen, T_H17-Zellen und B-Zellen mit ihren Immunglobulinen bilden beispielsweise ein solches Netzwerk bei einer Erkrankung durch extrazelluläre Bakterien. Interaktionen zwischen den einzelnen Elementen, unabhängig von den Ad-hoc-Netzwerken, sind nicht von einer starren Hierarchie geprägt, vielmehr sind Weisungsrechte und Verantwortungen im Sinne einer Heterarchie verteilt, sodass jedes Element lenkend agieren kann. Jede Zelle besitzt zelltypabhängige Kompetenzen, die für eine bestimmte Funktion bei einer Immunantwort essenziell sind. Innerhalb dieser Aufgabenbereiche besitzen sie Weisungsrechte und können anderen Zellen Anweisungen erteilen, indem sie entsprechende Informationen kommunizieren. Es besteht beispielsweise kein Unterschied, ob eine Mastzelle, ein Makrophage oder eine dendritische Zelle einen Soll-Ist-Abgleich detektiert und infolgedessen Gegenmaßnahmen initiiert. Entscheidend ist alleine der Besitz von relevantem Wissen und Ressourcen. Durch das Merkmal der Kollaboration gelingt es dem Immunsystem, auf der einen Seite alle Immunzellen miteinander zu verknüpfen und zu koordinieren und auf der anderen Seite punktuell die wesentlichen Faktoren zu zentrieren, um so die Krisenbewältigung zu forcieren.

3.4.2.4 Selbstorganisation

Das Immunsystem als kybernetisches System mit seiner ultrastabilen Struktur und den Verhaltensweisen der Regelung und Anpassung ist in der Lage, die eigene Struktur zu bewahren und sie gegenüber externen Erschütterungen zu verteidigen. Das Auftreten von Schocks, die das System aus dem Gleichgewicht bringen, kann durch die selbstorganisierenden Maßnahmen des angeborenen und des adaptiven Immunsystems ausgeglichen werden. Mit der enormen Eigenvarietät[478], der relativen Geschlossenheit[479], der „redundancy of potential command“[480] und der Autonomie[481] besitzt das Immunsystem alle notwendigen Eigenschaften eines selbstorganisierenden Systems.

3.5 Implikationen für einen Transfer

Über den Zeitraum von mehreren Millionen Jahren hat sich das Immunsystem als äußerst resilientes System bewährt. Mithilfe seiner Abwehrmechanismen ist es in der Lage, unvorhersehbare Krisen infolge von Krankheitserregern zu widerstehen, seine Identität zu wahren und fortwährend selbstorganisierend in einen angepassten Gleichgewichtszustand zurückzukehren.

In dem zurückliegenden Kapitel wurde das Immunsystem mithilfe der neutralen wissenschaftlichen Meta-Sprache der allgemeinen Systemtheorie in ein homomorphes Modell „übersetzt".[482] Ausgangspunkt war die Beschreibung des Immunsystems als konzeptionelles Modell, basierend auf der subjektiven Wahrnehmung eines Beobachters.[483] Daran anschließend erfolgten Explikationen zur homomorphen Transformation des menschlichen Immunsystems und dessen Darstellung als System im Sinne der allgemeinen Systemtheorie. Hierdurch präsentiert sich das Immunsystem als eine Ganzheit mit gewissen Eigenschaften (relativ geschlossen, dynamisch, zielorientiert, äußerst komplex und probabilistisch), das aus unterschiedlichen Sub-Systemen (angeborenes und adaptives Immunsystem) und Elementen (Makrophagen, Mastzellen, dendritische Zellen, T- sowie B-Zellen usw.) besteht und dessen Verhalten – das auf der Übertragung von Kommunikation, genauer gesagt von Informationen (Botenstoffe) basiert – auf die Erhaltung der Stabilität ausgerichtet ist. Dieses homomorphe Modell ist isomorph mit dem Modell eines Unternehmens als produktives soziales System nach Ulrich.[484] Hierdurch ist es möglich, beide Modelle aufeinander abzubilden, wodurch sich ein wissenschaftliches Modell nach Beer ergibt.[485] Diese Übereinstimmungen ermöglichen – basierend auf der „identity itself“[486] – die Übertragung der hier zusammengefassten

---

478 Vgl. Abschnitt 3.2.4.4.

479 Vgl. Abschnitt 3.2.4.1 sowie Abschnitt 3.3.2.2.

480 Vgl. Abschnitt 3.3.2.1 sowie Abschnitt 3.3.3.2.

481 Diese liegt in der relativen Geschlossenheit des Immunsystems begründet (vgl. Abschnitt 3.2.4.1 und Abschnitt 3.3.2.2).

482 Vgl. Abschnitt 3.2.

483 Vgl. Abschnitt 3.1.

484 Ulrich beschreibt in seinem Werk das Unternehmen als ein relativ geschlossenes, dynamisches, zielorientiertes, äußerst komplexes und probabilistisches System, das aus Sub-Systemen und Elementen (Anlagen, Menschen, Materialien usw.) besteht. Ferner ist das Verhalten darauf ausgerichtet, dass das System seine Stabilität bewahrt und dass das Verhalten Resultat eines Vorgangs der Kommunikationsübermittlung ist (vgl. Ulrich 1970, S. 153 ff.). Für eine detaillierte Ausführung bezüglich einer Unternehmung als produktives, soziales System sei an dieser Stelle auf Ulrich 1970 verwiesen.

485 Vgl. Abschnitt 1.2.3.

486 Vgl. Abschnitt 1.2.3 sowie Beer 1966, S. 112.

abstrakten Erkenntnisse bezüglich der Meta-Prinzipien der (Ablauf-)Struktur sowie der Funktionsweise des Immunsystems auf das isomorphe Modell einer Unternehmung.

Die Betrachtung des Immunsystems aus einer systemtheoretischen und kybernetischen Perspektive hat dabei Folgendes aufgezeigt: Zum einen bedarf ein resilientes System der Merkmale der Redundanz, Bricolage, Kollaboration und Selbstorganisation. Zum anderen sind die Meta-Prinzipien der Funktionsweise und Mechanik der Kybernetik in dem Immunsystem zu beobachten. Die generische Mechanik beruht auf der ultrastabilen Struktur, der Meta-Routine „angeborenes Immunsystem", die dem Servomechanismus entspricht, und der Meta-Routine „adaptives Immunsystem", die dem ultrastabilen Controller entspricht.

Die größte Herausforderung für das Immunsystem besteht zum einen in der Notwendigkeit der Einhaltung des Eigenvarietätstheorems, um der großen Varietät an Krankheitserregern gerecht werden zu können, und zum anderen in dem gleichzeitigen Ausschließen von Instabilitäten des Systems, die auf verspätete Korrekturmaßnahmen zurückzuführen sind. Dieser Herausforderung begegnet das Immunsystem mit der kaskadenartigen Verknüpfung der beiden Meta-Routinen. Es macht sich zunutze, dass „[i]n einer Hierarchie von Lenkungssystemen [..] die Systeme der tieferen Ebene die schnellere Reaktionsfähigkeit auf Störungen als [die] höhere Ebene [haben]; dies stellt eine grundlegende Forderung der Stabilität dar."[487]

(1) Die Meta-Routine des angeborenen Immunsystems beschreibt, unter welchen Umständen in der frühen Phase einer Krise dezentral und heterarchisch entschleunigende komplexitätsreduzierende Maßnahmen ausgelöst werden. Die durch die fixe Entscheidungsregel ausgelösten Routinen sind dabei als nicht-invasiv und hoch sensitiv zu charakterisieren. Im Rahmen dieser Maßnahmen nimmt die Entscheidungsinstanz quantitative Veränderungen an den lenkungskritischen Variablen vor. So soll eine lokale Eindämmung der Krise sichergestellt werden, ohne dabei Kollateralschäden zu verursachen. Die Sensitivität trägt dafür Sorge, dass jedes noch so kleine Anzeichen für eine Abweichung erkannt wird und entsprechende Gegenmaßnahmen in die Wege geleitet werden. Diese hohe Empfindsamkeit geht jedoch auf Kosten von potenziellen Übermittlungs- und Verarbeitungsfehlern, da aufgrund der Notwendigkeit einer unverzüglichen Immunreaktion nur begrenzte Rückkopplungsmechanismen für die Gegensteuerung im Fall technischer oder semantischer Störungen in der Kommunikation installiert sind. Somit werden mögliche Fehlalarme und fälschlicherweise aktivierte Maßnahmen in Kauf genommen. Diese verursachen aufgrund ihrer Nicht-Invasivität jedoch keine oder nur geringe Folgeschäden. Hinzukommt, dass Regelungsmechanismen die aktivierten Maßnahmen in solch einer Situation unverzüglich wieder herunterregulieren,

[487] Probst 1981, S. 266.

(2) Die Meta-Routine des adaptiven Immunsystems determiniert, auf welche Weise antigenspezifische Immunantworten entwickelt und so Modifizierungen an den Routinen des angeborenen Immunsystems vorgenommen werden. Dabei nähert sich das Immunsystem nach der Trial-and-Error-Methode der Spezifität eines Erregers an und besitzt demnach nicht den Anspruch, eine idealtypische Lösung zu entwickeln. Bei der Auslösung des adaptiven Immunsystems werden alle Immunzellen, deren Spezifität mit der des Pathogens zu einem gewissen Grad übereinstimmt, zur Proliferation angeregt. Im Laufe dieses Vorganges konkurrieren fortan die Zellen und ihre Klone mittels ihrer Spezifikation untereinander um Überlebenssignale, wodurch eine Selektion stattfindet, an deren Ende die spezifischste adaptive Immunantwort steht. Die Modifizierungen durch den komplexitätsbewältigenden Lösungsansatz sind invasiv und hoch sensibel. Sie verändern das vorliegende Regelsystem qualitativ, indem Handlungen und Strukturen spezifisch an die vorliegende Problematik angepasst und auf diese Weise die Ursachen einer Krise eliminiert werden. Bei diesem Schritt sollten jegliche Kollateralschäden weitestgehend minimiert werden, sodass die Meta-Routine eine hohe Sensibilität aufweist. Durch zahlreiche Rückkopplungsmechanismen in der Kommunikation und bei der Erarbeitung spezifischer Reaktionen kann der Einfluss von Übermittlungs- oder Verarbeitungsfehlern reduziert werden. Ein weiterer entscheidender Faktor für die Wahrung der Überlebensfähigkeit ist die kontinuierliche Erweiterung der Entscheidungsinstanz des Servomechanismus im Rahmen des immunologischen Gedächtnisses. Die Lenkungsinstanz ist damit in der Lage, in der frühen Phase einer Krise parallel zu der Auslösung angeborener Reaktionen auf immer mehr komplexitätsbewältigende, antigenspezifische Routinen zurückzugreifen, ohne dass eine Rückkopplung zweiter Ordnung und der damit verbundene zeitliche Mehraufwand notwendig sind.

In der neutralen wissenschaftlichen Sprache der Kybernetik lassen sich die konstruierten Erkenntnisse wie in Abbildung 19 veranschaulichen. Für den folgenden Entwurf eines Transfers dient die Darstellung als visualisierter Bezugsrahmen. Ziel dieses Transfers ist es, die Skizze resilienter Verhaltensweisen, welche die Idee der kaskadenartigen Verknüpfung von anpassungsfähigen komplexitätsreduzierenden Meta-Routinen und komplexitätsbewältigenden Meta-Routinen impliziert, auf eine Unternehmung als produktives soziales System zu übertragen.

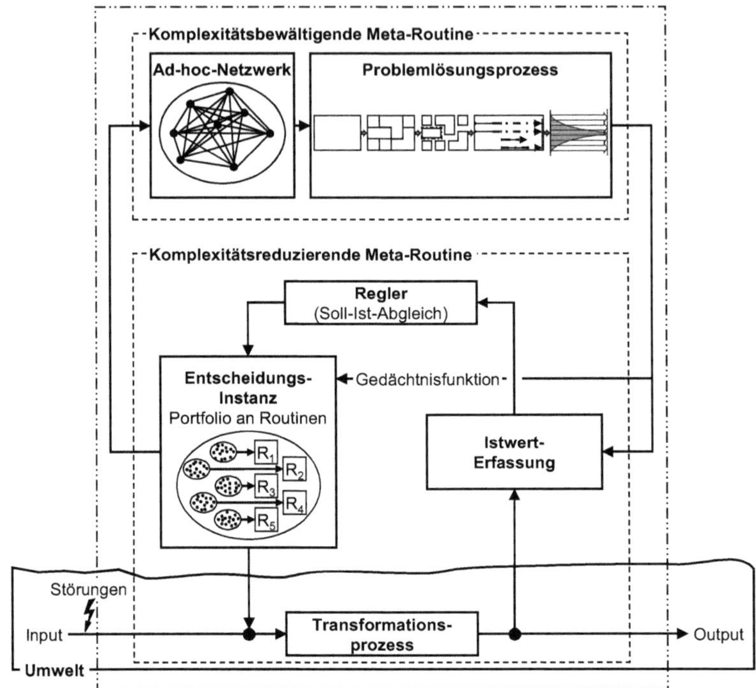

Abbildung 19: Skizze resilienter Verhaltensmuster[488]

[488] Quelle: eigene Darstellung.

Teil IV: Entwurf eines Transfers zur Gestaltung resilienter Organisationen

4.1 Über die Notwendigkeit resilienter Verhaltensmuster

Unternehmungen bewegen sich in einer äußerst komplexen und unsicheren Welt. In dieser stößt die von den Führungsriegen gelebte Prämisse des Steuerns als oberstes Lenkungsinstrument an ihre Grenzen. Störungen können nicht gänzlich vorhergesehen und neutralisiert werden. Als Folge gelangen Unternehmen in immer unruhigere Fahrwasser, die geprägt sind von permanenten Change- und Krisensituationen. Im Angesicht der Krise und des damit einhergehenden Zeitdrucks verfallen Manager oftmals in reflexartige Verhaltensmuster. Wüthrich umschreibt diese wie folgt.

> „Ein Handeln unter Zeit- und Konformitätsdruck provoziert ein geradezu reflexartiges Managementverhalten. Der Kapitän muss auf die Brücke, und die Botschaft lautet: Zügel anziehen und top down eingreifen. [...] Der Rückgriff auf bewährte Muster und Lösungen drängt sich auf. Zu tun ist, was Shareholder und Analysten erwarten: Pragmatische und rasch ergebniswirksame Lösungen realisieren. Die Überzeugung und spürbare Verpflichtung veranlasst die Topmanager, die Verantwortung ausschliesslich [sic!] selbst zu tragen. Für eine Involvierung der Direktbetroffenen fehlt die Zeit. Systeme werden misstrauensorientiert ausgelegt und zusätzliche Kontrollen eingeführt. Das als Folge dieser Reaktionsmuster erlebte Führungsverhalten prägt, verstetigt und verselbstständigt die reale Unternehmenskultur. Diese wiederum bildet den Operator, durch den neue Krisensituationen beurteilt werden. Die Wahrscheinlichkeit, dass dabei die beschriebenen Automatismen erneut zum Tragen kommen und sich die aufgezeigte Spirale weiter dreht, ist gross [sic!].“[489]

Diese bezeichneten Muster dienen den Führungskräften als sicherer Hafen in kritischen Zeiten und „[..] erschein[en] umso reizvoller und fordernder, je mehr [..] das sichere Gefühl der Beherrschbarkeit abhanden kommt.“[490]

Vergleichbare Verhaltensweisen lassen sich nach Berichten des manager magazins[491], der Süddeutschen Zeitung[492] und der Frankfurter Allgemeinen Zeitung[493] am Beispiel des Industriekonzerns Siemens AG seit Sommer 2012 beobachten. Ein Rückgang der Gewinnmargen und ein Wertverlust der Aktienkurse führten Siemens in eine Krise. Als Folge wurde der damalige CEO Löscher Ende Juli 2013 abgesetzt und Kaeser als sein Nachfolger berufen. Mit dem Ziel, das Unternehmen wieder zu stabilisieren, befanden Beobachter, dass er sich als

489 Wüthrich 2002, S. 18.
490 Wüthrich et al. 2009, S. 9.
491 Vgl. Maier 2014a, Maier 2014b, Maier 2015 sowie Klusmann und Maier 2016.
492 Vgl. Giesen 2015.
493 Vgl. Köhn 2016.

Alleinverantwortlicher für dieses Vorhaben positionierte und er in Verhaltensweisen verfiel, die dem von Wüthrich beschrieben Muster ähnelten. So schreibt das manager magazin, dass „[k]aum ein Chef eines Dax-Konzerns [..] je so schnell so viel Macht auf sich vereint [hat] wie Kaeser bei Siemens.“[494] Durch Restrukturierungen verankerte er immer mehr Entscheidungsbefugnisse in seine Funktion und in die seiner Vertrauten. Ferner wurden Führungsverantwortliche, denen Kaeser misstrauisch gegenüberstand, in ihren Zuständigkeitsbereichen beschnitten.[495] Mit Aussagen wie „Führung heißt am Ende auch, es besser zu wissen als alle anderen im Unternehmen.“[496] und „Ich gehe voran [...]“[497] erweckte Kaeser den Eindruck, dass sein Verständnis von Führung sich als „[...] Zügel anziehen und top down eingreifen“[498] beschreiben lässt. Weiter schreibt das manager magazin, dass Betroffene, wenn überhaupt, nur bedingt in Entscheidungen involviert wurden und die gelebte Führungskultur eine Atmosphäre der Angst und Resignation entwickelte, sodass Mitarbeiter davor zurückschreckten, ihre Meinung frei zu äußern.[499] Stattdessen wurden pragmatische Lösungen durch das Arbeiten im System zur Besänftigung der Shareholder angestoßen. Maßnahmen zur Stellenstreichung und Effizienzförderung von Prozessen ließen den Aktienwert wieder steigen, was ihm den Rückhalt der Analysten gewährte.[500] Doch anfängliche Euphorie wich immer mehr der Skepsis. Die Fakten des Geschäftsjahres 2015/2016 wiesen zwar positive Entwicklungen auf, jedoch besaßen sie laut Analysten relativ wenig Aussagekraft über die tatsächlichen, bereinigten Ertragskräfte, sodass erneut Zweifel aufkamen und der Aktienkurs abermals fiel,[501] sodass „[...] sich die aufgezeigte Spirale weiter dreht[e] [..].“[502]

Der von Wüthrich beschriebene „Musterrückfall“ in kritischen Zeiten widerspricht den Prinzipien resilienter Verhaltensmuster: Weisungsbefugnisse sollten nicht top down, sondern im Sinne einer Heterarchie verteilt sein. Die Entwicklung eines Lösungsansatzes sollte aus Kollaborationen von Experten sowie Betroffenen heraus entstehen und darf kein Diktat oberer Führungsebenen sein. Jede neue Krise setzt das Hinterfragen altbewährter Handlungsstrategien voraus. Des Weiteren beschreiben die reflexartigen Verhaltensweisen eine Komplexitätsreduzierung, ohne zu berücksichtigen, dass die Komplexität an anderer Stelle wieder generiert werden sollte.[503] Zuletzt werden durch Spar- und Effizienzprogramme sowie die Einschränkung von Entfaltungsräumen von Mitarbeitern die vorherrschenden Redundanzen im Unternehmen signifikant reduziert. Ein Lösungsansatz hat unter diesen Umständen zumeist zur

---

494 Maier 2014b, S. 32.
495 Vgl. Maier 2014b, S. 30 ff. sowie Giesen 2015.
496 Maier 2014b, S. 38.
497 Klusmann und Maier 2016, S. 44.
498 Wüthrich 2002, S. 18.
499 Vgl. Maier 2015, S. 18.
500 Vgl. Maier 2014a, S. 24.
501 Vgl. Giesen 2015 sowie Köhn 2016.
502 Wüthrich 2002, S. 18.
503 Vgl. Probst 1981, S. 182.

Folge, dass vermeintliche korrektive Maßnahmen nicht zum Kern des Problems durchdringen und lediglich Symptome bekämpfen.

Folglich bedarf es des Bruchs mit den beschriebenen Mustern, um die Resilienzfähigkeit von Unternehmen zu steigern. Daraus darf nicht geschlussfolgert werden, dass reflexartiges, zeitnahes Handeln infolge unvorhersehbarer Krisen gänzlich auszuschließen ist. Ganz im Gegenteil: Die Theorie der Kybernetik[504] sowie die Literatur zur Resilienzforschung[505] weisen auf die Notwendigkeit von unverzüglichen Reaktionen hin. Hierbei können vor allem Routinen[506] als repetitive, erkennbare Muster interdependenter Aktivitäten, die von multiplen Akteuren ausgeführt werden,[507, 508] einen Mehrwert für Organisationen in komplexen unsicheren Situationen stiften. Sie unterstützen betroffene Individuen in ihrer Entscheidungsfindung[509], legitimieren Handlungen[510] und koordinieren Aktivitäten[511]. Auf diese Weise können Zeit und kognitive Ressourcen[512] in Krisensituationen eingespart werden.[513] Entscheidend ist, dass die Ausführung von Verhaltensmustern nicht unreflektiert anhand einer starren Prozessbeschreibung erfolgt.[514] Stattdessen wird ein bewusstes Handeln der Beteiligten vorausgesetzt, was dazu führt, dass Aktivitäten permanent hinterfragt und den Situationen entsprechend angepasst werden.

---

504 Vgl. Abschnitt 3.3.3.1.

505 Vgl. u. a. Bruneau et al. 2003, S. 738, Boin und McConnel 2007, S. 54 f. sowie Crichton et al. 2009, S. 32.

506 Organisationale Routinen nehmen eine wichtige Rolle in der Ausgestaltung von Organisationen ein und stiften entscheidende Mehrwerte. Becker hebt die Bedeutung von Routinen hervor und schreibt: „To understand routines is to understand organizations." (Becker 2008, S. 3) Sie beschreiben, auf welche Weise Unternehmen Aufgaben erledigen, und sind im unternehmerischen Alltag allgegenwärtig (vgl. Becker 2008, S. 3). Ein funktionierender Arbeitsfluss ist unter der Abwesenheit von Routinen nicht denkbar, da jede Handlung und jede Interaktion immer wieder auf ein Neues bewertet und koordiniert werden müsste.

507 Vgl. Feldman und Pentland 2003, S. 96.

508 Für eine ausführliche Übersicht über bisherige Forschungsarbeiten bezüglich organisationaler Routinen, ihrer Eigenschaften und ihres Einflusses auf sowie Bedeutung für Organisationen sei an dieser Stelle auf Becker 2004 verwiesen.

509 Vgl. Cohen und Bacdayan 1994, S. 555 sowie Becker und Knudsen 2005, S. 749 f. und die dort angeführte Literatur.

510 Vgl. Feldman und Pentland 2003, S. 106 und die dort angeführte Literatur sowie Grote et al. 2009, S. 18.

511 Vgl. Cohen und Bacdayan 1994, S. 555, Becker 2004, S. 654 f. und die dort angeführte Literatur sowie Kaiser und Kozica 2013, S. 15.

512 Vgl. Becker 2004, S. 656 f., Kaiser und Kozica 2013, S. 15 sowie Kozica et al. 2014, S. 335.

513 Für eine ausführliche literarische Review bezüglich der unterschiedlichen Merkmale von Routinen sei an dieser Stelle auf Becker 2004 sowie Federwoski 2009, S. 49 ff. und die jeweils dort aufgeführte Literatur verwiesen.

514 Routinen und ihre Auswirkungen sind nicht ausschließlich positiv konnotiert. Zum Teil haftet immer noch ein Stigma der Stagnation und der Unterdrückung von Innovation an ihnen (vgl. Feldman 2000, S. 612, Feldman 2003, S. 727 f., Feldman und Pentland 2003, S. 94, Becker 2004, S. 663, Howard-Grenville 2005, S. 618 sowie Kozica et al. 2014, S. 336). Diese Sichtweise ist in einem starren, unflexiblen Charakter von routinierten Verhaltensmustern, wie sie zuvor beschrieben wurden, begründet. Demselben Stimulus wird konstant dieselbe Handlungsstrategie zugewiesen, wodurch jegliche Veränderungen unterdrückt werden. Die Innovationskraft einer Unternehmung ist abhängig von den Potenzialen ihrer Mitarbeiter. Werden die Entfaltungsmöglichkeiten durch Routinen zu weit eingeschränkt, indem bestimmte Verhaltensweisen diktiert oder Mitarbeiter erst gar nicht involviert werden, hat dies einen negativen Einfluss auf die Innovationsfähigkeit der Organisationen. Ferner stellen eine unreflektierte Anwendung oder ein Transfer einer Routine unter sich ändernden Umständen gar eine Gefahr für die Organisation dar, da auf Situationen mit inadäquaten Maßnahmen reagiert wird (vgl. Gersick und Hackman 1990, S. 73, Cohen und Bacdayan 1994, S. 554 f. sowie Kaiser und Kozica 2013, S. 15).

In der Literatur der organisationalen Routineforschung sind im Zusammenhang mit der Bewältigung von Unsicherheiten zwei Vorgehensweisen verbreitet. Bei Situationen geringer Unsicherheit wird nahegelegt, die Komplexität mithilfe von Routinen, strikter Planung sowie darauffolgender Kontrolle der Umsetzung standardisierter Verhaltensmuster zu reduzieren. Bei Situationen hoher Unsicherheit[515] wird dagegen die Bewältigung von Unsicherheiten empfohlen. Die Reaktion beruht auf der Einhaltung des Eigenvarietätstheorems, wobei die Komplexität der Situation weitestgehend erhalten bleibt und die Entfaltung der Eigenvarietät zur Problemlösung gefördert wird.[516, 517] Der Vorteil komplexitätsreduzierender Routinen besteht u. a. in den mit ihnen verbundenen schnelleren Reaktionszeiten. Hierbei können jedoch Informationen verlorengehen, die essenziell für die Bestimmung von Ursachen sein können. Dieses Risiko besteht dagegen bei der Entwicklung eines Lösungsansatzes unter komplexen Umständen nicht. Durch die Erhaltung des Eigenvarietätstheorems bedarf es jedoch einer gewissen Vorlaufzeit, um adäquat zu reagieren. Bevor korrektive Maßnahmen ausgelöst werden können, muss eine Situation zuerst analysiert werden und sind entsprechende Handlungsstrategien zu entwickeln. Beansprucht dieser Vorgang einen zu großen Zeitrahmen, besteht aufgrund verspäteter korrektiver Maßnahmen die Gefahr der Instabilität. Es zeigt sich, dass jeweils die Stärke einer Verfahrensweise die Schwäche der Anderen ist. Daraus folgernd empfiehlt sich ein Ansatz des „Sowohl-als-auch“: Für die Bewältigung von unsicheren Situationen bedarf es sowohl komplexitätsreduzierender Routinen als auch der Einhaltung des Gesetzes der erforderlichen Vielfalt.[518]

Die hier angesprochene Problematik des Musterrückfalls bezieht sich nicht auf die prinzipielle Anwendung repetitiver Muster, sondern auf die fehlende Anpassungsfähigkeit dieser Verhaltensweisen. Anstatt Krisen mit starren, unreflektierten Routinen zu begegnen, bedarf es

---

515 Unsicherheit wird in dem vorliegenden Kontext u. a. in Abhängigkeit von der Analysierbarkeit und Vorhersehbarkeit der (Arbeits-)Situationen verstanden (vgl. u. a. Van de Ven et al. 1976, S. 323). Unter einer geringen Unsicherheit kann hier eine Situation gesehen werden, die sich durch den Begriff des Risikos nach Knight beschreiben lässt, eine Situation hoher Unsicherheit ist dagegen mit dem Begriff der Unsicherheit zu benennen (vgl. dazu Abschnitt 1.1).

516 Vgl. u. a. Van de Ven et al. 1976, Sitkin et al. 1994, Wall et al. 2002, Grote 2004 sowie Grote et al. 2009.

517 Neben den beiden Kategorien geringer und hoher Unsicherheit befassen sich Becker und Knudsen mit einem dritten Begriff: der „pervasive uncertainty“. Entgegen der Empfehlung, großer Unsicherheit mit großer Vielfalt zu begegnen, empfehlen die Autoren eine Abkehr von diesem Vorgehen und favorisieren stattdessen den Einsatz komplexitätsreduzierender Routinen. Dies begründen sie mit der Tatsache, dass eine Situation mit durchdringender Unsicherheit sich nicht durch die Gewinnung neuer Informationen bewältigen lässt (vgl. Becker und Knudsen 2005).

518 Einen solchen beschreiben u. a. Grote et al. (vgl. Grote 2004 sowie Grote et al. 2009). Ziel ihres Artikels ist die Schaffung von Rahmenbedingungen durch flexible Regeln, die eine Balance zwischen einerseits der Standardisierung von Abläufen zur Förderung der Effizienz und andererseits der Flexibilität zur Entfaltung von Varietät erlauben. Als Beispiel solcher Regeln werden Meta-Routinen angeführt, die beschreiben, inwieweit Routinen – genauer gesagt Regeln – als Koordinationsmechanismus zum Einsatz kommen. Das Prinzip hinter diesen Regeln basiert auf dem Konzept organisationaler Routinen von Feldman und Pentland (2003). Sie repräsentieren die ostensive Komponente und beschreiben, auf welche Weise Entscheidungen getroffen werden sollen, ohne die konkrete Ausgestaltung von Tätigkeiten zu diktieren. So wird ausreichend Raum für die Entfaltung von Varietät geschaffen, aber auch gleichzeitig Leitplanken gesetzt, zwischen denen sich Betroffene zu bewegen haben (vgl. Grote 2004, S. 269 f. sowie Grote et al. 2009, S. 21).

adaptiver Routinen, um die Resilienzfähigkeit von Unternehmen zu fördern. Je nach Situation und Grad der Unsicherheit sind sowohl komplexitätsreduzierende als auch komplexitätsbewältigende Routinen vonnöten, um die Überlebensfähigkeit einer Organisation zu wahren.

4.2 Eine Skizze resilienter Verhaltensmuster

Die Skizzierung des hier angestrebten Transfers ist eine vom Immunsystem inspirierte Beschreibung resilienter Verhaltensmuster, die mit alteingesessenen Denkschemata bricht, die oft in unsicheren und unübersichtlichen Situationen vorherrschen. Für jedes Unternehmen ist die Fähigkeit, effektiv mit Krisen umzugehen, unentbehrlich. Die dabei zu beobachtenden Verhaltensweisen stoßen jedoch an Grenzen, da sie die notwendige Anpassungsfähigkeit vermissen lassen. Mit der Darstellung eines organisationalen Handlungsrahmens rücken die Fähigkeit der Adaption im Umgang mit dem Unerwarteten und, damit verbunden, das Agieren im Krisenmanagement[519] in den Fokus. Die generische Mechanik basiert dabei auf der ultrastabilen Struktur, dem kaskadenartigen Zusammenspiel einer Meta-Routine für den Einsatz komplexitätsreduzierender Routinen und einer Meta-Routine für die Entwicklung sowie Implementierung komplexitätsbewältigender Routinen. Der hiesige Entwurf bezieht sich auf die abstrakten Regeln, Ablaufstrukturen und Prozessbeschreibungen für den Einsatz von Routinen und somit auf die ostensive Komponente einer Routine im Sinne der Dualität nach Feldman und Pentland.[520]

---

519 Nach Krystek ist es die Aufgabe des Krisenmanagements „[...] solche Prozesse zu bewältigen, die den Fortbestand der Unternehmung substantiell gefährden oder sogar unmöglich machen können. Dazu gehört auch die Milderung der destruktiven Wirkungen unabwendbarer Unternehmenskrisen." (Krystek 1981, S. 15, Hervorh. i. O. Vgl. dazu auch Krystek 1987, S. 89 f.) Autoren wie Krystek unterscheiden zudem zwischen einem aktiven und einem reaktiven Krisenmanagement. Die aktive Variante ist auf die Vermeidung von Krisen ausgerichtet, wohingegen das reaktive Krisenmanagement erst mit dem Eintreten einer Erschütterung einsetzt und das Bewältigen einer Krise zum Ziel hat (vgl. Krystek 1981, S. 61 ff., Krystek 1987, S. 106 ff. sowie Krystek und Moldenhauer 2007, S. 137 f.).

520 Nach der Auffassung von Feldman und Pentland bestehen Routinen aus zwei unterschiedlichen Aspekten: der ostensiven und performativen Komponente. Die erstgenannte repräsentiert die Struktur, die Regeln sowie die Prozessbeschreibungen und damit eine abstrakte Vorstellung der Ausgestaltung einer Routine. Die zweitgenannte beschreibt die konkrete formgebende Umsetzung dieser Idee durch ein Individuum in einer bestimmten Situation (vgl. Feldman und Pentland 2003, S. 101). Zwischen diesen beiden Komponenten besteht eine zirkuläre Interdependenz (vgl. Feldman und Pentland 2003, S. 102 f.), wie sie auch in der Kybernetik zwischen Verhalten und Struktur eines Systems beschrieben ist (vgl. Abschnitt 3.3.1). Die ostensive Komponente dient als Leitfaden und Orientierung für den Ausführenden. Sie beschreibt die Rahmenbedingungen, in denen sich das Verhalten entfalten kann. Die performative Komponente eröffnet durch permanentes Hinterfragen des eigenen Tuns des Protagonisten die Möglichkeiten konstanter Verfestigung, Variation und Selektion von Verhaltensmustern. Je nach Situation werden Maßnahmen in ihrer Funktionalität bestätigt, bei Fehlern oder Optimierungspotenzialen sowie Diskrepanzen zwischen Routine und Situation variiert oder komplett verworfen. Diese Vorgänge beeinflussen wiederum die ostensive Komponente, die bestätigt oder entsprechend geändert wird (vgl. Feldman und Pentland 2003, S. 105 ff.). In dieser Zirkularität liegt die Wandlungsfähigkeit und Flexibilität von Routinen und folglich auch von Unternehmen begründet. Diese Dualität wurde nachträglich um eine dritte Komponente, die Artefakte, erweitert (vgl. Pentland und Feldman 2005, S. 795 f. und S. 797). Sie sind in Form von beispielsweise niedergeschriebenen Regeln oder Technologien Manifestationen einer organisationalen Routine (vgl. Pentland und Feldman 2005, S. 797). Inwieweit diese Artefakte Einfluss auf das Handeln einzelner Akteure nehmen können, ist jedoch noch nicht abschließend geklärt (vgl. u. a. Kozica und Kaiser 2015, S. 41). Aufgrund des methodologischen Vorgehens dieser Arbeit liegt der Fokus auf der

Der erste Teil dieses Abschnittes befasst sich mit der komplexitätsreduzierenden Meta-Routine sowie der Ausgestaltung eines Portfolios korrektiver Maßnahmen. Daran anschließend werden die komplexitätsbewältigende Meta-Routine, die Abläufe während der Entwicklung einer komplexitätsbewältigenden Reaktion sowie die Erweiterung des Portfolios an komplexitätsreduzierenden Routinen in Anlehnung an das immunologische Gedächtnis beschrieben. Aufbauend auf dieser Ausführung erfolgt ein Vergleich der hier skizzierten resilienten Verhaltensmuster mit der agilen Form des Projektmanagements. Abschließend wird die Tragweite der Integration solcher resilienter Verhaltensmuster thematisiert. Diese Ausführung soll dabei keine konkreten Handlungsempfehlungen für die Operationalisierung der aufgeführten Erkenntnisse postulieren. Vielmehr empfiehlt es sich, dieses Kapitel als eine Inspirationsquelle für alternative Denkweisen im Hinblick auf Krisenbewältigungsprozesse sowie für die Verwendung von komplexitätsreduzierenden und -bewältigenden Routinen zu verstehen.

4.2.1 Resiliente Verhaltensmuster als Instrument zur Krisenbewältigung

Der Skizze resilienter Verhaltensmuster (vgl. Abbildung 19) folgend, lässt sich der Krisenbewältigungsprozess vereinfacht in vier Phasen darstellen (vgl. Abbildung 20).[521]

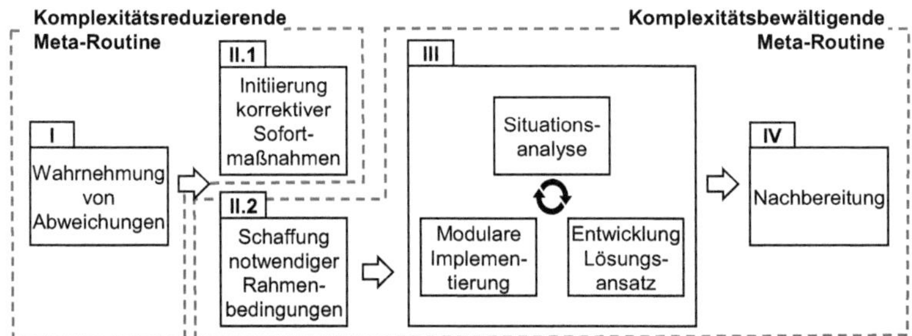

Abbildung 20: Resiliente Verhaltensmuster als Krisenbewältigungsprozess[522]

Als Auslöser des Prozesses muss eine Krise zunächst als solche erkannt werden. Ausgangspunkt ist damit die Wahrnehmung von Abweichungen.[523] Der Detektion erster Anzeichen

ostensiven Komponente. Wegen der sich signifikant unterscheidenden Objektsprachen, der homomorphen Transformationen und der Abstraktionen der Aufbau- und Ablaufstrukturen werden keine Rückschlüsse auf individuelle Akteure oder Manifestierungen von Routinen gezogen.

521 Klassische Krisenmanagementprozesse werden in der Literatur zumeist als sieben- oder neunstufige sequenzielle Verfahren beschrieben. So unterteilt Müller (1986, S. 317 ff.) das Vorgehen in neun, Böckenförde (1996, S. 52 ff.) in sieben und Krystek und Moldenhauer (2007, S. 141 ff.) ebenfalls in sieben aufeinanderfolgende Phasen. Dabei stimmt der Grundgedanke der hier beispielhaft erwähnten Modelle überein: Die Krise wird erkannt, grob analysiert, Sofortmaßnahmen werden initiiert, eine Detailanalyse wird durchgeführt, um darauf aufbauend ein Lösungskonzept zu entwickeln. Dieses wird implementiert und im Nachgang auf seine Effektivität kontrolliert.

522 Quelle: eigene Darstellung.

523 Diese Phase entspricht den Lenkungselementen der Ist-Erfassung und des Reglers in Abbildung 19.

schließt sich die zweite Phase an. Zeitgleich erfolgt die Initiierung korrektiver Sofortmaßnahmen (Phase II.1)[524] sowie die Schaffung notwendiger Rahmenbedingungen (Phase II.2)[525] für die Entwicklung eines komplexitätsbewältigenden Lösungsansatzes. Phase III dient der Problemlösung und der Krisenbewältigung im engen Sinne.[526] Die Vorgehensweise gestaltet sich als iterativer, tentativer Vorgang, in dem die Situationsanalyse und die Entwicklung von Lösungsansätzen zeitlich nicht eindeutig voneinander abzugrenzen sind. Ferner erfolgt die Implementierung eines Lösungsansatzes modular. Diese Phase wird so lange aufrechterhalten, bis die Krise nachhaltig beseitigt ist. Im Anschluss an eine erfolgreiche Krisenbewältigung sind im Rahmen der vierten Phase, der Nachbereitung[527], Erfahrungen innerhalb der resilienten Verhaltensmuster einzubetten und bestehende Handlungsstrategien zu reflektieren. Die Phasen I und II.1 sind der komplexitätsreduzierenden Meta-Routine und die Phasen II.2, III sowie IV der komplexitätsbewältigenden Meta-Routine zuzuordnen.

Der Aufbau der nachfolgenden Präsentation der Skizze resilienter Verhaltensmuster erfolgt in Anlehnung an die beschriebene Untergliederung in fünf Abschnitte.

4.2.1.1 Die komplexitätsreduzierende Meta-Routine

Unternehmen bewegen sich in einem unsicheren Umfeld. Die Sicherung der Überlebensfähigkeit ist erschwert, wenn zukünftige Entwicklungen nur bedingt vorhergesehen werden können.[528] Da es für Unternehmen essenziell ist, ihre Handlungsfähigkeit zu wahren, ist die Stabilisierung des betrieblichen Ablaufes nach unerwarteten Störungen das primäre Ziel des Krisenmanagements innerhalb der initialen Phase, um daran anschließend die Neuausrichtung der Organisation zu bewerkstelligen.[529]

Eine komplexitätsreduzierende Meta-Routine nach dem Vorbild des Immunsystems (vgl. Abbildung 21) übernimmt eben jene stabilisierenden Funktionen. Sie beschreibt den Prozess

[524] Diese Phase entspricht dem Lenkungselement der Entscheidungsinstanz inklusive der fixierten Entscheidungsregel, genauer gesagt: dem Portfolio an Routinen in Abbildung 19.

[525] Diese Phase entspricht dem Ad-hoc-Netzwerk in Abbildung 19.

[526] Diese Phase entspricht dem Problemlösungsprozess in Abbildung 19.

[527] Diese Phase entspricht der Gedächtnisfunktion in Abbildung 19.

[528] In der Literatur des Krisenmanagements wird neben der Krisenbewältigung die Thematik der Krisenprävention behandelt. Ziel ist es, potenzielle Problemsituationen zu lösen, noch bevor sie als Krise Einfluss auf das Unternehmen nehmen können (vgl. u. a. Müller 1986, S. 15, Krystek 1987, S. 121 ff. sowie Schreyögg 2004, S. 31 ff.). Diese Verhaltensweise entspricht der kybernetischen Steuerung. Zwar ist es von Vorteil, Störungen zu neutralisieren, bevor sie den Transformationsprozess beeinflussen können. Jedoch ist diese Verhaltensweise lediglich in einem Umfeld absoluter Informiertheit und im Rahmen eines deterministischen Systems möglich (vgl. Krieg 1971, S. 73). Diese Bedingungen sind aufgrund der Komplexität der Umwelt hier nicht gegeben, sodass die Steuerung als alleiniges Lenkungsinstrument auszuschließen ist.

[529] Schreyögg spricht von den operativen Maßnahmen, die charakterisiert sind durch „[...] rasch wirksame[] Eingriffe, um die drohende Gefahr abzuwenden oder den eingetretenen Schaden abzumildern" (Schreyögg 2004, S. 28), und von strukturellen Maßnahmen, die im Anschluss an eine systemische Analyse der Krisenursachen zur Behebung der strukturellen Probleme beitragen sollen (vgl. Schreyögg 2004, S. 28 ff. sowie Schreyögg und Ostermann 2013, S. 128).

und die Regeln für die Überwachung einer bestimmten Situation und skizziert Prinzipien, nach denen eine unverzügliche Auslösung nicht-invasiver, komplexitätsreduzierender Routinen zur Eindämmung einer Krise erfolgt. Sie koordiniert dabei die ablaufenden Aktivitäten und bietet damit den Betroffenen einen Bezugsrahmen für den Umgang mit unsicheren, komplexen Situationen.

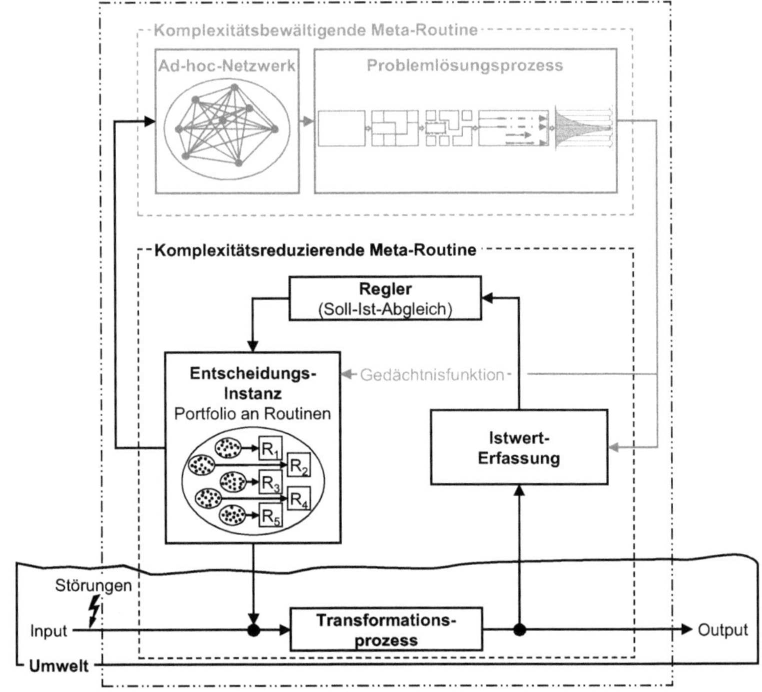

Abbildung 21: Komplexitätsreduzierende Meta-Routine[530]

4.2.1.1.1 Wahrnehmung von Abweichungen

Eine effektive Krisenbewältigung erfordert zunächst, dass eine Störung als solche wahrgenommen wird. Die Erfassung der Krise ist somit zwingende Voraussetzung für die Auslösung des Bewältigungsprozesses, denn *„[d]ie bewußte* [sic!] *und möglichst frühzeitige Identifizierung der Krise bildet* [..] *die erste wichtige Vorbedingung für erfolgreiches Krisenmanagement“*[531] und hat entscheidenden Einfluss auf den Erfolg.[532] Erst nach erfolgreicher Detektion

530 Quelle: eigene Darstellung.
531 Müller 1986, S. 321, Hervorh. i. O.
532 Vgl. Krystek 1987, S. 91, Penrose 2000, S. 157, Krystek 2002, S. 114, Schreyögg 2004, S. 27 sowie Krystek und Moldenhauer 2007, S. 142.

einer Krisensituation können notwendige initiale Schritte eingeleitet werden, die kleinere Störungen beseitigen und größere Erschütterungen in ihrer Ausbreitung bremsen.

Inspiriert durch das angeborene Immunsystem, für das es keine Rolle spielt, welche im Gewebe befindliche Zelle eine Entzündungsreaktion auslöst, sollte ein Unternehmen für eine effektive Krisenbewältigung derart gestaltet sein, dass alle Mitarbeiter dazu befähigt sind, jederzeit Krisen innerhalb ihres relevanten Umfeldes zu detektieren und unverzüglich korrektive Maßnahmen einzuleiten.[533] Eine zu kontrollierende Situation kann dabei beispielsweise ein klassischer Produktionsprozess sein, ein betrieblicher Ablauf in einer Marketingabteilung oder auch die Konzeptualisierung einer Konzernstrategie durch ein Projektteam sein. Dieser Grundgedanke geht einher mit der „redudancy of potential command" und entspricht der Idee von Heterarchie. Klassische Hierarchien stellen dagegen Hemmnisse resilienter Verhaltensmuster dar, denn Aufgaben der jeweiligen Lenkungselemente werden in solch hierarchischen Organisationen zumeist separat an einzelne zentrale Organe verteilt.[534] Als Folge ist die Reaktionszeit relativ lang.[535] Dies zeigt sich beispielsweise im Krisenmanagement von Konzernen, die sich oftmals nicht schnell genug auf ein veränderndes Wettbewerbsumfeld einstellen können. Start-ups hingegen machen sich die meist vorherrschenden flachen Hierarchien und schnellen Reaktionszeiten zunutze und können trotz ihrer geringen Größe Konzerne oft unter erheblichen Druck setzen. Neben den zu langwierigen Entscheidungsprozessen bleiben in hierarchischen Unternehmen zudem häufig notwendiges Wissen und wichtige Informationen unberücksichtigt, da die eigentlichen Wissensträger in den Prozess nicht miteinbezogen werden.[536] In kritischen Situationen müssen jedoch Entscheidungen in kürzester Zeit und auf Basis bestmöglichsten Wissens und hochwertigster Informationen getroffen werden. Entgegen der in Unternehmen weitverbreiteten Norm, den Großteil der Entscheidungen und damit die Aktivierung von Maßnahmen in Krisensituationen auf höchster Ebene zu treffen, ist daher die Abkehr von formalen Hierarchien zu empfehlen.

Die Wahrnehmung einer Abweichung erfolgt durch den Abgleich einer Situationsanalyse mit einer gewissen Erwartungshaltung gegenüber einer bestimmten Situation zu einem bestimmten Zeitpunkt. Werden bei der Gegenüberstellung Diskrepanzen festgestellt, können diese, je

533 Bezogen auf die Skizze resilienter Verhaltensmuster übernimmt jeder Mitarbeiter somit das Lenkungselement der Ist-Erfassung und des Reglers (vgl. Abbildung 21).

534 Vgl. Müller 1986, S. 325, Krystek 1987, S. 97 ff., Böckenförde 1996, S. 102 ff. sowie Krystek und Moldenhauer 2007, S. 162 ff. Die Lenkungselemente des Regelsystems sind somit eindeutig verortet, was Probsts Auffassung von Selbstorganisation widerspricht (vgl. Probst 1981, S. 257).

535 Aufgrund der vorherrschenden Strukturen und Mechanismen in einer Organisation kann es zu einer „Informationspathologie" kommen. Zwar werden schwache Anzeichen von Krisen oftmals an irgendeiner Stelle im Unternehmen registriert, gelangen jedoch aufgrund formaler Hürden nicht immer zu den entsprechenden Entscheidungsträgern (vgl. Kirsch et al. 2009, S. 196 f.).

536 Vgl. Müller 1986, S. 323 sowie Wüthrich 2002, S. 18.

nach Ausmaß der Abweichungen, Anzeichen einer Problemsituation darstellen.[537, 538] Nach Gomez et al. ist die Situationsanalyse und damit die Ist-Erfassung ein von einer Person konstruiertes Modell der Realität[539] und die Erwartungshaltung eines Individuums ein Konstrukt aus Zielvorstellungen, durchgeführten Aktivitäten zur Erreichung dieser Ziele und Erfahrungen mit vergleichbaren Situationen.[540]

Ein Beispiel zur Veranschaulichung dieses Vorganges ist das Folgende: Ein Fließband-Mitarbeiter einer Produktionsstraße für Automobile erkennt eine fehlende Schraube im Chassis. Aufgrund seiner Berufserfahrung ist ihm bewusst, dass sich an dieser Stelle in der Regel eine Schraube zu befinden hat. Diese Diskrepanz zwischen dem tatsächlichen Sachverhalt und seinen persönlichen Vorstellungen deutet auf eine Störung hin. Auch wenn dies nicht seinen direkten Verantwortungsbereich betrifft, da er einen Teil des Interieurs installiert, sollte diese Person dazu angehalten sein, diese Abweichung wahrzunehmen und initiale Gegenmaßnahmen einzuleiten. Ein weiteres Beispiel: Eine Führungsperson des mittleren Managements sieht, dass die Konzernstrategie nicht mehr die erhoffte Entwicklung garantieren kann, da sich die Umwelt in bestimmten Aspekten grundlegend verändert hat. Es empfiehlt sich, dass dieser Protagonist die notwendigen Befugnisse besitzt, um entsprechend handeln zu können, auch wenn dies Aspekten der Gesamtstrategie zu widersprechen scheint. Die Wahrnehmung einer Problematik erfolgt somit immer durch einen Abgleich des aktuellen Status einer zu kontrollierenden Situation mit einem zuvor vereinbarten angestrebten Zielzustand.

Damit die Betroffenen sich ein Bild von der zu kontrollierenden Situation und ihrer Umwelt verschaffen können, brauchen sie Zugang zu allen maßgeblichen Informationen. Die Zurverfügungstellung der Informationen erfordert ein hohes Maß an Transparenz und Vertrauen. Nur so wird gewährleistet, dass innerhalb der Rekonstruktion alle wichtigen Details berücksichtigt werden können und somit ein präzises Abbild entsteht. Als Informationsquelle dienen dabei nicht ausschließlich Analyse-Mechanismen in klassischer formaler Form im Sinne von Marktforschungen, Monatsabschlüssen, Bilanzen, Monitoring-Instrumenten o. ä., sondern auch die Reflexion des eigenen sowie des kollektiven Tuns und die Beobachtung der aktuellen Entwicklung des relevanten Umfeldes.

Obwohl sich Erwartungshaltungen von Person zu Person immer unterscheiden, ist anzustreben, dass Mitarbeiter Abweichungen in einem möglichst analogen Kontext

537 Vgl. Gomez et al. 1975, S. 20 f.

538 Nach empirischen Untersuchungen ist die subjektive Wahrnehmung einer Krise abhängig von den Erwartungen bezüglich des möglichen Schadens, der Einschätzung, dass dieser Schaden tatsächlich eintritt und dem empfundenen Zeitdruck. Das Ausmaß dieser drei Kriterien bestimmt die Intensität der Wahrnehmung (vgl. Schreyögg 2004, S. 13 ff. sowie Schreyögg und Ostermann 2013, S. 120 ff.).

539 Vgl. Gomez et al. 1975, S. 73.

540 Vgl. Gomez et al. 1975, S. 21.

wahrnehmen.[541] Die Auffassungen und Vorstellungen jedes einzelnen Mitarbeiters sollten daher in grundlegenden Punkten mit den Zielvorstellungen der Organisation übereinstimmen. Dies kann erreicht werden, indem eine von der Belegschaft übernommene und gelebte Unternehmenskultur forciert und die zugrunde liegende Strategie[542] den involvierten Mitarbeitern durch eine stringente Kommunikation konsistent übermittelt wird.[543] Die geteilten Werte, die Vision und die Mission dienen als Grundprämissen, die sich im Umgang mit solchen Situationen bewährt haben und die an neue Mitglieder der Organisation weitergetragen werden.[544] Hierdurch wird ein klarer Bezugsrahmen geschaffen, der den Mitarbeitern als Referenzwert bei der Detektion von Abweichungen dient. Zusätzlich können weitere Faktoren zur Bildung von Erwartungshaltungen beitragen. Dies sind beispielsweise festgelegte (Ablauf-)Strukturen im Unternehmen, die Ausbildung, persönliche Erfahrungswerte zu Abläufen oder auch persönliche Zielvereinbarungen.

Trotz des Bestrebens, einen vergleichbaren Beobachtungskontext zu erschaffen, ist die Subjektivität des einzelnen Beobachters und somit die Subjektivität seiner Rekonstruktion[545] bei der Gestaltung der komplexitätsreduzierenden Routinen zu berücksichtigen. Ferner ist der Standpunkt des Beobachters essenziell für die Identifizierung einer Abweichung. Ein Unternehmen mit einer jährlichen Wachstumsrate von fünf Prozent weist prinzipiell eine solide Entwicklung auf. Wird dieser Wert jedoch der durchschnittlichen Wachstumsrate von fünfzehn

541 Kirsch et al. weisen auf die Gefahr hin, dass eine vollumfassende Konformität der Mitarbeiter bezüglich Weltansicht, Werte und Meinungen dazu führen kann, dass sich ein kollektiver blinder Fleck und damit eine Betriebsblindheit gegenüber Anzeichen einer Krise entwickeln kann. Zugleich besteht wiederum das Risiko, dass eine zu ausgeprägte Heterogenität in der Belegschaft zur Handlungsunfähigkeit des Unternehmens führt (vgl. Kirsch et al. 2009, S. 197 f.). Folglich ergibt sich ein Balanceakt mit der Forderung nach einem Konsens bezüglich einer einheitlichen Zielvorstellung zur Detektion von Abweichungen und der Förderung der Vielfalt von Mitarbeitern zur Reduzierung des blinden Flecks. Dieser Konsens kann beispielsweise durch eine interdisziplinäre Besetzung von Projektteams herbeigeführt werden. Die unterschiedlichen fachlichen Expertisen der Protagonisten tragen zu einem differenzierten Blick auf eine Problemsituation bei. Zugleich verfolgen die Mitarbeiter als Teil des Unternehmens das gleiche übergeordnete Ziel, die Wahrung der Überlebensfähigkeit der Organisation.

542 Das Begriffsverständnis von Strategie ist an dieser Stelle an die Auffassung der *„Strategie[] im weiten Sinne“* (Kirsch et al. 2009, S. 51, Hervorh. i. O.) von Kirsch et al. angelehnt. Im Gegensatz zur *„Strategie im engeren Sinne“* (Kirsch et al. 2009, S. 51, Hervorh. i. O.) beschreibt diese nicht den Weg hin zu einem Ziel, sondern impliziert als Orientierungsmuster Zielvorstellungen (vgl. Kirsch et al. 2009, S. 51). Solche Orientierungsmuster erzeugen Erwartungshaltungen der Mitarbeiter hinsichtlich einer bestimmten Situation und zu einem gewissen Zeitpunkt, die für die Detektion von Abweichungen benötigt werden.

543 Konventionen in Form von geteilten Werten und einer gelebten Kultur können dafür Sorge tragen, dass Situationen über die Akteure hinweg übereinstimmend interpretiert werden und dabei dieselbe Koordinationslogik angewandt wird (vgl. Kozica und Kaiser 2015, S. 42). Die beteiligten Personen können diese Konventionen somit in unsicheren Situationen als normative Ordnung nutzen, ihr Verhalten daran orientieren und ihr Handeln rechtfertigen (vgl. Kozica et al. 2014, S. 339 sowie Kozica und Kaiser 2015, S. 46).

544 *„The culture of a group can [..] be defined as a pattern of shared basic assumptions learned by a group as it solved its problems of external adaptation and internal integration, which has worked well enough to be considered valid and, therefore, to be taught to new members as the correct way to perceive, think, and feel in relation to those problems.“* (Schein 2010, S. 18, Hervorh. i. O.) Für eine detaillierte Ausführung bezüglich organisationaler Kultur sei an dieser Stelle u. a. auf Steinmann und Schreyögg 2005, S. 707 ff., Thommen und Achleitner 2006, S. 897 ff., Schein 2010 sowie Schreyögg und Geiger 2016, S. 317 ff. verwiesen.

545 Bezüglich der Subjektivität der Wahrnehmung einer Situation sei auf die Einführung in den radikalen Konstruktivismus (vgl. Abschnitt 1.2.1) verwiesen. Vgl. zusätzlich Müller 1986, S. 320 f. sowie Kirsch et al. 2009, S. 123 ff.

Prozent, die innerhalb der relevanten Branche gilt, gegenübergestellt, erscheinen die fünf Prozent wiederum als problematisch. Letztendlich kann ein Mitarbeiter ein Problem nur dann wahrnehmen und korrektive Maßnahmen auslösen, wenn er im Besitz relevanter Informationen zu aktuellen Zielvorstellungen und zugleich in der Lage ist, Situationen zu erfassen und sie im richtigen Kontext zu reflektieren.

Nicht jede Abweichung ist direkt als Anzeichen einer Krise zu interpretieren. Bestimmte Situationen wie beispielsweise Märkte für Rohstoffpreise, Aktien an der Börse etc. unterlaufen permanent Schwankungen. Daher ist es vonnöten, eine Toleranzschwelle zu deklarieren. Erst wenn Abweichungen einen bestimmten Schwellenwert überschreiten, sind sie als Indikator für eine Störung zu verstehen. Nach dem Vorbild des menschlichen Immunsystems sollte es lediglich einen kleinen Toleranzbereich geben, sodass schon die geringsten Anzeichen einer Erschütterung frühzeitig detektiert werden können. Denn je früher die Erfassung von Störungen und die Initiierung erster korrektiver Maßnahmen erfolgt, desto geringer ist die Intensität der destruktiven Wirkung einer Krise und desto niedriger sind die Anforderungen an den Krisenbewältigungsprozess.[546] Diese geringe Hürde in Verbindung mit der Subjektivität des Beobachters kann jedoch dazu führen, dass Fehlalarme ausgelöst oder Störungen als kleiner oder größer erfasst werden, als sie tatsächlich sind. So können Sachverhalte aufgrund mangelnder Informationen, unzureichenden Wissens oder nicht ausreichender Erfahrungen verzerrt oder nicht vollständig wahrgenommen werden.[547] Die hohe Sensitivität und das limitierte Zeitfenster für das Auslösen korrektiver Maßnahmen erlauben jedoch nur beschränkte Sicherheitsvorkehrungen gegen solche technischen und semantischen Störungen.[548] Die potenziellen Fehlalarme sind bewusst in Kauf zu nehmen, denn eine zu spät erfasste Krise kann weitaus schlimmere Folgen nach sich ziehen. Gleichwohl empfiehlt es sich, diesen Sachverhalt bei der Ausgestaltung der komplexitätsreduzierenden Routinen in Form der Nicht-Invasivität und der gestaffelten Intensität[549] zu berücksichtigen.

[546] Vgl. Krystek 1987, S. 30. Mit seinem Vier-Phasen-Modell veranschaulicht Krystek den Verlauf einer Krise: von der potenziellen über die latente zur akut beherrschbaren bis hin zur akut nicht beherrschbaren Unternehmenskrise. Abhängig von der jeweiligen Phase steigen die Intensität der destruktiven Wirkung sowie die Anforderungen an die Krisenbewältigung. Zugleich zeigt er auch, dass die Früherkennungsanforderungen in den frühen Phasen am höchsten sind (vgl. Krystek 1987, S. 29 ff.). Um die zerstörerische Kraft einer Krise minimal zu halten, ist daher ein effektives Frühwarnsystem notwendig. Mit einer niedrigen Toleranzschwelle und einer hohen Sensitivität ist es daher das Ziel, jedes noch so kleine Anzeichen zu registrieren.

[547] Nach Schreyögg sowie Schreyögg und Ostermann lassen sich vier Problembereiche identifizieren, die eine effektive Krisenwahrnehmung verhindern können. Hierzu gehören individuelle und organisatorische Wahrnehmungsverzerrungen, organisatorische Prozesse sowie politische Prozesse. Für eine detaillierte Ausführung bezüglich dieser vier Elemente sei an dieser Stelle auf Schreyögg 2004, S. 18 ff. sowie Schreyögg und Ostermann 2013, S. 121 ff. verwiesen.

[548] Die Erreichung eines Konsenses bezüglich der Wahrnehmung eines bestimmten Sachverhaltes als Abweichung kann aufgrund der zum Teil großen Vielzahl an widersprüchlichen Meinungen und Einschätzungen eine zu große Zeitspanne bedingen, in der sich eine Krise ungehindert ausbreiten kann (vgl. Müller 1986, S. 320 ff.).

[549] Vgl. Abschnitt 4.2.1.1.2.

Für eine effektive und frühzeitige Krisenerkennung empfiehlt es sich, dass ein jeder innerhalb seines relevanten Umfeldes autonom und ohne zeitliche Verzögerung lenkend vor Ort agieren kann, sobald er das notwendige Wissen, die Ressourcen und entsprechenden Informationen besitzt. Übertragen auf Abteilungen oder Projektteams bedeutet dies, jedes Mitglied, unabhängig von formalen Stellenbeschreibungen und Zuständigkeitsbereichen, sei es als Praktikant, Mitarbeiter, Abteilungsleiter, Projektleiter oder Geschäftsführer, sollte die Legitimation, das Engagement und auch die persönlichen Fähigkeiten besitzen, permanent sich und andere in der relevanten Umwelt zu reflektieren, unverzüglich Probleme aufzuzeigen und gegebenenfalls nicht-invasive Gegenmaßnahmen auszulösen. Der Fließbandmitarbeiter ist berechtigt, die fehlende Schraube zu ersetzen oder alternative Maßnahmen einzuleiten, und auch die Führungskraft des mittleren Managements hat die Kompetenz, sein Verhalten den detektierten Abweichungen entsprechend anzupassen.

Hervorzuheben ist bei dieser Meta-Routine jedoch der Bezug zu der jeweiligen relevanten Umwelt. Die hier skizzierten Verhaltensmuster implizieren nicht, dass ein jeder innerhalb einer Organisation jegliche Entscheidungsfreiheit innehat. So besitzt beispielsweise ein Angestellter eines Produktionsteams in der Regel weder die relevanten Informationen, um die Strukturen des Unternehmens zu verändern, noch besitzt das Management die notwendigen Informationen, in kürzester Zeit einen operativen Produktionsprozess anzupassen. Die Thematisierung solcher Veränderungen am System erfolgt im weiteren Verlauf der Untersuchung im Zusammenhang mit der komplexitätsbewältigenden Meta-Routine.

4.2.1.1.2 Initiierung korrektiver Sofortmaßnahmen

Zellen des angeborenen Immunsystems reagieren sofort auf entsprechend wahrgenommene Reize mit den im Zellkern programmierten Abläufen einer Entzündungsreaktion und beginnen mit der Sezernierung von Botenstoffen oder mit der Phagozytose, um die Erreger lokal einzudämmen. Dies zum Vorbild nehmend, sollte die Detektion einer Störung stets zur unverzüglichen Initiierung von korrektiven Sofortmaßnahmen führen.

Nach dem in der Literatur vertretenen Krisenbewältigungsprozess erfolgt dagegen zuerst eine Grobanalyse.[550] Hierbei gilt es, eine systematische grobe Übersicht über die Situation zu erlangen. Zu klären ist dabei, was bisher geschehen ist, inwieweit die Existenz des Unternehmens bedroht ist, worin die wesentlichen Ursachen bestehen, welche ersten Anzeichen für Gegenmaßnahmen sich herauskristallisieren lassen, welche Ziele vorrangig bei der Krisenbewältigung verfolgt werden und welche Lösungsalternativen grundsätzlich praktikabel und

---

[550] Vgl. Müller 1986, S. 317 ff., Böckenförde 1996, S. 52 ff. sowie Krystek und Moldenhauer 2007, S. 141 ff.

erfolgsversprechend erscheinen.[551] Der Anspruch an die Grobanalyse ist damit bereits als relativ hoch einzuschätzen und umfasst weit mehr als die hier angeführte grobe Situationsanalyse der komplexitätsreduzierenden Meta-Routine, die der Wahrnehmung von Abweichungen dient. Sie bedarf dementsprechend aber auch einer längeren Zeitspanne. In dieser Zeit kann sich die Krise weiter ungehindert ausbreiten, denn erst anhand dieser ersten Beurteilung wird im klassischen Krisenmanagement die Entscheidung getroffen, ob und welche Maßnahmen in diesem frühen Stadium initiiert werden.[552]

Nach dem Vorbild des Immunsystems empfiehlt es sich dagegen, bereits die Wahrnehmung einer Störung als einen Initiator für eine Reaktion zu verstehen. Damit aus den unverzüglichen Reaktionen kein überstürztes und unkoordiniertes *„Feuerwehrmanagement“*[553] resultiert und die Handlungsfähigkeit in einer solchen durch eine unvollständige Informationslage geprägten Situation gewahrt bleibt, bedarf es der präsituativen Vorbereitung und der Schaffung eines Repertoires an komplexitätsreduzierenden Routinen.[554] Dieses unterstützt die Betroffenen unter Zeitdruck bei der Entscheidungsfindung in unsicheren Situationen. Das Portfolio dient als Handlungsrahmen sowie Leitfaden und ermöglicht durch die Absorption von Ungewissheit eine unverzügliche Reaktion in unbekannten Situationen.[555] Einem bestimmten Stimulus in Form eines Krisenindikators wird nach einer festen Regel eine entsprechende Handlungsstrategie zugewiesen. So können ohne größeren Planungsaufwand aus dem Stand korrektive Sofortmaßnahmen zur Stabilisierung der Lage gestartet werden. Für die Gestaltung des Portfolios bedarf es zum einen der Deklaration von Krisenindikatoren und zum anderen der Ausgestaltung von komplexitätsreduzierenden Routinen unter Berücksichtigung der mangelnden Informiertheit.

Beispiele solcher präsituativen Entwicklungen von Maßnahmenkatalogen stellen die unterschiedlichsten Formen des Risikomanagements dar.[556] Die Funktionsweise des weiterentwickelten Enterprise Risk Managements[557] stützt sich zum Beispiel auf drei Säulen: die

---

551 Vgl. Müller 1986, S. 343 ff., Böckenförde 1996, S. 56 ff. sowie Krystek und Moldenhauer 2007, S. 143 ff.

552 Vgl. Müller 1986, S. 351, Böckenförde 1996, S. 44 ff. und S. 57 sowie Krystek 2002, S. 114 f.

553 Müller 1986, S. 1, Hervorh. i. O.

554 Vgl. dazu auch Schreyögg und Ostermann 2013, S. 129.

555 Vgl. Abschnitt 4.1 für einen Überblick über den Nutzen des Einsatzes von Routinen.

556 Neben dem Enterprise Risk Management führt Hiles als vergleichbare Alternative für Standards zur Risiko Evaluierung das kanadische CoCo, das deutsche KonTrag, den englischen Combined Code of Corporate Governance, ISO 31000, ISA 400, AU/NZS 4360, den Risikomanagement Standard von AIRMIC oder CobiT an (vgl. Hiles 2011b, S. 11 f.).

557 Das Enterprise Risk Management ist ein dem Risikomanagement entlehntes Konzept, das von dem Committee of Sponsoring Organisations of the Treadway Commission entworfen wurde. Enterprise Risk Management wird dabei als „[...] *ein Prozess, ausgeführt durch Überwachungs- und Leitungsorgane, Führungskräfte und Mitarbeiter einer Organisation, angewandt bei der Strategiefestlegung sowie innerhalb der Gesamtorganisation, gestaltet um die die Organisation beeinflussenden, möglichen Ereignisse zu erkennen, und um hinreichende Sicherheit bezüglich des Erreichens der Ziele der Organisation zu gewährleisten*" (The Committee of Sponsoring Organization 2004, S. 2, Hervorh. i. O.) beschrieben. An dieser Stelle sei auch auf The Committee of Sponsoring Organization 2004, Hiles 2011b sowie Bromiley et al. 2015 für einen detaillierten Überblick über das Enterprise Risk Management verwiesen.

Identifizierung von potenziellen Gefahrenquellen, die Evaluierung potenzieller Konsequenzen möglicher Erschütterungen sowie die Bereitstellung entsprechender korrektiver Maßnahmen.[558] Mithilfe von Risikomanagementmodellen wird jedwedes zu identifizierende Krisenszenario durchgespielt und ein Maßnahmenkatalog entworfen, der jedem eintretenden Ereignis x eine entsprechende Handlungsstrategie y zuordnet. Diese Vorgehensweise ermöglicht die Stärkung der Widerstandsfähigkeit eines Unternehmens in kritischen Zeiten.

Solche Ansätze sind jedoch nicht in der Lage, alle Eventualitäten zu berücksichtigen.[559] Der Fokus der Risikomanagementansätze liegt vorwiegend auf Risikoszenarien, die zu einem gewissen Grad vorhersehbar sind.[560] Die Identifizierung der Risiken konzentriert sich auf bereits eingetretene bekannte Krisen, die auf die Zukunft projiziert und anhand von beobachteten Gesetz- und Regelmäßigkeiten mit einer theoretischen Eintrittswahrscheinlichkeit versehen werden.[561] Die Umgebung einer Organisation kann jedoch aufgrund ihrer Komplexität weder vollständig noch mithilfe von Wahrscheinlichkeiten vollumfänglich erfasst werden. Entwicklungen an Börsen, Naturkatastrophen, aber auch geopolitische Konflikte der letzten Jahre sind Beispiele für solche unkalkulierbaren Ereignisse. Die Ausarbeitung von Maßnahmen nach diesen Ansätzen birgt daher die Gefahr, dass Unternehmen sich durch diese Vorbereitung in falscher Sicherheit wägen.[562] Werden Unternehmen von unvorhersehbaren Störungen überrascht, können entsprechende Handlungsstrategien fehlen, die erst nach dem Eintreffen einer Krise entwickelt werden müssen. Dies beansprucht wertvolle Zeit, sodass sich die Problematik weiter zuspitzen kann, und bindet kognitive Ressourcen, die an anderer Stelle des Krisenbewältigungsprozesses effizienter hätten eingesetzt werden können.

Die Bestimmung von Indikatoren für die Initiierung von Sofortmaßnahmen bedarf daher eines Wechsels der Herangehensweise. Die Deklarierung darf nicht von spezifischen Krisen ausgehen, sondern konzentriert sich auf mögliche Auswirkungen auf die zu kontrollierende Situation. Ohne Beachtung möglicher Ursachen sollten Organisationen systematisch ihr Unternehmen daraufhin analysieren, welche Erschütterungen innerhalb der betrieblichen Abläufe denkbar sind. Auf diese Weise wird die Komplexität signifikant reduziert. Bleiben beispielsweise (Teil-) Lieferungen eines Lebensmittellieferanten aus, ist dies in Form von fehlenden Inputs als Krisenindikator wahrzunehmen. Dabei spielt es keine Rolle, ob ein Feuer, eine Überschwemmung, ein Unwetter, Pestizide o. ä. Ursache dieser Situation ist.

---

558 Vgl. Berthod et al. 2013, S. 144 sowie Müller-Seitz 2014, S. 111.

559 Vgl. Schreyögg und Ostermann 2013, S. 129. Für eine ausführliche kritische Würdigung des Enterprise Risk Management sei an dieser Stelle auf Power 2009 verwiesen.

560 Vgl. Abschnitt 1.1 sowie Knight 1971, S. 198 ff.

561 Vgl. Hiles 2011a, S. xxxi sowie Robinson 2011, S. 70.

562 Vgl. Power 2009, S. 853 sowie Schreyögg und Ostermann 2013, S. 129.

In einem komplexen Unternehmen sind zahlreiche Abweichungen mit unterschiedlichen Detailtiefen als Folge von potenziellen Störungen denkbar. Würde jedem einzelnen Symptom eine korrektive Maßnahme zugeordnet werden, so wären die Protagonisten der zu kontrollierenden Situation mit einem zu umfangreichen Repertoire konfrontiert, was wiederum zu zeitlichen Verzögerungen führt. Daher empfiehlt es sich, Störungen nach dem Vorbild des Immunsystems, das nur zwischen den einzelnen Erregertypen unterscheidet, generisch zu kategorisieren und zu bündeln. So kann der (Teil-)Ausfall eines Zulieferers als Indikator einer Handlungsstrategie deklariert werden, ohne auf die Individualität einzelner Lieferanten Bezug zu nehmen. Eine sinkende Produktionsrate einer Maschine ist analog ein Indikator einer Handlungsstrategie, ohne spezifisch auf die Art oder die betroffene Komponente der Maschine einzugehen. Die sich daraus ergebenden Cluster werden als Krisenindikatoren deklariert und fungieren fortan als Initiatoren für korrektive Sofortmaßnahmen.[563] Eine detailliertere Bestimmung der Störungen ermöglicht zwar spezifischere Gegenmaßnahmen, jedoch erfordert die Erfassung des Zustandes eine längere Zeitspanne.

Die Bündelung dient als Voraussetzung für die angestrebte selbstorganisierende Kontrolle und Korrektur eines Systems.[564] Den Mitarbeitern wird so ein Orientierungsrahmen im Sinne der Entscheidungsregel einer Entscheidungsinstanz[565] geboten, der jedem generischen Zustand ihres relevanten Umfeldes eine initiale korrektive Maßnahme zuordnet. Die Komplexitätsreduktion der Krise eröffnet die Möglichkeit, die Handlungsfähigkeit der zu kontrollierenden Situation in Krisenzeiten – zumindest vorübergehend – aufrechtzuerhalten.

Bei der Erschaffung des Portfolios darf jedoch die Komplexitätsreduktion nicht grenzenlos ausfallen, da eine Generalisierung immer mit der Vernichtung von Informationen einhergeht.[566] Ein solcher Informationsverlust führt unter Umständen zu erheblichen Kollateralschäden, wenn durch Mangel an Informationen bestimmte Maßnahmen fälschlicherweise eingesetzt werden. Das Beispiel eines Küchenbrandes zeigt, dass meist nur wenig Zeit für Ursachenforschung investiert wird. Stattdessen reagiert der Mensch in einer solchen Situation in der Regel reflexartig und beginnt unverzüglich das Feuer zu löschen. Hier sollte jedoch nicht

563 Kirsch et al. schreiben, dass die menschliche Informationsverarbeitungskapazität erheblichen Beschränkungen unterliegt. Ihre Überschreitung löst kognitiven Stress bei einem Individuum aus, woraufhin mit Strategien der Wissensverarbeitung und des Informationssuchverhaltens reagiert wird. Entscheidungsprobleme werden erheblich vereinfacht, um so die Entscheidungsprobleme in den Bereich der intellektuellen Fähigkeiten zurückzubringen (vgl. Kirsch et al. 2009, S. 125 ff.). Mithilfe der Bündelung von Störungen kann dieser kognitive Stress vermieden werden. Das Individuum kann die Situation erfassen, ohne dass sie ihn überfordert, und eine unverzügliche Entscheidung treffen, ohne weitere individuelle Vereinfachungsstrategien sowie Informationssuchläufe zu starten.

564 Einem funktionierenden Servomechanismus muss stets die eigene relevante Umwelt sowie die unter Kontrolle zu haltende Größe bekannt sein (vgl. Abschnitt 3.3.3.1 sowie Gomez et al. 1975, S. 827).

565 Bezogen auf die Skizze resilienter Verhaltensmuster repräsentiert das Portfolio an komplexitätsreduzierenden Routinen (R_1 bis R_5) die Entscheidungsregel der Entscheidungsinstanz (vgl. Abbildung 21).

566 Vgl. Probst 1981, S. 182.

bedingungslos Komplexität reduziert und Informationen vernichtet werden. Es muss zunächst ein Fettbrand ausgeschlossen werden, da das Löschen mit Wasser zu einer Fettexplosion führen würde. Bei der Bestimmung der relevanten Umwelt existiert also ein Trade-off zwischen Detaillierungsgrad der Kategorisierung und dem unverzüglichen Einsetzen korrektiver Maßnahmen.

Die initialen korrektiven Maßnahmen sind nur ein erster Schritt eines größeren Krisenbewältigungsmechanismus. In der kurzen Zeitspanne zwischen Detektion einer Krise und Initiierung können in unsicheren Situationen nicht alle Aspekte einer Krise sowie deren Auswirkungen auf das Unternehmen und das komplexe Netzwerk an Wechselbeziehungen berücksichtigt werden. Entscheidungen müssen zu diesem Zeitpunkt somit auf Basis einer unzureichenden, komplexitätsreduzierten Informationslage getroffen werden. Aus diesem Grund ist es von besonderer Wichtigkeit, dass die komplexitätsreduzierenden Routinen einen nicht-invasiven Charakter aufweisen, sodass Kollateralschäden minimal ausfallen. In dieser Phase der Krisenbewältigung besteht nicht der Anspruch, komplexe unsichere Krisen zu bewältigen. Stattdessen ist das primäre Ziel die Entschleunigung der Störungen und die Stabilisierung des Unternehmens. So sind auch die Mechanismen des angeborenen Immunsystems vorwiegend darauf ausgerichtet, Infektionen in ihrer Ausbreitung zu verlangsamen und lokal einzudämmen, sodass die benötigte Zeit für die Entwicklung einer adaptiven Immunantwort gewonnen wird.

Durch Modifikationen vorhandener Elemente innerhalb eines Systems bei gleichbleibenden Aufbau- und Ablaufstrukturen nehmen nicht-invasive Maßnahmen direkten oder indirekten Einfluss auf vorhandene lenkungskritische Variablen.[567] Diese Handlungsstrategien erfordern eine gewisse vorherrschende Redundanz, auf die in Krisenzeiten zurückgegriffen werden kann, um beispielsweise kurzfristig eine weitere Maschine zu aktivieren oder die Belegschaft aufzustocken. Das Arbeiten am System, also das Hinterfragen vorherrschender Verhaltensmuster und (Ablauf-) Strukturen,[568] bedarf dagegen eines längeren Zeithorizonts und ist zudem nicht unter komplexitätsreduzierenden Umständen zu bewerkstelligen. Dafür sind vielmehr eine umfassendere Informationslage und ein ausführlicher Entscheidungsprozess vonnöten. Mit dem Verbleiben in denselben Strukturen können unvorhersehbare Folgeschäden durch Wechselbeziehungen signifikant reduziert werden.[569]

[567] Vgl. Gomez et al. 1975, S. 877 f.
[568] Vgl. Wüthrich 2009, S. 41 sowie Wüthrich et al. 2009, S. 10.
[569] So empfiehlt auch Schreyögg im Rahmen von operativen Maßnahmen des Krisenmanagements das Festhalten an regulären Arbeitsabläufen (vgl. Schreyögg 2004, S. 28).

Die Ausgestaltung der Handlungsstrategien erfordert ein tiefgreifendes Verständnis der zu kontrollierenden Situation, ihrer Einbettung in das Unternehmen und des sich dahinter verbergenden Netzes an Wechselbeziehungen. Es bedarf eines Überblicks über die ablaufenden Aktivitäten und, damit zusammenhängend, über die Input-Output-Beziehung[570] innerhalb der Wertschöpfungsprozesse. Nicht-invasive Handlungsstrategien für das Lieferanten-Beispiel sind beispielsweise vertraglich vereinbarte Rohstoffkontingente bei alternativen Anbietern, die kurzfristig abgerufen werden können, sodass ein Ausfall temporär aufgefangen wird. Auch flexible Arbeitsverträge bieten sich als nicht-invasive Maßnahme an. In kritischen Zeiten kann dadurch Personal als lenkungskritische Variable kurzfristig je nach Bedarf erhöht oder reduziert werden. Temporäre finanzielle Zuschüsse von Muttergesellschaften an Tochtergesellschaften für eine Abwendung einer Insolvenz lassen sich ebenso als nicht-invasiv einstufen.

Jedoch ist nicht jede Veränderung im System nicht-invasiv, wie folgendes Beispiel zeigt: In Krisenzeiten greifen Unternehmen oftmals routinemäßig zu Instrumenten wie der Reduktion der Ressource „Mitarbeiter“ in Form von Entlassungen, um schnellstmöglich Kosten einzusparen. Diese als Arbeiten im System[571] zu interpretierende Maßnahme verursacht jedoch in vielen Fällen erhebliche Kollateralschäden. Dies verdeutlicht das Verhalten amerikanischer Airlines nach den Anschlägen von 9/11. So reduzierten die Fluggesellschaften United Airlines und US Airways nach dem Unglück ihre Personalkosten durch Entlassungen von Mitarbeitern, um so den Rückgang des Umsatzes kompensieren zu können. Southwest Airlines dagegen verzichtete auf ein solches Verhaltensmuster. Stattdessen machten sie von ihren finanziellen Reserven, einer Form der Redundanz, Gebrauch, um dem Umsatzrückgang kurzfristig auszugleichen.[572] Vier Jahre später konnte Southwest Airlines im Gegensatz zu United Airlines und US Airways annähernd ihren alten Marktwert wiederherstellen.[573] Nicht nur, dass die Konkurrenten hohe finanzielle Einbußen bezüglich ihres Marktwertes hinnehmen mussten, sie litten zudem unter dem Verlust ihrer Mitarbeiter und des mit ihnen verbundenen Wissens. Als Folge der Krise meldete US Airways Bankrott an.[574] Dieses Beispiel zeigt auf, dass reflexartige Handlungen in Krisensituationen fatale Folgen mit sich bringen können.

---

570 Dabei ist zu beachten, dass unter dem generischen Begriff der Inputs nicht nur lenkungskritische Variablen, wie alle Formen von Ressourcen (beispielsweise Maschinen, Materialien, Personal und Budget) fallen, sondern ebenso die zu beseitigenden Störungen. Interne Störungen können u. a. Defekte von Maschinen, Krankheitsfälle von Mitarbeitern, Missmanagement oder opportunistisches Verhalten sein. Unter externen Störungen werden u. a. Ausfälle von Zulieferern, sich verändernde Rohstoffpreise, Naturkatastrophen wie Stürme oder Hochwasser, wirtschaftliche Entwicklungen von Märkten, Strategien von Wettbewerbern etc. verstanden.

571 Beim Arbeiten im System wird nach bekannten Mustern und ohne das Hinterfragen der bestehenden Rahmenbedingungen innerhalb des Systems versucht, „[...] das Bestehende nach konventioneller Logik zu verbessern.“ (Kaduk et al. 2013, S. 10. Vgl. dazu auch Wüthrich et al. 2009, S. 10 sowie Wüthrich 2011, S. 215)

572 Vgl. Gittell et al. 2006.

573 Während Southwest Airlines 92 % ihres alten Marktwertes wiederherstellen konnte, lag dieser Wert bei United Airlines bei 12 % und bei US Airways bei 23 % (vgl. Gittell et al. 2006, S. 308).

574 Vgl. Gittell et al. 2006, S. 308.

Neben der Berücksichtigung der grundlegenden Nicht-Invasivität empfiehlt es sich, Maßnahmen abhängig von der Ausprägung und Stärke des Indikators mit unterschiedlichen Intensitäten und Größenordnungen zu gestalten. Diese Staffelung erlaubt ein differenziertes Reagieren auf Krisen und federt die Folgen möglicher Fehlalarme ab. Besteht anfänglich nur ein Verdacht einer Krise, so können kleine Maßnahmen wie das Hinzuziehen weiterer Fachkräfte für die Überprüfung eines Sachverhaltes ausgelöst werden. Bestätigt sich der Verdacht, erfolgt eine Steigerung der Intensität der Maßnahmen. Im Falle eines Fehlalarms können die korrektiven Maßnahmen wiederum herunterreguliert werden. Dieses Prinzip lässt sich an der Funktionsweise der Mastzelle veranschaulichen: Als Reaktion auf einen empfangenen Reiz exprimiert die hoch sensitive Zelle Botenstoffe, um weitere Zellen in den vermeintlichen Infektionsherd einzuschwemmen, ohne dabei Schäden zu verursachen. Sie selbst kann dabei keine Erreger beseitigen. Erst wenn die angelockten Zellen den anfänglichen Verdacht einer Infektion bestätigen, beginnen diese mit der Bekämpfung.[575] Eine undifferenzierte Intensität korrektiver Maßnahmen birgt dagegen die Gefahr von Instabilitäten aufgrund von Unter- oder Überkompensation.[576]

Mit der Eindämmung einer Krise wird verhindert, dass sich die Symptome über die ursprünglich betroffene Situation auf andere Teile eines Unternehmens ausbreiten. Innerhalb des Immunsystems sorgt u. a. das Protein „Fibrogen“ für eine lokale Eingrenzung einer Entzündung, indem es durch Blutgerinnung den Infektionsherd von dem restlichen System „abkoppelt“.[577] So sollte es auch Organisationen in kritischen Zeiten möglich sein, bestimmte Teile eines Unternehmens von dem Rest abzunabeln. Hierfür müsste eine Organisation so gestaltet sein, dass sie in verschiedene Sub-Systeme untergliedert werden kann, die bedingt voneinander abhängig sind. Diese Verbindungen werden als lose Kopplungen[578] bezeichnet. Die einzusetzenden Routinen haben zur Aufgabe, diese Kopplungen temporär zu „kappen“, sodass innerhalb der Krise das Ansteckungspotenzial auf andere Teile des Unternehmens minimiert wird. Ein Beispiel sind die eindämmenden Maßnahmen bei einem Virusbefall innerhalb eines Netzwerk-Servers. Wurde ein Virusbefall eines oder mehrerer Computer identifiziert, so werden die befallenen Rechner und der Server selbst schnellstmöglich vom Netz genommen. Sie sind somit temporär vom System „Unternehmen“ entkoppelt, damit sich der Virus nicht über die gesamte Organisation verbreiten kann. Zeitgleich wird ein Backup-Server aktiviert. Das Hochfahren erfolgt innerhalb der bestehenden Strukturen und verursacht minimale bis keine

[575] Vgl. Abschnitt 3.1.2.1.
[576] Vgl. Abschnitt 3.3.3.1.
[577] Vgl. Abschnitt 3.1.2.1.
[578] Mit dem Konzept der losen Kopplung beschreibt Weick eine bedingte Abhängigkeit von Systemen, die miteinander lose gekoppelt sind. Die lose gekoppelten Elemente reagieren aufeinander, sind aber gleichzeitig eigenständige Identitäten (vgl. Weick 1976, S. 3). Dies hat u. a. den Vorteil, dass lose gekoppelte Systeme sich für lokale Anpassungen eignen und dass bei einem Zusammenbruch eines Elements des Systems Übertragungseffekte durch Abnabelungen vermieden werden können (vgl. Weick 1976, S. 6 f.).

Kollateralschäden. Als ein weiteres Beispiel kann die Aussetzung des Handels an Börsen angeführt werden. Verhindern außergewöhnliche Ereignisse einen ordnungsgemäßen Handel einer oder mehrerer Aktien, kann die Börsengeschäftsführung die betroffenen Aktien vom Handel ausschließen und so den Aktionären für die Beschaffung notwendiger Informationen genügend Zeit gewähren, um eine Kettenreaktion in Form von massenhaften Panikverkäufen zu vermeiden. Auch die Untergliederung eines Konzerns in einzelne Tochtergesellschaften bietet die Möglichkeit, bei Krisen durch entsprechende Maßnahmen Übertragungseffekte zu reduzieren. Zwar sind die Ursachen der eigentlichen Problematik nicht behoben, jedoch verhindern solche Routinen die Ausbreitung der Krise und können so den systemischen Betrieb aufrecht halten.

Diese Vorgehensweise, im Vorfeld von potenziellen Krisen eine Entscheidungsregel im Sinne eines Repertoires an komplexitätsreduzierenden Routinen zu entwerfen, weist Parallelen zu dem Grundprinzip des betrieblichen Kontinuitätsmanagements[579] auf. Im Fokus steht die resiliente Gestaltung von Prozessen, deren Störung die Überlebensfähigkeit eines gesamten Systems gefährdet. Das konforme Ziel ist durch die Erschaffung von Absorptionsfähigkeiten, die Funktionsfähigkeit, die Struktur sowie die Identität der Organisation aufrechtzuerhalten, um so Zeit für die Entwicklung eines komplexitätsbewältigenden Lösungsansatzes zu gewinnen.

Ähnliche Vorgehensweisen finden sich u. a. bei Rettungsdiensten. Vor Ort fehlen den Sanitätern und Notärzten sowohl die Zeit als auch das Equipment für eine vollständige Diagnose des Patientenzustandes. Stattdessen werden anhand leicht diagnostizierbarer Symptome entsprechende Maßnahmen ausgelöst, um den Patienten zu stabilisieren, sodass er transportfähig ist. Das Antreffen einer reanimationspflichtigen Person veranlasst die Helfer unverzüglich dazu, mit der Reanimation zu beginnen. Dabei spielt es keine Rolle, ob ein Organversagen, eine chronische Krankheit oder ein Unfall zum Krankheitsbild führte. Doch auch im medizinischen Bereich wird Komplexität nicht bedingungslos reduziert. Vor dem Einsatz bestimmter Routinen wie der Verabreichung von Medikamenten müssen zuvor Kontraindikationen ausgeschlossen werden. Diese Routinen werden während Aus- und Fortbildungen geübt und verinnerlicht, sodass die Rettungssanitäter in der Lage sind, unter Zeitdruck dennoch die richtigen Maßnahmen einzuleiten.

---

[579] Unter dem Konzept des betrieblichen Kontinuitätsmanagements wird „[...] die Sicherstellung einer Fortführung der Geschäftstätigkeit und die Aufrechterhaltung des wirtschaftlichen Erfolgs von Unternehmen auch in Krisenzeiten [verstanden]." (Krystek und Moldenhauer 2007, S. 90) Kongruent zu der Differenzierung der Aufgabenbereiche von komplexitätsreduzierenden und komplexitätsbewältigenden (Meta-)Routinen in dieser Arbeit befasst sich das Kontinuitätsmanagement mit der Aufrechterhaltung der Funktionsweise, der Struktur und der Identität. Die Wiederherstellung eines stabilen Zustandes geht dagegen über das Aufgabengebiet hinaus (vgl. Stanton 2005, S. 18). Für eine weiterführende Beschreibung des betrieblichen Kontinuitätsmanagements sei an dieser Stelle u. a. auf Herbane et al. 2004, Stanton 2005, Krystek und Moldenhauer 2007, Herbane 2010 sowie Hiles 2011a verwiesen.

Ein Unternehmen im Allgemeinen und das Krisenmanagement im Besonderen können aufgrund der komplexen Umwelt nicht auf einer trivialen Ursache-Wirkung-Beziehung bauen, vielmehr bewegt sich eine Organisation permanent in einer Sphäre der Unsicherheit. Entscheidungen müssen in kürzester Zeit ohne Anspruch auf vollständige Informiertheit getroffen werden. Die komplexitätsreduzierenden Meta-Routinen inklusive des entsprechenden Maßnahmen-Portfolios bilden die nötigen Rahmenbedingungen für die beschriebene Selbstorganisation, die auf Heterarchie und Autonomie fußt. Sie animieren das selbstorganisierende Aktivwerden der betroffenen Mitarbeiter in Krisenzeiten und verhelfen damit zu einer Abkehr von einem formalen, hierarchischen Krisenmanagement. Dabei bieten die Routinen den Involvierten die notwendige Unterstützung und Legitimation für ihr Handeln innerhalb der relevanten Umwelt und koordinieren die Zusammenarbeit des Regelsystems. Das Repertoire an komplexitätsreduzierenden Routinen fungiert dabei als Leitfaden, mit dessen Hilfe ohne großen Einsatz kognitiver Ressourcen und damit ohne großen zeitlichen Aufwand Entscheidungen in komplexen unsicheren Krisensituationen getroffen werden können. Die oberste Prämisse ist dabei die unverzügliche Entschleunigung der Krise, sodass im späteren Verlauf Vielfalt gefördert und eine komplexitätsbewältigende Reaktion entwickelt werden kann.

Mit der Initiierung erster korrektiver Handlungsstrategien erfolgt zeitgleich die Aktivierung, der Phase II.2 „Schaffung notwendiger Rahmenbedingungen“ für die Entwicklung eines Lösungsansatzes. Die vor Ort involvierten Personen lösen die komplexitätsbewältigende Meta-Routine parallel mit den korrektiven Sofortmaßnahmen aus.

4.2.1.2 Die komplexitätsbewältigende Meta-Routine

Komplexe Krisen sind nicht nur die Folge unvorhersehbarer Ereignisse, sondern auch das Resultat eines unangepassten Systems. Die Abweichung von einem angestrebten Zielzustand macht eine Adaption an die neuen Rahmenbedingungen notwendig, weshalb das Arbeiten am System ein wesentlicher Teil resilienter Verhaltensmuster ist. Dabei ist für eine erfolgreiche Bewältigung einer Krise eine systematische detaillierte Analyse notwendig, um entsprechende komplexitätsbewältigende Lösungsansätze entwickeln zu können. Dies lässt sich am Beispiel des Rettungsdienstes noch einmal verdeutlichen: Der Patient zählt nach der primär erfolgreichen Reanimation, der Wiederherstellung des Kreislaufes, nicht als genesen. Er wird in ein Krankenhaus eingeliefert, um mithilfe ausführlicher Diagnostik die Ursachen des Herzversagens zu ermitteln und zu behandeln.

Die Anpassungen des Systems werden durch die komplexitätsbewältigende Meta-Routine (vgl. Abbildung 22) vorgenommen. In Phase II.2 werden zuerst mithilfe eines Ad-hoc-Netzwerkes die notwendigen Rahmenbedingungen geschaffen, sodass in Phase III die Entwicklung und die Implementierung komplexitätsbewältigender Lösungsansätze im Rahmen des Problemlösungsprozesses erfolgen können. Zusätzlich ist die Meta-Routine für die Nachbereitung der Krise im Sinne einer Gedächtnisfunktion zuständig.

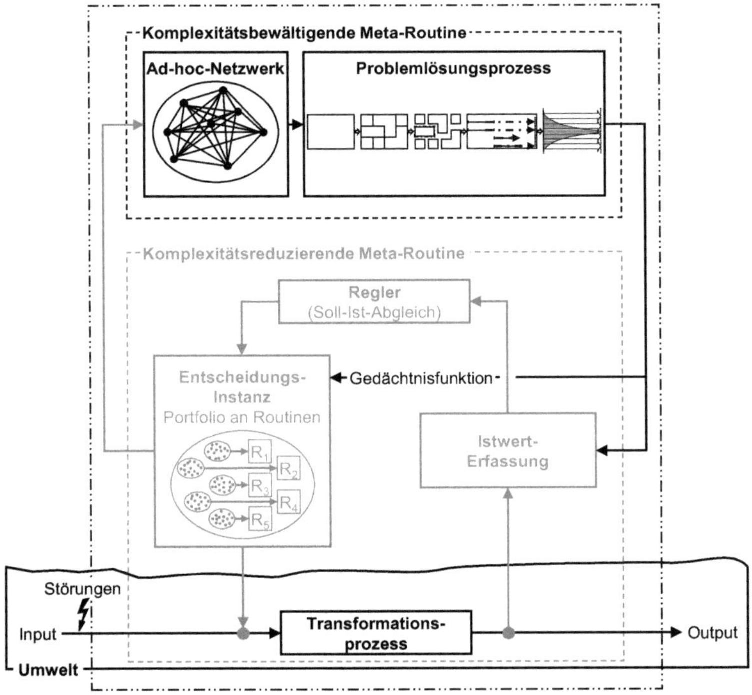

Abbildung 22: Komplexitätsbewältigende Meta-Routine[580]

4.2.1.2.1 Schaffung notwendiger Rahmenbedingungen

Bei der Erarbeitung der Lösungsansätze wird die Komplexität der Störung nicht reduziert, sondern in ihrem vollständigen Ausmaß belassen und der entsprechenden Eigenvarietät des Systems gegenübergestellt, sodass die Erfüllung des Eigenvarietätstheorems gegeben ist. Die Entwicklung eines solchen Lösungsansatzes erfordert, dass Wissen im Sinne der Bricolage auf kreative und reflektierende Weise mit entsprechenden Ressourcen in den neuen Kontext der vorherrschenden Problemsituation eingebracht wird. Popper charakterisiert das kreative Denken als das Durchbrechen von bestehenden Grenzen, Rahmenbedingungen und Sachzwängen.[581] Die größte Herausforderung liegt dabei in der tatsächlichen Konsolidierung und

[580] Quelle: eigene Darstellung.
[581] Vgl. Popper 1974a, S. 36.

Nutzung des in einer Organisation vorhandenen relevanten Wissens. Nach Gomez, Malik und Oeller ist das „[...] vor allem ein Problem der richtigen Organisation und Reorganisation von Wissen [...]".[582, 583] Wesentliche Voraussetzung für das Gelingen ist die Kreierung von effektiven Strukturen, weshalb es sich empfiehlt, Änderungen an der Aufbau- und Ablaufstruktur der Primärorganisation vorzunehmen. Diese Anforderungen werden durch die Bildung eines Ad-hoc-Netzwerkes erfüllt.[584] Es vereint das benötigte Wissen, die Informationen und die Ressourcen und bietet strukturell die benötigten Räume für die Entfaltung der Vielfalt. Alltägliche Betriebsstrukturen entsprechen oft nicht den aus Krisen resultierenden Anforderungen. Die hierarchischen, formalen Strukturen sind meist zu schwerfällig, um schnelle Entscheidungen zu treffen, und hinderlich für eine interdisziplinäre Zusammenarbeit.[585]

Diese Netzwerke fußen, gemäß dem adaptiven Immunsystem, auf der Bildung informaler, flexibler und reaktionsstarker Temporärorganisationen. Sie organisieren sich und ihre Tätigkeiten eigenständig, wobei Weisungsbefugnisse, Funktionen und Kompetenzen im Sinne einer Heterarchie verteilt werden und den interdisziplinären Problemlösungsprozess ermöglichen. Das Ad-hoc-Netzwerk ist als Konglomerat aller relevanten Mitarbeiter zu verstehen. Entgegen der vorherrschenden Literatur der Krisenbewältigung sollte in Anlehnung an das Immunsystem kein „dominante[r] Träger des Krisenmanagement [sic!]"[586] existieren, der die Zusammensetzung des Teams bestimmt.[587] Stattdessen finden sich die Protagonisten selbstorganisierend

---

582 Gomez et al. 1975, S. 80.

583 Jedes Problem ist als theoretisches Problem anzusehen und jede Problemlösung als ein Vorgang der Modifizierung von Wissen (vgl. Gomez et al. 1975, S. 20). Der theoretische Charakter eines Problems zeigt sich in der Abweichung eines aktuellen Zustandes von der theoretischen Vorstellung bezüglich einer relevanten Situation (vgl. Abschnitt 4.2.1.1.1). Die Problemlösung als Modifizierung von Wissen ist auf Popper zurückzuführen, der Wissen in subjektives und objektives Wissen unterteilt. Seines Erachtens besteht das subjektive Wissen, das er auch als organisches Wissen beschreibt, aus Dispositionen von Lebewesen und das objektive Wissen aus logischen Inhalten von Theorien (vgl. Popper 1974b, S. 73). Diese Unterscheidung ist notwendig, „[...] denn sie bringt zum Ausdruck, dass Wissen bereits auf organismischer Ebene, und zwar auf jeder organismischen Ebene, in Form von Dispositionen, d. h. von Neigungen oder Tendenzen zu bestimmten Verhaltensweisen vorhanden ist." (Gomez et al. 1975, S. 14, Hervorh. i. O.) Folglich sind Anpassungszustände, die sich durch bestimmte Verhaltensweisen ergeben, Zustände des Wissens. Besteht ein Problem, also existiert eine Abweichung von einem Erwartungswert, ist eine Anpassung an die neue Situation erforderlich. Diese ist durch den Erwerb von Neuem oder die Modifizierung von bestehendem Wissen charakterisiert, sodass letztlich das Problemlösen eine Veränderung des (subjektiven oder objektiven) Wissens darstellt (vgl. Gomez et al. 1975, S. 18 f.).

584 Bezogen auf die Skizze resilienter Verhaltensmuster, werden die notwendigen Rahmenbedingungen durch Bildung von Ad-hoc-Netzwerken geschaffen (vgl. Abbildung 22).

585 Vgl. Müller 1986, S. 517 ff., Krystek 1987, S. 277 ff. sowie Krystek und Moldenhauer 2007, S. 164 f.

586 Müller 1986, S. 409.

587 Müller schreibt, dass die Zusammensetzung des Teams, die Verteilung der Weisungs- und Entscheidungsbefugnisse, die Verteilung von Arbeitsaufträgen sowie die Regeln der Zusammenarbeit hierarchisch zu bestimmen sind. Die so bestimmten Mitglieder oder auch Träger des Krisenmanagements besitzen fortan die Aufgabe, das Unternehmen durch die Krise zu führen (vgl. Müller 1986, S. 409 und S. 424 ff., Krystek 1987, S. 97 ff., Böckenförde 1996, S. 103 ff. sowie Krystek und Moldenhauer 2007, S. 162 ff.). Dabei sieht Töpfer vor allem das Management eines Unternehmens in der Verantwortung, in kritischen Zeiten die Führung zu übernehmen, um so Phänomene der Lähmung und Trägheit als Folge einer Erschütterung zu überwinden (vgl. Töpfer 2013, S. 239). Damit übereinstimmend schreibt Müller: „Die Bewältigung von Unternehmenskrisen stellt eine elementare Führungsaufgabe dar, die die höchste Priorität im Rahmen der betrieblichen Aufgabenerfüllung besitzt. Folglich kommt als *Träger des Krisenmanagement* [sic!] *in erster Linie die Führung, d. h. das Top-Management der von der Krise betroffenen Unternehmen* in Betracht." (Müller 1986, S.431, Hervorh. i. O.) Begründet wird

zusammen. Dabei ist es nicht von Bedeutung, welche formalen Rollen diese innehaben. Entscheidend ist der Mehrwert, den ein potenzielles Mitglied stiftet. Hier kommt vor allem den von der Krise betroffenen Individuen eine wichtige Rolle zu. Sie sind im Besitz des relevanten Wissens und der benötigten Informationen bezüglich des aktuellen Kenntnisstands des Transformationsprozesses und der vorliegenden Störung. Hinzu kommen, je nach Art der Störung, entsprechende Experten. So wie das Immunsystem bei Viren auf CD8-T-Zellen, bei Parasiten auf B-Zellen und ihre unterschiedlichen Immunglobuline oder bei extrazellulären Bakterien auf CD4-T-Zellen und die sich daraus ergebenden Sub-Populationen angewiesen ist, so bedarf es der richtigen spezifischen Expertise und der Erfahrung entsprechender Experten bei einer existierenden Krise.

Die Entstehung und die Funktionstüchtigkeit eines Ad-hoc-Netzwerks setzt ein hohes Maß an Kollaboration voraus, da es kein zentrales Organ gibt, das die Organisation des Netzwerkes übernimmt. Daher ist eine umfassende Kommunikationskultur, die auf Transparenz, Respekt, Offenheit, Ehrlichkeit und Vertrauen aufbaut, unabdingbar. Die Missstände in einer zu kontrollierenden Situation sollten im Sinne der Transparenz unverzüglich über die Grenzen der eigenen Abteilung, des Teams oder der Produktionsstätte offen kommuniziert werden. Wird dagegen eine systemische Kommunikation versäumt oder die Störung nicht oder nur bedingt erkannt, birgt dies die Gefahr, eine kritische Situation zu unterschätzen.[588] Durch das zum Teil zu beobachtende Bestreben, eine Krise zu verschleiern und diese in Eigenregie zu beseitigen,[589] wird riskiert, dass lokale Störungen aufgrund inadäquater Maßnahmen nicht bewältigt werden, sich als Folge über das gesamte Unternehmen ausbreiten und letztendlich die Überlebensfähigkeit der gesamten Organisation bedrohen. Das unabdingbare sofortige Inkrafttreten des Entwicklungsprozesses einer adaptiven Reaktion ist dabei nicht gleichzusetzen mit direkten einschneidenden Veränderungen von Prozessen und Strukturen im Unternehmen. Vielmehr ist der entscheidende Aspekt, dass umgehend Rahmenbedingungen für die Problembewältigung geschaffen werden.[590] Stellt sich während des Vorgangs heraus, dass eine Störung allein durch die lokalen Mechanismen behoben werden kann, so wird auch dieser Vorgang zeitnah herunterreguliert. Analog hierzu lässt sich innerhalb des Immunsystems beobachten, dass mit der Auslösung einer Entzündungsreaktion parallel das adaptive

dies von Müller durch die hierarchisch legitimierte Machtposition sowie die Annahme, dass das Top-Management einen umfassenden Überblick über die einzelnen Teilbereiche und ihren Beziehungen untereinander besitzt und die Kontakte zu allen betrieblichen Interessengruppen hat (vgl. Müller 1986, S. 431).

[588] An dieser Stelle sei nochmals auf die subjektive Wahrnehmung sowie auf mögliche Wahrnehmungsverzerrungen hingewiesen (Schreyögg 2004, S. 18 ff., Schreyögg und Ostermann 2013, S. 121 ff. sowie Kirsch et al. 2009, S. 123 ff.).

[589] Vgl. Müller 1986, S. 321. Diese Verhaltensweise ist zum Teil das Resultat einer Sanktionierungspolitik von Unternehmen, deretwegen Verantwortliche sich nicht trauen, Fehler einzugestehen (vgl. Müller 1986, S. 322).

[590] So beschreiben auch Schreyögg und Ostermann die Bedeutung der Einrichtung eines Krisenmanagementteams (vgl. Schreyögg und Ostermann 2013, S. 128). Müller weist ebenfalls auf die Notwendigkeit einer frühzeitigen Festlegung der Organisation eines Prozesses für die Krisenbewältigung hin, in der u. a. die Bildung und Einsetzung von Teams, Arbeitsgruppen oder Task-Forces festgelegt werden sollte (vgl. Müller 1986, S. 352).

Immunsystem aktiviert wird. Kann die Infektion durch die Mechanismen des angeborenen Immunsystems beseitigt werden, so erfolgt ohne Weiteres die Herunterregulierung `dieses Vorganges.

Ferner sollten beteiligte Personen während des Problemlösungsprozesses das Vertrauen der Kollegen erfahren und zugleich willens sein, ihr Wissen und ihre Gedanken mit dem Team zu teilen. Jedes Teammitglied muss sich dabei seiner eigenen Stärken und Schwächen bewusst sein, diese klar kommunizieren und entsprechend die eigenen Aufgaben und das eigene Handeln danach ausrichten. Dabei spielt die Selbstreferenz des Netzwerkes und damit die eigene Reflexion eine zentrale Rolle. Die unterschiedlichen Fähigkeiten, das Wissen und die Spezialisierungen der Mitglieder können nur durch eine enge Zusammenarbeit bestmöglich koordiniert und eingesetzt werden. Des Weiteren ist das Sicherstellen von direkten Kommunikationswegen bei Informationsübermittlungen durch die Netzwerke – sozusagen ohne formale Hürden – aufgrund des Zeitdrucks in Krisensituationen essenziell für eine erfolgreiche Krisenbewältigung.[591]

4.2.1.2.2 Entwicklung und Implementierung komplexitätsbewältigender Lösungsansätze

Sind die Rahmenbedingungen für das weitere Vorgehen geschaffen, geht es im nächsten Schritt, der Phase III, um die Entwicklung eines hochsensiblen, invasiven, komplexitätsbewältigenden Lösungsansatzes. Dieser hinterfragt jegliche Rahmenbedingungen sowie Verhaltensmuster der zu kontrollierenden Situation,[592] greift bei seiner Implementierung auf die bereits ausgelösten komplexitätsreduzierenden Handlungsstrategien zurück und modifiziert diese in ihrer Aufbau- sowie Ablaufstruktur, ohne dass, soweit möglich, lokale Ressourcen durch externe ersetzt oder ergänzt werden.[593] Dies ist abgeleitet aus der Modifizierung des angeborenen Immunsystems durch das adaptive im Verlauf einer adaptiven Immunreaktion. Die Integration neuer Elemente in Form von neuen Mitarbeitern, Software, Maschinen etc. birgt unter zeitkritischen Umständen Risiken, da ohne vorherige Evaluation nicht absehbar ist,

---

591 Vgl. Müller 1986, S. 486 ff., Penrose 2000, S. 158, Krystek und Moldenhauer 2007, S. 69 ff. sowie Schreyögg und Ostermann 2013, S. 130.

592 Dieser Schritt des Arbeitens am System hat zum Ziel, die Verwendung von altbewährten Handlungsmustern zu hinterfragen. In Krisenzeiten lässt sich jedoch in Unternehmen vermehrt ein Verfestigungseffekt beobachten, wonach Mitarbeiter in altbewährten Verhaltensmustern verharren. Dies hat negative Auswirkungen auf die Wandlungs- und Anpassungsfähigkeiten von Unternehmen (vgl. Schreyögg und Ostermann 2013, S. 131). Die Theorie der Pfadabhängigkeit besagt, dass „[e]inmal eingeschlagene Wege, [...] die Tendenz [haben], sich zu verfestigen." (Schreyögg 2014, S. 2) Vergangene Handlungen prägen so immer mehr zukünftige Entscheidungen, wodurch sich in einem Unternehmen ein Pfad herausbildet. Dies hat zur Folge, dass „[...] die Organisationsmitglieder [..] unter bestimmten Umständen in ihrem Handeln zunehmend ein- und dasselbe Muster [replizieren], bis schließlich dieser Pfad trotz veränderter Bedingungen nicht mehr oder nur noch mit sehr großen Anstrengungen verlassen werden kann." (Schreyögg 2014, S. 2) Für eine detaillierte Ausführung bezüglich der Pfadabhängigkeit sei an dieser Stelle u. a. auf Sydow et al. 2009 sowie Schreyögg 2014 verwiesen.

593 Das Arbeiten am System ist somit als eine operational geschlossene Transformation zu interpretieren (vgl. Abschnitt 3.3.2.2).

wie sich ein komplexes, dynamisches System nach dem Einbetten unbekannter Elemente verhält und welche Wechselwirkungen dadurch entstehen können.

Der Prozess der Problemlösung inklusive einer umfangreichen Situationsanalyse und der Implementierung der Maßnahmen nach dem Muster des menschlichen Immunsystems verläuft nicht nach einem sequenziellen Schema, wie es bei den Wasserfall-Modellen der klassischen Krisenbewältigungsprozesse zu beobachten ist.[594] Ausgehend von einer ersten groben Erfassung der Situation in der frühen Phase, die die Grundlage für die Auslösung des Krisenbewältigungsprozesses bildet, lassen sich im weiteren Verlauf die Phasen der Analyse, der Entwicklung sowie der Implementierung nicht klar zeitlich voneinander abgrenzen. Stattdessen verlaufen sie in iterativen Schleifen ab.

Krisen sind das Resultat eines komplexen Geflechts von unterschiedlichen Ursachen und einer umfangreichen Verkettung von Wechselbeziehungen.[595] Für die vollständige Beseitigung einer Krise ist daher eine systematische und detaillierte Umwelt- und Unternehmensanalyse vonnöten, sodass bestmöglich alle internen und externen Ursachen identifiziert werden können.[596] Die Situationserfassung der initialen Phase galt vorwiegend der Identifizierung von Krisenindikatoren für die Initiierung erster korrektiver Maßnahmen. Aufbauend auf dieser ersten sehr groben Einschätzung verfügen die an der Entwicklung eines komplexitätsbewältigenden Lösungsansatzes beteiligten Personen daher nur über eine vage Vorstellung von der konkreten Problemsituation und ihren Ursachen. Mag dies für die Auslösung der Sofortmaßnahmen noch ausreichend sein, limitiert diese Informationslage jedoch den weiteren Problemlösungsprozess. In den Fokus sollten nun nicht mehr Symptome und Auswirkungen, sondern die möglichen Ursachen, also die Faktoren, die verantwortlich für die Entstehung der Krise sind, rücken.[597] Daher ist eine vollumfängliche Analyse, die nach dem Trial-and-Error-Prinzip erfolgt, unabdingbar. In mehreren Iterationen wird die Situationsanalyse als rekonstruiertes Modell der zu kontrollierenden Situation mit der aktuellen Krisensituation reflektiert. Die dabei identifizierten Diskrepanzen werden fortan eliminiert, wodurch ein immer präziseres Abbild entsteht.[598, 599] Die Situationsanalyse entwickelt sich somit über den Komplexitätsbewältigungsprozess hinweg von einer ersten Wahrnehmung von Krisenindikatoren hin zu einem

---

594 Vgl. Müller 1986, S. 317 ff., Böckenförde 1996, S. 52 ff. sowie Krystek und Moldenhauer 2007, S. 141 ff.
595 Vgl. Krystek 1987, S. 67 f., Böckenförde 1996, S. 29 ff. sowie Krystek und Moldenhauer 2007, S. 40 ff.
596 Vgl. Müller 1986, S. 356 ff.
597 Vgl. Müller 1986, S. 358.
598 Risiken der Subjektivität wie beispielsweise der blinde Fleck des Beobachters oder dessen subjektive Wahrnehmung sollten im Verlauf dieser Zyklen weitestgehend minimiert werden. Mit entsprechenden Mechanismen gegen die Auswirkungen technischer und semantischer Übermittlungsstörungen wie die Rückkopplung im Sinne des Beobachters zweiter Ordnung und Redundanzen in der Nachrichtenübermittlung können Fehler der Trials eliminiert werden, wodurch die Genauigkeit der Analyse und des Lösungsansatzes im Laufe des Vorganges steigt.
599 Innerhalb des Immunsystems wird, abstrakt gesehen, die Situationsanalyse für die Entwicklung einer T-Zell-

generischen Überblick über die aktuelle Lage des Unternehmens und schließlich zu einer detaillierten problemspezifischen Analyse. Anfänglich umfasst ein solcher Statusbericht Informationen darüber, inwieweit die Existenzbedrohung akut ist, worin die wesentlichen Ursachen der Krise bestehen, und wird im weiteren Verlauf fortwährend spezifiziert.[600]

Aufgrund der Komplexität einer Krisensituation und der Subjektivität der Rekonstruktion besteht jedoch keine Garantie, dass die Wahrnehmung einer bestimmten Situation und somit ihre Erfassung korrekt und vollständig sind. Ferner unterliegt eine dynamisch, komplexe Umwelt und damit auch die Problemsituation fortwährenden Veränderungen. Situationsanalysen sind dagegen Momentaufnahmen. Zuletzt bleibt während einer ausgebrochenen Krise nicht ausreichend Zeit, eine in all ihren Details vollständige Analyse der Situation zu erarbeiten.[601] Die Identifizierung einer trivialen Ursachen-Wirkungs-Beziehung, mit der zukünftiges Verhalten vorhergesagt werden kann, ist daher nicht möglich, denn die „[...] ‚Informationsbasis' [für Entscheidungen] [ist] immer unsicher und unvollständig [...]".[602] Daraus lässt sich schließen, „[...] dass für ein bestimmtes Problem nicht nur eine mögliche Lösung vorgeschlagen werden kann, sondern dass viele Problemlösungen, viele tentative Theorien denkbar sind [...]".[603,604] In der Mathematik wird in solchen Fällen, wenn eine eindeutige Lösung, wie beispielsweise bei der Quadratur des Kreises, nicht existiert, auf das Approximationsprinzip zurückgegriffen. Auch die hier skizzierte vom Immunsystem inspirierte Methode strebt eine Annäherung der Problemlösung an den tatsächlichen meist komplexen Sachverhalt mittels einer iterativen, tentativen Vorgehensweise an. Am Beispiel des Immunsystems[605] wird dabei ersichtlich, dass es

Antwort von den dendritischen Zellen übernommen. Nach der Erkennung eines Erregers wird dieser aufgenommen und in Peptide verarbeitet, die fortan als Referenzwerte für die Proliferation der T-Zellen dienen. Die dendritische Zelle erkennt also von Beginn an die volle Spezifität des Antigens, sodass eine Annäherung nicht notwendig ist. Übertragen auf den hier beschriebenen Problemlösungsprozess ist es jedoch aufgrund kognitiver Fähigkeiten (vgl. Kirsch et al. 2009, S. 125 ff.), möglicher blinder Flecken und subjektiver Wahrnehmungen unwahrscheinlich, dass beteiligte Individuen in der Lage sind, in ihrer Umwelt komplexe Störungen unverzüglich und vollumfänglich in allen Details zu erfassen. Stattdessen stellt die Situationsanalyse selbst ein Problem dar, das im Rahmen des Problemlösungsprozesses gelöst werden muss (vgl. Gomez et al. 1975, S. 91).

600 Die Situationsanalyse der dritten Phase des Krisenbewältigungsprozesses resilienter Verhaltensweisen entspricht somit in den ersten Schritten einer Grobanalyse (vgl. Müller 1986, S. 343 ff., Böckenförde 1996, S. 56 ff. sowie Krystek und Moldenhauer 2007, S. 141 ff.) und zugleich im späteren Verlauf der Phase einer detaillierten Problemdiagnose (vgl. Müller 1986, S. 356 ff., Böckenförde 1996, S. 79 ff. sowie Krystek und Moldenhauer 2007, S. 146 f.).

601 Bei der Aufstellung einer Problemdiagnose formuliert Müller die Regel: „‚So detailliert wie nötig' und nicht ‚wie möglich'." (Müller 1986, S. 356)

602 Gomez et al. 1975, S. 77.

603 Gomez et al. 1975, S. 65, Hervorh. i. O.

604 Einhergehend mit der Abkehr von einer idealtypischen Lösung vermeiden Kirsch et al. bewusst den Gebrauch des Begriffes „Lösung" und sprechen von der „Bewältigung" eines Problems. Mit Hinblick auf Merkmale kognitiver Problemlösungsprozesse postulieren sie, dass die Lösung einer Problematik nicht möglich ist, sondern Situation eher „gehandhabt" werden (vgl. Kirsch et al. 2009, S. 122 ff.). Dies stimmt dahin gehend mit der hier vertretenen Auffassung überein, als eine Problematik stets ein subjektabhängiges theoretisches Problem darstellt, das objektiv nicht zwangsläufig existiert und damit auch nicht gelöst werden kann. Die Problembewältigung führt lediglich zu einem neuen Anpassungszustand eines Systems bezüglich seiner Umwelt (vgl. Gomez et al. 1975, S. 20 ff.).

605 Das Immunsystem entwickelt nach dem Trial-and-Error-Verfahren erfolgreiche adaptive Immunantworten mit äußerst hoher Spezifität, ohne den Anspruch auf hundertprozentige Spezifität. Statt eine Infektion als Ganzes zu interpretieren, nähert sich das Immunsystem dieser an, indem die Erkrankung in ihre einzelnen Antigene

für die Beseitigung der Ursache keines Lösungsansatzes bedarf, der eine hundertprozentige und eindeutig deckungsgleiche Problemspezifität aufweist.

In Anlehnung an dieses Vorgehen basieren der Problemlösungsprozess und die Bewältigung der Komplexität resilienter Verhaltensmuster auf dem Bestreben, sich der Spezifität der Krise als Ganzes schrittweise zu nähern. Eine Krise (Infektion), bestehend aus einzelnen Störungen (Antigenen), wird im Rahmen mehrerer Module (Entwicklung der T_H-, CTL- und B-Zellen-Antwort) bewältigt. Dabei ist zu beachten, dass der Blick für die Gesamtsituation dennoch gewahrt bleibt. Einen „Tunnelblick" durch die Fokussierung auf die Erfüllung einzelner Module gilt es zu vermeiden, um etwaige Kollateralschäden weitestgehend auszuschließen. Dies bedeutet, dass trotz des störungsspezifischen, modulartigen Problemlösungsprozesses niemals der Blick auf das wesentliche Ganze verlorengehen darf und Interdependenzen zwischen den unterschiedlichen Teilen einer Organisation unberücksichtigt bleiben.

Die Entwicklung eines komplexitätsbewältigenden Ansatzes bedarf demnach der Erfassung einer Krise als Konglomerat einzelner Störungen, wie Abbildung 23 veranschaulicht. Komplexe unerwartete Krisen besitzen dabei zumeist facettenreiche Auswirkungen auf ein Unternehmen, und daher ist es nicht unwahrscheinlich, dass die Krisenbewältigung sich mit mehr als einer Störung gleichzeitig befassen muss. Werden beispielsweise Teile eines Landes von einer Überschwemmung heimgesucht, so kann diese Naturkatastrophe außer zu Lieferengpässen von Rohstoffen auch zum Zusammenbruch von Teilen der Infrastruktur eines Unternehmens führen und gleichzeitig den Ausfall von personellen Ressourcen bedingen. Die Segmentierung einer Krise sollte daher anhand der zuvor identifizierten Krisenindikatoren der frühen Phase erfolgen.

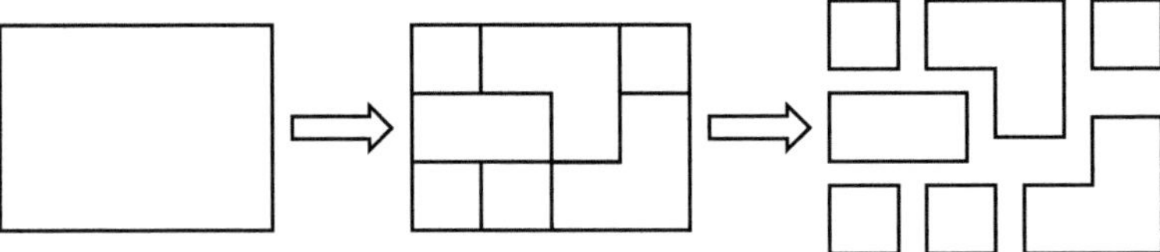

Abbildung 23: Segmentierung der Krise in einzelne Störungen[606]

unterteilt wird. Die Bekämpfung der Pathogene erfolgt dann durch die Entwicklung und den Einsatz mehrerer Teil-Antworten, so der T_H-Effektorzellen, der CTL sowie der B-Zellen und ihrer Antikörper. Dabei werden während der Entwicklung einer Teil-Antwort viele unterschiedliche Immunzellen, deren Spezifität einen gewissen Deckungsgrad mit der Spezifität eines der relevanten Antigene aufweist, zur Proliferation angeregt. Im weiteren Verlauf konkurrieren diese Zellen untereinander anhand ihrer Spezifikation um Überlebenssignale, sodass letztendlich die spezifischste Immunzelle und ihre Klone überleben (vgl. Abschnitt 3.1.3.2).

606 Quelle: eigene Darstellung.

Die Bewältigung der einzelnen Störungen erfolgt wiederum modular, d. h., die Störungen werden nochmals in einzelne Module unterteilt, wie Abbildung 24 darstellt.

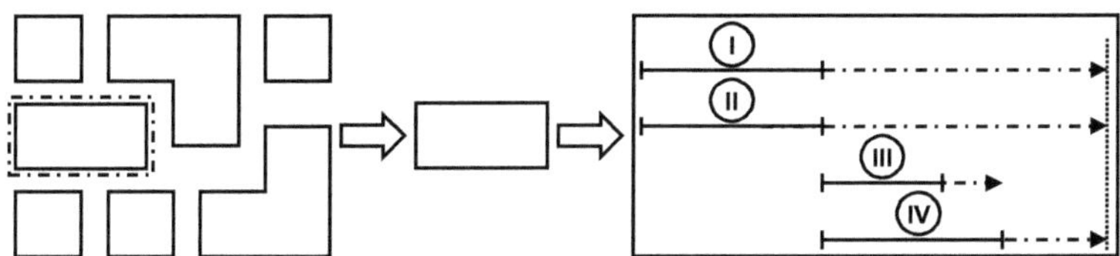

Abbildung 24: Modularer Aufbau der Entwicklung eines Lösungsansatzes[607]

Der modulare Aufbau ermöglicht eine schnellere Reaktion auf eine vorliegende Krise, da abgeschlossene Module, soweit möglich, unverzüglich implementiert werden können.[608] Die Krisenbewältigung durch eine schnelle Integration von Inkrementen von funktionierenden Ansätzen sollte dem Entwickeln eines allumfassenden Lösungsansatzes vorgezogen werden. Die Bekämpfung der Störung kann somit schon beginnen, bevor die Entwicklung eines klassischen Gesamtkonzeptes abgeschlossen ist. So ist die Initiierung von komplexitätsreduzierenden Routinen in der initialen Phase nichts weiter als eine erste unspezifische Iteration eines gesamtheitlichen Lösungskonzeptes, das fortwährend spezifiziert und modifiziert wird. Des Weiteren erlaubt die hier postulierte inkrementelle Vorgehensweise kontinuierliche Anpassungen an die sich verändernde Umwelt und ihre Rahmenbedingungen.[609] Gewonnene Erkenntnisse aus abgeschlossenen Modulen bezüglich der vorliegenden Problematik sowie Herausforderungen und Hindernisse des Problemlösungsprozesses können von Iteration zu Iteration übertragen werden, um so die Effektivität und Spezifität folgender Module zu steigern. Dies erlaubt Organisationen, schnell zu agieren, aus ihren Handlungen zu lernen und darauf aufbauend ihr weiteres Vorgehen zu verbessern. Dabei darf die Implementierung eines Moduls nicht gleichgesetzt werden mit dem gedanklichen Abschließen mit dieser speziellen (Teil-) Problematik. Da das Approximationsprinzip keinen Anspruch auf die idealtypische Lösung erhebt, können zu späteren Zeitpunkten durchaus effektivere Lösungen identifiziert werden. In diesem Fall darf nicht davor zurückgeschreckt werden, das entsprechende Modul nochmals zu überarbeiten. Ein Modul ist folglich erst vollständig abgeschlossen, wenn die gesamte Krise erfolgreich beseitigt wurde.

Aufgrund des bestehenden Zeitdrucks in Krisensituationen empfiehlt es sich für ein Unternehmen, die jeweiligen Störungen und Module zeitgleich zu bearbeiten. Dies ist jedoch nicht immer möglich, da zum einen nicht immer ausreichend Ressourcen zu Verfügung stehen und

[607] Quelle: eigene Darstellung.
[608] Vgl. Korn 2016, S. 122 oder auch Kuster et al. 2011 S. 26 ff.
[609] Vgl. Korn 2016, S. 122 oder auch Kuster et al. 2011 S. 26 ff.

zum anderen Module teilweise aufeinander aufbauen. Die Koordination der Abfolge benötigt daher einer Priorisierung. Prinzipiell ist die Konzeptionierung der Module abhängig von der Spezifität der Situationsanalyse. Analog zu ihrer Entwicklung empfiehlt es sich, zu Beginn generische Maßnahmen zu implementieren, die geringere Anforderungen an situationsbezogenes Wissen stellen, demnach aber auch eine geringere Spezifität gegenüber der Problematik aufweisen. Im Verlauf der Krisenbewältigung und der damit einhergehenden Generierung von Erkenntnissen kann fortan die Genauigkeit der Maßnahmen kontinuierlich gesteigert werden. Bei der Priorisierung sollte berücksichtigt werden, dass bestimmte Elemente eine höhere Dringlichkeit für die Wahrung der Überlebensfähigkeit besitzen, andere dagegen ein spezifischeres Wissen benötigen, das nur aus den erlangten Erkenntnissen vorgelagerter Module hervorgeht, und wiederum andere auf bereits implementierten Maßnahmen aufbauen. Um nochmals auf das Beispiel des Rettungsdienstes zurückzukommen: Ein Patient, der nach einem Unfall durch Sofortmaßnahmen vor Ort temporär stabilisiert wurde, wird in die nächstliegende Notaufnahme gebracht. Dort durchläuft er weitere Diagnostikschritte, wobei zumeist frühzeitig eine Sonor-Untersuchung und im Anschluss daran eine Computertomografie und Röntgenuntersuchung durchgeführt werden. Diese haben bei bestimmten Krankheitsbildern höchste Priorität, da mit deren Hilfe lebensbedrohliche Verletzungen, die einer Notoperation bedürfen, abgeklärt werden. Im weiteren Verlauf werden fortan, falls das Krankheitsbild dies erfordert, weitere Tests wie Labor oder Magnetresonanztomografie durchgeführt. Bei komplexen Tatbeständen kann es zudem vorkommen, dass schwerwiegende Verletzungen und Brüche nur in Etappen behandelt werden, sodass bestimmte Behandlungen auf vorherige Handlungsschritte angewiesen sind.

Auch innerhalb eines Moduls wird von dem Approximationsprinzip Gebrauch gemacht. Aufgrund der stetigen unvollständigen Informationsbasis sollte Abstand von eindimensionalen Denkansätzen bei der Problembewältigung genommen werden. Bei klassischen Vorgehensweisen ist dagegen das Streben nach einer vollumfassenden Analyse zu beobachten. Daran angegliedert entscheiden sich die Protagonisten für einen potenziellen Lösungsweg, der fortan immer detaillierter ausgearbeitet wird.[610] Die Gefahr einer isolierten, sequenziell abgegrenzten Analysephase wurde bereits thematisiert: eine Situationsanalyse – und möge sie noch so ausführlich ausfallen – wird immer eine Momentaufnahme bleiben, weshalb die Dynamik der Krise nicht ausreichend berücksichtigt werden kann. Ferner birgt eine eindimensionale Problemlösungsmethode zwei weitere Risiken: (1) Treten zu einem fortgeschrittenen Zeitpunkt neue spezifischere Erkenntnisse oder Rahmenbedingungen auf, die eine Anpassung des Lösungsansatzes unmöglich machen, empfiehlt es sich, diesen zu verwerfen. Da aufgrund dieses linearen Vorgehens keine alternativen Lösungsansätze berücksichtigt wurden, bedarf es einer

[610] Vgl. Müller 1986, S. 317 ff., Böckenförde 1996, S. 52 ff. sowie Krystek und Moldenhauer 2007, S. 141 ff.

vollumfänglichen Neuplanung. Der damit einhergehende Verlust an Ressourcen, insbesondere an Zeit, kann dazu führen, dass die Bedrohung der Überlebensfähigkeit signifikant zunimmt. (2) Je weiter fortgeschritten die Entwicklung ist, desto größer wird das Risiko, dass sich der Blick der in den Prozess involvierten Personen zu sehr auf den bisher verfolgten Ansatz fokussiert hat, sodass scheuklappenartige Verhaltensmuster entstehen und es am nötigen Weitblick fehlt, um das Problem möglichst genau zu erfassen. Ferner werden Bedrohungen und Abweichungen erschwert oder nicht mehr wahrgenommen. Dies kann dazu führen, dass Wirkungseffekte der Problemlösung falsch eingeschätzt oder Kritiken an dem derzeitigen Ansatz nicht genügend Beachtung geschenkt werden, sodass die Lösung am Problem vorbeientwickelt wird.

Die eigentliche Problemlösung und die damit verbundene Bewältigung der Komplexität erfolgen im Rahmen der Entwicklung eines Lösungsansatzes für ein bestimmtes Modul. Dabei wird von einer detektierten Problemsituation ausgegangen, für die tentativ mehrere Lösungen entwickelt werden. Das Trial-and-Error-Prinzip bei der Entwicklung eines Lösungsansatzes,

> „[d]ie Beseitigung von Fehlern und Mängeln in der versuchsweisen Problemlösung[,] ist ein wesentlicher und unabdingbarer Bestandteil der Problemlösungsmethode [...] denn nur die Elimination von Fehlern kann [...] zu guten Problemlösungen führen."[611]

Die Methode der Problemlösung erfolgt nach Gomez, Malik und Oeller also immer nach dem „Verfahren von Versuch und Irrtumselimination"[612, 613], und auch Edmondson schreibt: „The wisdom of learning from failure is incontrovertible."[614, 615] Dem Approximationsprinzip entsprechend ist es das Ziel, sich der Spezifität der Krise anzunähern. Die steigende Präzision ist dabei auf die iterative Gegenüberstellung der Lösungsansätze mit der immer spezifischer werdenden Situationsanalyse zur Identifizierung und Beseitigung von Mängeln zurückzuführen.

Die Entwürfe von Lösungsansätzen durchlaufen (1) einen horizontalen und (2) einen vertikalen Selektionsprozess.

---

[611] Gomez et al. 1975, S. 86.

[612] Gomez et al. 1975, S. 22.

[613] Ein Problem stellt eine Abweichung von einem Gleichgewichtszustand dar. Dies setzt voraus, dass zuvor bereits eine Anpassung an eben jenen Zustand erfolgte. Als Reaktion auf die Abweichung muss sich ein System an die neue Situation anpassen, um in einen Gleichgewichtszustand zurückzukehren. Treten erneute Störungen des Gleichgewichts auf, beginnt dieser Prozess von Neuem. Die sich hieraus ergebende rekursive Abfolge an Fehlereliminationen durch Anpassungen wird auch als Trial-and-Error- oder als Versuch-Irrtum-Verfahren beschrieben (vgl. Gomez et al. 1975, S. 20 ff.).

[614] Edmondson 2011, S. 49.

[615] Diese Vorgehensweise lässt sich auch in allen Bereichen des menschlichen Immunsystems beobachten. Ob bei der Kontaktaufnahme zwischen einem Makrophagen und einem Antigen, im Rahmen der Antigenpräsentation einer dendritischen Zelle und einer T-Zelle oder bei den Abläufen der Entwicklung einer adaptiven Immunantwort. Das Immunsystem arbeitet stets nach dem Prinzip von Trial-and-Error (vgl. Abschnitt 3.1).

(1) Durch die horizontale Selektion werden Mängel innerhalb eines Trials identifiziert und eliminiert. Durch die immer präziser werdende Situationsanalyse können immer detailliertere, zum Teil schädliche Mängel detektiert und eliminiert werden, wodurch im Laufe des Prozesses der einzelne Problemlösungsansatz per se immer spezifischer wird und zugleich minimale Kollateralschäden verursacht, wie Abbildung 25 veranschaulicht. Dieses Selektionsverfahren lässt sich zum Beispiel im Rahmen des Vorgangs der Hypermutation von B-Zell-Rezeptoren während ihrer Proliferation beobachten.[616]

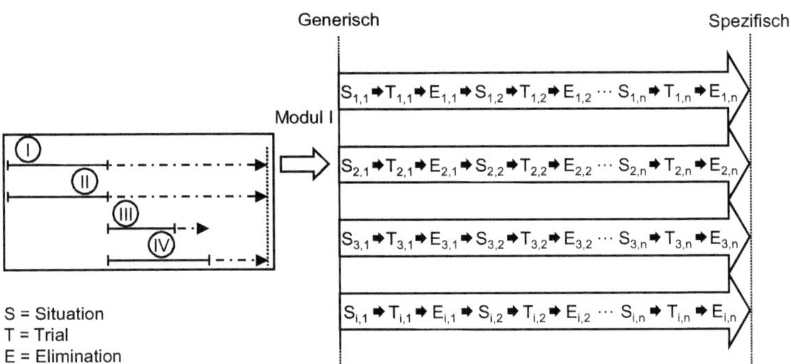

Abbildung 25: Entwicklung eines Lösungsansatzes durch horizontale Trial-and-Error-Selektion[617]

Aufgrund des invasiven Charakters des Arbeitens am System und der damit einhergehenden Gefahr von Kollateralschäden dürfen unausgereifte Entwürfe von Lösungsansätzen nicht einfach implementiert und daher nicht als direkt einzuführende Änderungen am System interpretiert werden. Stattdessen erfolgt das Testen der Ansätze in einem theoretischen Modell, indem die Experten des Ad-hoc-Netzwerkes Szenarioanalysen erörtern und so eine gedankliche Evaluierung der Ansätze vornehmen. Die Protagonisten sollten dazu angehalten werden, höchste Sensibilität während des Selektionsverfahrens zu entwickeln und Maßnahmen erst zu implementieren, wenn schädliche Folgen weitestgehend auszuschließen oder als minimal einzuschätzen sind.

(2) Bei der vertikalen Selektion wird aus der Gesamtmenge an Lösungen eine Teilmenge adäquater Ansätze ausgewählt. Im Laufe der Iterationen und der genauer werdenden Problemanalyse werden, wie in Abbildung 26 dargestellt, die einzelnen Lösungsmöglichkeiten auf Basis lösungsrelevanter Kriterien geprüft, miteinander verglichen und selektiert. Die Teilmenge wird dabei immer spezifischer eingegrenzt, bis am Ende der spezifischste und somit vielversprechendste Ansatz bestehen bleibt. Kongruent zu diesem Verlauf rivalisieren im

[616] Vgl. Abschnitt 3.1.3.1.
[617] Quelle: eigene Darstellung.

Immunsystem während des Prozesses der Proliferation T_H-Zellen oder CTL um Überlebenssignale der dendritischen Zelle.

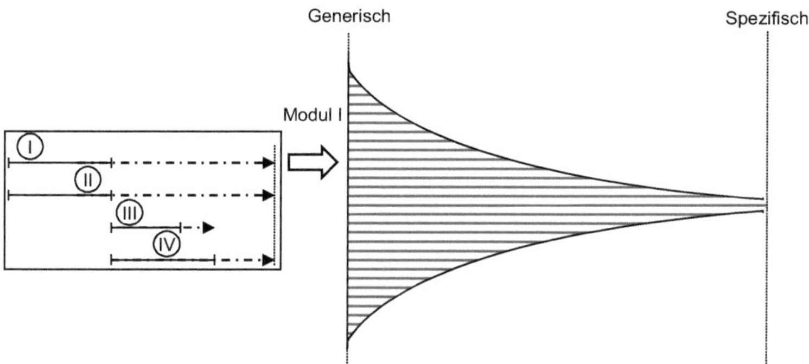

Abbildung 26: Entwicklung eines Lösungsansatzes durch vertikale Trial-and-Error-Selektion[618]

Der erfolgversprechendste Ansatz entspricht dabei nicht zwangsweise hundertprozentig der Spezifität der Problematik. Von diesem Bestreben sollte ohnehin aus Komplexitäts- und Zeitgründen Abstand genommen werden.[619] Um das Überleben der Organisation zu sichern, empfiehlt es sich ab einem gewissen Zeitpunkt, den vielversprechendsten Ansatz zu implementieren. Wird im Anschluss daran ein spezifischerer Ansatz entdeckt, so kann dieser weiterverfolgt und nachträglich für die zuvor eingeführte Lösung eingesetzt werden. Auch innerhalb des Immunsystems lässt sich dieses Vorgehen beobachten. Findet sich im späteren Verlauf einer Immunreaktion eine spezifischere adaptive Immunzelle, so übernimmt diese nach ihrer Proliferation und Differenzierung die Funktion der zuvor aktiven Effektorzellen. Wie zuvor bereits erläutert, gilt der Problemlösungsprozess für jedes Modul erst als abgeschlossen, wenn die gesamte Krise erfolgreich beseitigt ist.

Gesamtheitlich betrachtet ergibt sich somit für die Skizze resilienter Verhaltensmuster der in Abbildung 27 dargestellte Problemlösungsprozess.[620]

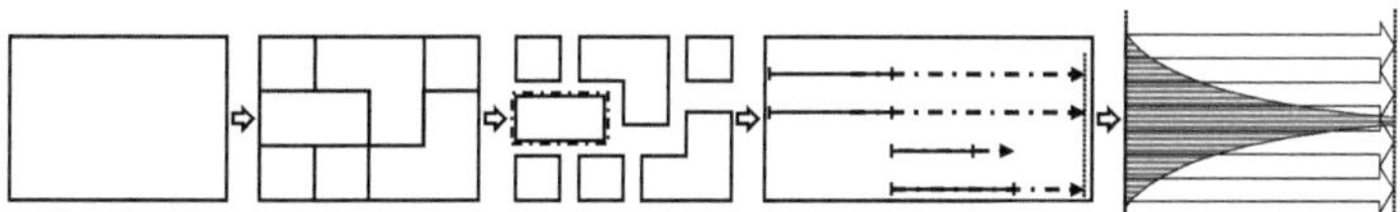

Abbildung 27: Der gesamtheitliche Problemlösungsprozess resilienter Verhaltensmuster[621]

618 Quelle: eigene Darstellung.
619 Vgl. Schreyögg 2004, S. 29.
620 Vgl. Abbildung 22.
621 Quelle: eigene Darstellung.

Die Auswertung der eingeführten Maßnahmen der implementierten Lösungsansätze erfolgt nicht durch die Messung einzelner Kennzahlen. Stattdessen wird die Effektivität anhand der Bewältigung der Krise als Ganzes bewertet. Die Evaluierung der Ansätze erfolgt zumindest auf theoretischer und gedanklicher Ebene im Rahmen des Problemlösungsprozesses. Zwar können hierdurch keine direkten Schlüsse auf die Wirkung der einzelnen Module gezogen werden, jedoch sind isolierte Effekte innerhalb dynamisch komplexer Systeme mit starken Wechselwirkungen ohnehin schwer zu validieren. Entscheidend ist auch nicht die Leistung einzelner Beiträge, sondern vielmehr die Eliminierung von Krisen und die Wahrung der Überlebensfähigkeit der gesamten Organisation. Eine Unternehmenskrise ist erst überwunden, wenn nicht nur die Symptome und Auswirkungen, sondern das gesamtheitliche Unternehmen sich wieder in einem lebensfähigen Intervall befindet. Hierfür müssen alle Ursachen nachhaltig beseitigt, die zukunftssichernde Ertragskraft wiederhergestellt und die eigene Markposition gefestigt werden.[622]

4.2.1.2.3 Nachbereitung

Um nachhaltig die Fähigkeit resilienter Krisenbewältigung zu fördern, ist es erforderlich, überwundene Krisen im Nachgang aufzubereiten.[623] Eine Besonderheit des Immunsystems ist das immunologische Gedächtnis, das eine Immunität gegenüber spezifischen Krankheitserregern als Folge einer adaptiven Reaktion ermöglicht. Dies zum Vorbild nehmend, sollte ein Unternehmen daher bestrebt sein, dass durch den Problemlösungsprozess generierte Wissen in die Organisation hineinzugeben und über das System zu distribuieren. Durch den angestoßenen Prozess des organisationalen Lernens[624] erwerben die Mitarbeiter Wissen über die im Krisenbewältigungsprozess erarbeiteten spezifischen Handlungsstrategien und nehmen diese als Teil des Repertoires an Routinen der komplexitätsreduzierenden Meta-Routine auf. Bei einer erneuten Konfrontation mit der gleichen Problematik sind die Protagonisten fortan in der

---

[622] Vgl. Müller 1986, S. 407.

[623] Vgl. Penrose 2000, S. 158.

[624] „Unter organisationalem Lernen ist der Prozeß [sic!] der Erhöhung und Veränderung der organisationalen Wert- und Wissensbasis, die Verbesserung der Problemlösungs- und Handlungskompetenz sowie die Veränderung des gemeinsamen Bezugsrahmens von und für Mitglieder innerhalb der Organisation zu verstehen." (Probst und Büchel 1994, S. 17) Die Übertragung des individuellen Lernens auf eine Organisation ist u. a. auf March und Olsen zurückzuführen, die ein Konzept für das organisatorische Lernen entwickelten (vgl. für einen kurzen Abriss Probst und Büchel 1994, S. 15 ff. sowie Schreyögg und Geiger 2016, S. 392 ff. und für eine detaillierte Ausführung March und Olsen 1975 sowie 1987). Organisatorisches Lernen kann dabei auf verschiedenen Ebenen stattfinden, wobei zwischen dem Single-loop-Learning und dem Double-loop-Learning unterschieden wird (vgl. für einen kurzen Abriss Probst und Büchel 1994, S. 33 ff. sowie Schreyögg und Geiger 2016, S. 400 f. und für eine detailliertere Ausführung Argyris und Schön 1999). Diese Form des Lernens wird als Theorie kontinuierlichen organisatorischen Wandels verstanden (vgl. Schreyögg und Geiger 2016, S. 393 ff.). Unternehmen sind bestrebt, „[...] aus den in der Vergangenheit erfahrenen Umweltreaktionen in kontinuierlich verbesserter Weise situationsgerechte Handlungsentwürfe zu entwickeln." (Schreyögg und Geiger 2016, S. 394) Für einen ersten Überblick über die Grundüberlegungen, wichtige Autoren und die Theorie des organisationalen Lernens sei an dieser Stelle zudem auf Pawlowsky und Geppert 2005 verwiesen. Die Einbettung entwickelter Handlungsstrategien zur Förderung der organisatorischen Kompetenz zur Krisenbewältigung impliziert somit die Fertigkeit zum organisatorischen Lernen.

Lage, bereits in der frühen Phase mit einer problemspezifischen Handlungsstrategie zu reagieren, sobald sie die entsprechenden spezifischen Krisenindikatoren detektieren. Zu diesem Zweck sollte das Unternehmen entsprechende Grundvoraussetzungen für das Wissensmanagement[625] erfüllen.

Diese Maßnahmen sind nicht als Substitut für komplexitätsreduzierende Routinen anzusehen, sondern werden zusätzlich zu diesen initiiert. Dies lässt sich zum einen damit begründen, dass zuvor nicht sichergestellt werden kann, dass bei komplexen Störungen spezifische Krisenindikatoren auf Anhieb wahrgenommen werden. Zum anderen birgt die alleinige Anwendung von zuvor gespeicherten Maßnahmen das Risiko, dass ein Hinterfragen der Handlungsmuster im Rahmen einer komplexitätsbewältigenden Meta-Routine ausbleibt, da davon ausgegangen wird, dass die ausgelösten Maßnahmen ausreichen. Die parallele Ausführung kann dagegen verhindern, dass sich eine vermeintlich bekannte Störung, die sich im Nachhinein als neuartig und komplex herausstellt, ausbreitet und größeren Schaden anrichtet. Zusätzlich wird die komplexitätsbewältigende Meta-Routine ausgelöst, wenn die Störung nicht unverzüglich behoben wird.

Aufgrund der Komplexität und der Dynamik des Umfeldes ist es sehr unwahrscheinlich, dass ein Unternehmen sich mit einer identischen Krise ein erneutes Mal konfrontiert sieht. Wahrscheinlicher sind dagegen Problemsituationen mit einer gewissen Similarität. Dabei kann das Vorwissen den Krisenbewältigungsprozess im Sinne der Kreuzimmunität des Immunsystems beeinflussen und unterstützen.[626] Iterationsstufen der Situationsanalyse sowie Entwicklungsstufen der Lösungsansätze können zum Teil übersprungen werden und somit wichtige Zeit eingespart werden.

Neben der Erweiterung des Portfolios bedarf es zuletzt einer Reflexion des bestehenden Portfolios an komplexitätsreduzierenden Routinen. Die unverzügliche Aktivierung der vordefinierten korrektiven Handlungsstrategien in der frühen Phase verhindert zunächst das Hinterfragen dieser Maßnahmen. Da mit komplexitätsbewältigenden Lösungsansätzen auch Veränderungen am System und am Wissensstand der Protagonisten einhergehen, kann dies zur Folge

---

625 Das Wissensmanagement befasst sich mit der „[...] *Verbesserung der organisatorischen Fähigkeiten auf allen Ebenen der Organisation durch einen besseren Umgang mit der Ressource ‚Wissen'.*" (Probst und Romhardt 1997, S. 130 Hervorh. i. O.) Eines der Konzepte des Wissensmanagements sind die „Bausteine des Wissensmanagements" von Probst, Raub und Romhardt (vgl. Probst et al. 2012). Diese Bausteine stellen eine Konzeptualisierung von Aktivitäten dar, die sich mit der Entwicklung und Nutzung von organisationalem Wissen beschäftigen. Darunter fallen u. a. die an dieser Stelle relevanten Elemente der Wissens(ver)teilung und der Wissensnutzung. Diese beschreiben, nach welchen Kriterien Wissen über die Organisation verteilt und wie die Nutzung des generierten Wissens sichergestellt wird. Mit dem erfolgreichen Management von Wissen schafft ein Unternehmen das Fundament für einen erfolgreichen Problemlösungsprozess. Für einen ersten Überblick über das Wissensmanagement sei an dieser Stelle auf Thommen und Achteitner 2006, S. 1025 ff. und für eine detaillierte Ausführung über die Bausteine des Wissensmanagements sei auf Probst et al. 2012 verwiesen.

626 Vgl. Federowski 2009, S. 25 f. und die dort aufgeführte Literatur.

haben, dass sich Rahmenbedingungen für eben jene komplexitätsreduzierenden Routinen verändern und somit Anpassungen des Repertoires unabdingbar sind. Somit sollte im Anschluss an Systemanpassungen und an die Erweiterung des Maßnahmenspektrums ein Hinterfragen bestehender Routinen erfolgen.

4.2.2 Resiliente Verhaltensmuster als agile Vorgehensweise

Die vom Immunsystem inspirierte Vorgehensweise resilienter Verhaltensmuster verabschiedet sich von den klassischen Methoden der Krisenbewältigung. Die klassische Form des Wasserfall-Prinzips erhebt den Anspruch, mittels einer detaillierten Diagnose das Problem genau zu erfassen, Ziele zu erarbeiten und das weitere Vorgehen sowie die Lösungsrichtung festzulegen. Erst im Anschluss erfolgt die Erarbeitung eines Lösungskonzeptes.[627] Mit dem hiesigen Entwurf eines resilienten Umgangs mit Krisen wird dagegen aufgrund der Notwendigkeit einer mehrdimensionalen Denkweise in einer nicht vollumfänglich zu erfassenden Situation auf das Approximationsprinzip für die Bewältigung komplexer Problemstellungen zurückgegriffen. Durch den Verzicht auf eine allumfassende Analyse- und Planungsphase, das Herunterbrechen einer Krise in ihre einzelnen Störungen und das modulare, tentative Vorgehen bei der Bearbeitung dieser Störungen erfolgt eine Annäherung an einen bestimmten Sachverhalt. Damit grenzen sich die resilienten Verhaltensmuster von dem klassischen Krisenbewältigungsprozess ab, weisen aber ausgeprägte Parallelen mit den Grundprinzipien agiler Methoden[628] auf, die ihren Ursprung in der Softwareentwicklung der 1980er Jahre haben und in der IT-Branche als dominantes Verfahren gelten.[629] Agilität beschreibt die Fähigkeit, Veränderungen in einer komplexen unsicheren Umwelt herbeizuführen und auf sie zu reagieren.[630] Agile Projekte bauen dabei auf den Grundsätzen des Agilen Manifests auf und verfolgen den Anspruch, den Anforderungen in einem unvorhersehbaren Umfeld gerecht zu werden.[631]

---

[627] Vgl. Müller 1986, S. 317 ff., Böckenförde 1996, S. 52 ff. sowie Krystek und Moldenhauer 2007, S. 141 ff.

[628] Agiles Projektmanagement verfährt im Gegensatz zu dem klassischen Projektmanagement nach dem Prinzip „Just Enough Design Up Front" (vgl. Korn 2016, S. 122). Dies impliziert einen Verzicht auf eine umfassende Analyse zu Beginn und eine Dokumentation im Verlauf des Projektes. Stattdessen bildet eine grobe Vorstellung bezüglich eines gewünschten Sollwertes den Ausgangspunkt. Die Umsetzung erfolgt fortan in kurzen Zyklen mit möglichst kleinen interdisziplinären, selbstorganisierenden Teams, in denen jeweils die Erfüllung eines zuvor festgelegten nutzbaren Teilergebnisses im Fokus steht. Die Planung zur Realisierung bezieht sich lediglich auf diese Iteration, die nach notwendigen Überprüfungen implementiert wird. Zum Abschluss eines solchen Zyklus erfolgt eine Reflexion, um mögliche Adaptionen und Optimierungen für folgende Turnusse sowie für die Vision vorzunehmen (vgl. Kuster et al. 2011 S. 26 ff. sowie Korn 2016, S. 122).

[629] Vgl. Korn 2016, S. 120 sowie S. 122.

[630] Vgl. Highsmith 2002, S. xxiii.

[631] Bei dem Agilen Manifest handelt es sich um ein allgemeines Begriffsverständnis der Agilität sowie um ein Konglomerat an Leitsätzen und Prinzipien für agile Methoden, auf das sich die Autoren verschiedenster agiler Ansätze 2001 geeinigt haben. Dieses Schriftstück umfasst vier Leitsätze: (1) „Individuen und Interaktionen mehr als Prozesse und Werkzeuge", (2) „Funktionierende Software mehr als umfassende Dokumentation", (3) „Zusammenarbeit mit dem Kunden mehr als Vertragsverhandlungen" und (4) „Reagieren auf Veränderungen mehr als das Befolgen eines Plans" (Beck et al. 2001a, vgl. auch Highsmith 2002, S. xvii sowie Cockburn 2003, S. 281). Hinzu kommen zwölf weitere Prinzipien, die das Manifest komplementieren (vgl. Beck et al. 2001b sowie Cockburn 2003, S. 287 ff.).

Statt bei klassischen Vorgehensweisen zu Beginn des Krisenbewältigungsprozesses eine formale Organisation des Prozesses zu formulieren,[632] bietet das Prinzip der Heterarchie eine Alternative zu der vorwiegend verwendeten Form der zentralen Kontrolle und der Verhaltensweise der Steuerung in Zeiten steigender Komplexität. Die selbstorganisierenden interdisziplinären Teams tragen wesentlich dazu bei, das Eigenvarietätstheorem zu erfüllen. Das Individuum und die Interaktionen zwischen allen beteiligten Protagonisten werden kongruent gemäß dem Postulat des Agilen Manifestes als entscheidende Merkmale in den Mittelpunkt gerückt. Für einen erfolgreichen Projektverlauf unterstreichen die Autoren des Manifests die Bedeutung einer engen Zusammenarbeit von interdisziplinären Experten, die offen, transparent sowie respektvoll miteinander kommunizieren und sich kontinuierlich reflektieren.[633] Diese sind dazu angehalten, sich selbst zu organisieren, um so ihre Arbeit bestmöglich zu erfüllen.[634]

Der inkrementelle Ansatz der hier vorliegenden Skizze ermöglicht eine kontinuierliche Adaption und ein permanentes Lernen. Speziell im Umgang mit einer komplexen unvorhersehbaren Umwelt ist die Notwendigkeit solcher Veränderungen vermehrt gegeben und die Anpassungsfähigkeit ein grundlegendes Merkmal für Agilität und agile Projekte.[635] Zuletzt ermöglicht der beschriebene iterative Ansatz die Option des zeitnahen Reagierens auf Krisen durch die Implementierung abgeschlossener Teilergebnisse. Übereinstimmend damit ist die oberste Prämisse agiler Methoden, zu jedem Zeitpunkt die Ergebnisorientiertheit durch kontinuierliche, zeitnahe Auslieferung funktionierender Lösungen sicherzustellen.[636]

Unterschiede zwischen den agilen Methoden in der Produktentwicklung und den hier gezeichneten resilienten Verhaltensmustern zeigen sich aufgrund der Anwendungsgebiete. Bei bestimmten agilen Methoden wie dem Prototyping ist es ein elementarer Bestandteil, Trials einzuführen, die bewusst den Status eines Prototyps nicht überschreiten, um Mängel unter realistischen Bedingungen zu identifizieren und zu beseitigen.[637] Dies geschieht in einer weitestgehend abgeschotteten Umgebung wie einer Beta-Phase und mit einem ausgewählten Personenkreis. Unerwünschte Begleiterscheinungen wie Imageschäden sind demzufolge nur in begrenztem Maße denkbar. Unter diesen Umständen sind nicht-invasive Sofortmaßnahmen,

---

632 Vgl. für die Organisation von Krisenmanagement u. a. Müller 1986, S. 409 ff. sowie Böckenförde 1996, S. 101ff.

633 Vgl. hierfür den ersten Leitsatz des Manifests sowie die Prinzipien vier, fünf, sechs, elf und zwölf agiler Methoden (vgl. Beck et al. 2001a und 2001b sowie Cockburn 2003, S. 281, S. 289 sowie S. 292).

634 Vgl. hierfür das fünfte und elfte Prinzip agiler Methoden (vgl. Beck et al. 2001b sowie Cockburn 2003, S. 289 sowie S. 292).

635 Vgl. hierfür das Begriffsverständnis von Agilität nach Highsmith 2002, S. xxiii, den vierten Leitsatz des Manifests sowie das zweite Prinzip agiler Methoden (vgl. Beck et al. 2001a und 2001b sowie Cockburn 2003, S. 281 und S. 288).

636 Vgl. hierfür den zweiten und dritten Leitsatz des Manifests sowie die Prinzipien eins, drei, sieben, neun und zehn agiler Methoden (vgl. Beck et al. 2001a und 2001b sowie Cockburn 2003, S. 281 und S. 287 f. sowie S. 290 f.).

637 Vgl. Kuster et al. 2011, S. 27.

deren Zweck die Entschleunigung einer Problemsituation ist, nicht notwendig, da Gefahren durch Ansteckungspotenziale vernachlässigbar sind.

Ferner hat der Anwendungsbereich Einfluss auf die Sensibilität bei der Implementierung abgeschlossener (Teil-)Lösungen. Die Trials des Problemlösungsprozesses resilienter Verhaltensmuster können weitaus signifikantere Auswirkungen auf eine Organisation haben als die Versuche innerhalb der Produktentwicklung, weshalb höchste Sensibilität bei der Entwicklung von komplexitätsbewältigenden Lösungsansätzen gefordert ist. Daher werden mögliche Lösungen so lange theoretisch mittels einer Problemanalyse gespiegelt, bis sie einen gewissen Reifegrad erlangen. Dessen ungeachtet zeigt der hier skizzierte Transfer, dass agile Problemlösungsprozesse nicht nur für die Produktentwicklung, sondern auch bei der Bewältigung von komplexen Krisensituationen einen wichtigen Beitrag leisten können.

4.2.3 Tragweite einer Integration resilienter Verhaltensmuster

4.2.3.1 Auswirkungen auf bestehende Organisationen

Die Integration resilienter Verhaltensmuster hat einen direkten Einfluss auf die bestehenden Prinzipien der Zusammenarbeit wie Arbeits- und Organisationsregeln sowie auf die gelebte Kultur. Somit besitzt eine solche Integration eine nicht zu unterschätzende Tragweite für ein Unternehmen.

Eine Organisation besitzt in der Regel mehr oder weniger ausgeprägte formale Aufbau- und Ablaufstrukturen. Erstgenannte beschreiben die hierarchischen Beziehungen zwischen einzelnen Elementen und werden meist durch ein klassisches Organigramm versinnbildlicht. Einzelne Organisationselemente sind zudem durch Funktions- und Stellenbeschreibungen klar deklariert. Hierbei wird nach bestimmten Methoden wie beispielsweise der RACI-Methode[638] eine klare formal verankerte Verteilung von Aufgabenbereichen sowie Kompetenzen und Weisungsbefugnissen innerhalb einer Organisation vorgenommen. Die Ablaufstruktur beschreibt einzelne Prozesse als zeitliche Aneinanderkettung einzelner Tätigkeiten, die jeweils einer Person oder Abteilung zuzuordnen sind, und legen ferner Übergabe- und Schnittstellen zwischen den beteiligten Elementen fest. Die Strukturen einer klassischen Organisation sind damit

[638] Mit der RACI-Methode werden Zuständigkeiten in vier Kategorien untergliedert. Ist eine Person verantwortlich (responsible) für eine Aufgabe, so ist er für die eigentliche Durchführung zuständig. Muss der Beteiligte dagegen Arbeitsschritte genehmigen und ist somit im rechtlichen Sinne verantwortlich, gilt er als accountable. Besitzt der Mitarbeiter relevante Informationen und muss bei bestimmten Arbeitsschritten befragt werden, hält er die Funktion des consulted inne. Die vierte Kategorie lautet „informed". Ein solcher Mitarbeiter ist über das Ergebnis bestimmter Tätigkeiten zu informieren (vgl. u. a. Reiss und Reiss 2008, S. 141).

Konstrukte von Regelungen und repräsentieren formale Vorschriften sowie Anweisungen, die die betrieblichen Aktivitäten koordinieren.

Nach dem klassischen Verständnis besitzt somit jede Abteilung, jedes Team, jeder Mitarbeiter einen klar abgegrenzten Zuständigkeitsbereich. Resiliente Verhaltensmuster mit ihren Meta-Routinen postulieren dagegen gerade die Abkehr von solch starren Gebilden und setzten sich für die Stärkung eines selbstorganisierenden Systems ein. Die Tatsache, dass jeder Mitarbeiter eines relevanten Systems in der Lage sein sollte, korrektive Maßnahmen auszulösen, und dementsprechend die relevanten Weisungsbefugnisse innehaben muss, setzt ein Lossagen von einem Silo- und disziplinarischen Linien-Denken mit strikten Regeln voraus, sodass formale Zuständigkeitsbereiche die Handlungsfähigkeit der Beteiligten nicht beeinträchtigen. Dies stellt vor allem Anforderungen an das Selbstverständnis von Führung und an die gelebte Kultur innerhalb eines Unternehmens.

4.2.3.2 Musterbrüche zur Schaffung notwendiger Systemvoraussetzungen[639]

Die Erfüllung dieser Anforderungen macht einen Bruch mit etablierten Führungsmustern unumgänglich. Einzelne Person stoßen bei dem Versuch, ein Unternehmen alleine nach dem Top-down-Prinzip erfolgreich aus einer Krise herauszumanövrieren, vermehrt an ihre Grenzen. Anstatt zu versuchen, jegliche Störungen vorherzusagen und zu neutralisieren, empfiehlt es sich vielmehr, sich darauf zu konzentrieren, die Nicht-Steuerbarkeit mittels der Verhaltensweise der Regelung zu steuern.[640] Die Mitarbeiter benötigen das Bewusstsein, dass jeder Einzelne über den eigenen Arbeitsbereich hinaus für den gesamtheitlichen Transformationsprozess mit allen beteiligten Organisationseinheiten sowie für den daraus resultierenden Output verantwortlich ist. Sie sollten dazu befähigt sein, sich unabhängig von formalen disziplinarischen Befugnissen zu entfalten und auf identifizierte Abweichungen angemessen zu reagieren. Das Funktionieren eines solchen Regelsystems setzt voraus, dass innerhalb eines Systems ein gewisses Maß an Eigenvarietät vorhanden ist. Für die Bereitstellung dieser Vielfalt spielen vor allem die Potenziale der Mitarbeiter eine entscheidende Rolle, denn „[j]e vielfältiger die vertretenen Disziplinen, die lebensbiografischen Erfahrungen und kulturellen Prägungen, desto größer das Verhaltensrepertoire des Systems.“[641] Die Vielfalt in einer Organisation ist essenziell für die Qualität von Lösungsansätzen. Unterschiedliche Sichtweisen und dadurch provozierte Widersprüche sind ein Quell für Wandel und Innovation.[642] „Führungskräfte sind

---

639 Der Begriff des Musterbruchs wurde in Anlehnung an das Buch „Musterbrüche – Führung neu leben“ von den Autoren Wüthrich, Osmetz und Kaduk gewählt. Darin haben die Autoren sieben gängige Führungsmuster identifiziert, deren Schwachstellen analysiert und Lösungsalternativen unterbreitet. Für eine detailliertere Ausführung zu diesem Muster wird an dieser Stelle auf Wüthrich et al. 2009 verwiesen.

640 Vgl. Wüthrich et al. 2009, S. 59 ff.

641 Wüthrich 2016, S. 23.

642 Vgl. Wüthrich 2016, S. 23.

deshalb gut beraten, ihr ‚Haus' mit kantigen Steinen zu bauen, denn Kugeln rollen bekanntlich davon."[643]

Eine Kultur des Vertrauens ist grundlegend für die Verhaltensweise der Regelung sowie Anpassung und ebenso essenziell für die erfolgreiche Entfaltung der Leistungspotenziale der Protagonisten. Sie schafft die notwendigen Freiräume, um den vorgegebenen Sollwert erreichen zu können und um die Entfaltung der Mitarbeiter zu gewährleisten. Derzeit existiert jedoch eine Grundannahme innerhalb von Unternehmen, dass es ohne Anreize und ohne Disziplin den Mitarbeitern an Motivation mangelt, um ihr volles Leistungspotenzial entfalten zu können.[644] Der Tenor ist deshalb vermehrt, dass Führung kontrollieren muss.[645] Wüthrich schreibt hingegen, dass Potenziale nur in einer „frei atmenden Organisation"[646] genutzt werden können.

> „Potenzialentfaltung gelingt, wenn Führung ihre Energie nicht auf den Ausbau und die Perfektionierung der Instrumente [*der Kontrolle und Standardisierung*] fokussiert, sondern von anderen Prämissen ausgeht und den Mut hat, Organisation und Führung neu zu denken. Die radikale Forderung lautet: Zutrauen statt Bevormunden und Loslassen statt Disziplinieren."[647]

Somit setzt die Potenzialentfaltung ein kritisches Hinterfragen des vorherrschenden Misstrauens voraus. Entscheidend ist, dass Führungsverantwortliche lernen, zu motivieren und zu moderieren, statt zu kontrollieren. Sie sollten bestrebt sein, sich über kurz oder lang selbst obsolet zu machen und einengende Geflechte von Regeln und Kontrollinstrumenten abzubauen, um Freiräume für die Entfaltungen von Potenzialen zu schaffen.[648] Statt Führung durch Standardisierung empfiehlt sich als neuer Standard die Vielfalt eines Unternehmens.[649]

Als Ziel der Unternehmens- und Führungskultur ist anzuraten, dem Personal mit den geschaffenen Freiräumen die Möglichkeit zu bieten, sich als selbstreflektierende, mündige Mitarbeiter zu entfalten. Sie sollten dazu ermutigt werden, eigene Einschätzungen zu entwickeln und zu kommunizieren, selbstständig Entscheidungen zu treffen und ihre Ideen und Standpunkte zu verfolgen und zu vertreten, und dabei nicht davor zurückschrecken, auf ihrem Weg zu scheitern und sich Fehler einzugestehen. Hierfür ist es unerlässlich, dass die Kultur eine angstfreie, Fehler tolerierende Organisation formt. Derzeit sind jedoch überwiegend fehlerfeindliche Haltungen in der Wirtschaft zu beobachten, die mit soziokulturellen Prestige-Vorstellungen und

[643] Wüthrich 2016, S. 23.
[644] Vgl. Wüthrich 2016, S. 27.
[645] Vgl. Wüthrich et al. 2009, S. 20.
[646] Wüthrich et al. 2007, S. 316.
[647] Wüthrich 2016, S. 26, Anm. d. Verf.
[648] Vgl. Wüthrich et al. 2007, S. 71 ff. sowie Wüthrich 2016, S. 26.
[649] Vgl. Wüthrich et al. 2009, S. 91 ff.

der Führung von Mitarbeitern zusammenhängen.[650] Dies hat zur Folge, „[...] dass der Träger einer falschen Theorie mit dieser zusammen gewissermassen [sic!] untergeht."[651] Eine solche Kultur macht einen Problemlösungsprozess wie den hier propagierten unmöglich, da die Courage der Mitarbeiter zur Erkennung und Kommunikation von fehlerbehafteten Trials faktisch ausgeschlossen wird.

Ohne das Beschreiten neuer Wege durch die kreative Nutzung von vorhandenem Wissen, fortlaufendem Hinterfragen und dem Durchbrechen bestehender Konventionen ist das Arbeiten am System jedoch aussichtslos. Eine Organisation unterliegt als Teil eines Wirtschaftssystems in der Gesellschaft vorherrschenden Sachzwängen wie Hierarchien, Standardisierung von Ablaufstrukturen und zeitlichem Wettbewerb. Diese drängen Führungsverantwortliche dazu, in Krisenzeiten unverzüglich eine idealtypische Lösung zu präsentieren. Gleichzeitig sind gesellschaftliche Normen wie der Wunsch nach ethischem, nachhaltigem Handeln, der Sicherung von Arbeitsplätzen sowie politische und juristische Vorgaben zu berücksichtigen. Doch gerade das Infragestellen dieser bestehenden Rahmenbedingungen ist essenziell für den Problemlösungsprozess. Dabei sind viele Konventionen hilfreich und auch notwendig, um eine gewisse Ordnung in der Gesellschaft und Verpflichtungen der Unternehmen ihr gegenüber zu schaffen, wenngleich nicht alle Sachzwänge als Manifest akzeptiert werden dürfen.[652] So bedarf es der Einsicht, dass die Führung sich in Krisenzeiten in einem gewissen Maße dem zeitlichen Wettbewerb entziehen und hinsichtlich der Beschleunigung innehalten halten sollte, da komplexe Störungen nicht innerhalb kürzester Zeit zu bewältigen sind.[653] Auch die zuvor postulierte Abkehr von Hierarchien und unflexiblen formalen Unternehmenskonstrukten ist das Ergebnis eines Bruchs mit bestehenden Sachzwängen.

Ein Paradigmenwechsel in der Kultur ermöglicht, dass Individuen empfänglich sind für konstruktive Zusammenarbeit. Erst im freien Dialog, wenn Varietät auf eine entsprechende Umgebung intensiver Kollaboration trifft, die durch einen offenen, ehrlichen und transparenten Austausch von Informationen charakterisiert ist, kann die Wirksamkeit der Eigenvarietät gesteigert werden. Denn die Qualität des Problemlösungsprozesses wird maßgeblich durch die kollektive Intelligenz mit facettenreichen Sichtweisen und Denkansätzen beeinflusst.[654] Deshalb bedarf es Führungsverantwortlicher, die den Mut aufbringen, die Ängste vor dem Scheitern abzubauen, um somit die Grundvoraussetzungen für einen Problemlösungsprozess nach

[650] Vgl. Gomez et al. 1975, S. 87 f.
[651] Gomez et al. 1975, S. 88.
[652] Vgl. Wüthrich et al. 2009, S. 143 ff.
[653] Vgl. Wüthrich et al. 2009, S. 133 ff.
[654] Vgl. Wüthrich et al. 2007, S. 317.

dem Versuch-Irrtum-Verfahren zu schaffen. Dabei ist jedoch zu bedenken, dass im organisationalen Kontext das Scheitern nur in bestimmten Kontexten wünschenswert ist.

Edmondson unterscheidet drei verschiedene Formen von Fehlern: vermeidbare Fehler in vorhersehbaren Umgebungen, unvermeidbare Fehler in komplexen Systemen und intelligente Fehler im Rahmen von Experimenten mit offenem Ausgang.[655] Erstgenanntes Scheitern wertet er als schlecht, es kann durch entsprechende Vorbereitungen, Training sowie Unterstützung vermieden werden. Im zweiten Fall ist davon auszugehen, dass aufgrund der hohen Komplexität von sozialen Systemen Fehler immer vorkommen werden. Dieser Tatbestand sollte akzeptiert und der Fokus auf das Eliminieren und das Lernen aus diesen Fehlern gelegt werden. Letztgenanntes Scheitern bezeichnet Edmondson als wertschöpfend. Beim Beschreiten neuer Wege kann es immer wieder zu unerwünschten Entwicklungen kommen. Diese „Fehler" bereichern das Unternehmen mit neuem Wissen und ermöglichen neue Wettbewerbsvorteile aufzubauen. So kann die Entdeckung Amerikas durch Christopher Columbus als ein solcher Fehler eines Experiments angesehen werden. Mit dem Ziel Indien zu erreichen wurde die Expedition gestartet und endete mit der Landung in Nordamerika.

Die angstfreie, Fehler erlaubende Kultur ist jedoch nicht nur essenziell für die Entwicklung eines Problemlösungsprozesses nach dem Trial-and-Error-Prinzip, sondern schafft zudem die Voraussetzungen für ein selbstorganisierendes Regelsystem. Zum einen wird die Hemmschwelle, Missstände unabhängig von der formalen Hierarchie aufzuzeigen, abgebaut; zum anderen sollten die in einer korrektiven Maßnahme involvierten Personen keine persönlichen Konsequenzen fürchten. Sie gehen demnach nicht zwangsweise als Träger einer falschen Theorie unter.[656]

Resiliente Verhaltensmuster erfordern zuletzt vor allem der Entsagung des „Primat[s] der Effizienz"[657], denn „[d]as Wirtschaft und Gesellschaft prägende Primat der Effizienz führt dazu, dass Organisationen zunehmend verletzbar werden."[658] Die im wirtschaftlichen Kontext im Sinne der Kosten-Nutzen-Relation verstandene Effizienz wird ausschließlich anhand monetärer Faktoren bemessen.[659] Das starre Mantra der Effizienz sorgt somit dafür, dass das übergreifende Ziel die Maximierung dieser Relation ist und alle vermeintlichen Verschwendungen in Form von Redundanzen eliminiert werden. Jedoch ist aus Teil II bekannt, dass es für die Wahrung der Überlebensfähigkeit einer nachhaltigen Mischung aus Resilienz und Effizienz bedarf, denn ein zu effizientes System neigt zur Instabilität aufgrund zu geringer Diversifikation

[655] Vgl. Edmondson 2011, S. 50 f.
[656] Gomez et al. 1975, S. 88.
[657] Kaduk et al. 2013, S. 91.
[658] Kaduk et al. 2013, S. 91.
[659] Vgl. Kaduk et al. 2013, S. 90.

und zu wenigen Verknüpfungen innerhalb des Netzwerkes.[660] Eine gewisse Vielfalt sowie ein gewisser Grad der Vernetzung und eine damit einhergehende Redundanz sind daher unentbehrlich für ein resilientes System. Das unverzügliche Handeln in der frühen Phase und ein komplexitätsbewältigender Problemlösungsprozess können nur erfolgreich sein, wenn ausreichend „Binnenvarietät"[661] vorhanden ist. Dies schließt vor allem Redundanzen in Form von zur Verfügung stehenden lenkungskritischen Variablen, redundanten Zuständigkeitsbereichen bei der Verortung der Lenkungselemente sowie Redundanz von Weisungsbefugnissen bei der Nachrichtenübertragung und nicht zuletzt in Form von mehrdimensionalen Denkansätzen im Problemlösungsprozess mit ein.

4.2.3.3 Herausforderung und Hürden einer Integration

Die zuvor beschriebenen Musterbrüche und Paradigmenwechsel führen zu einer Veränderung der im Unternehmen vorherrschenden Werte und Normen bezüglich des Prozesses der Entscheidungsfindung, des transparenten Informationsaustausches zwischen Mitarbeiter und Organisation und der Bildung kollaborativer sozialer Netzwerke. Diese über Jahre hinweg in einem Unternehmen eingebetteten Werte und Normen spiegeln sich meist in den vorherrschenden Aufbau- und Ablaufstrukturen wider. Eine Veränderung der Denkweisen und Handlungsmuster aller Beteiligten innerhalb eines Systems kann daher nicht von heute auf morgen vollzogen werden. Manche (Verhaltens-)Muster sind historisch gewachsen und daher so intensiv in der Organisation verankert, dass ein Wandel mitunter als unmöglich erscheint. Die Integration resilienter Verhaltensmuster geht somit mit einer Vielzahl an Herausforderungen und Hürden einher, die es zu meistern gilt.

In den heutigen Strukturen der allgemeinen Umwelt (und nicht nur der eines Unternehmens) sind Individuen vorwiegend gewohnt, Anweisungen von oben zu befolgen. Ob durch die Erziehung der Eltern, durch Lehrer in den Schulen oder durch Führungsverantwortliche im Beruf. Dies impliziert, dass es einen allwissenden Vorgesetzten gibt, der stets die vermeintlich richtige Antwort bereithält und so für Sicherheit und Stabilität sorgt. Der Paradigmenwechsel hin zu einem selbstorganisierenden System, in dem der Protagonist selbstständig Entscheidungen trifft, sowie die Erkenntnis, dass eine idealtypische Lösung nicht existiert, stellt einen signifikanten Einschnitt in das derzeitig vorherrschende Denkmuster dar. Mitarbeiter sollten sich in der Position des mündigen Mitarbeiters wiederfinden, in der sie Verantwortung nicht nur für ihr eigenes Handeln, sondern für den Erfolg des gesamtheitlichen Systems übernehmen. Diese neu gegebenen Freiräume stellen in zweierlei Hinsicht Herausforderungen für das Unternehmen und dessen Mitarbeiter dar. Zum einen muss jeder Einzelne lernen, Freiräume

[660] Vgl. Lietear et al. 2010.
[661] Wüthrich 2016, S. 17.

wahrzunehmen und zu nutzen, zum anderen besteht die Gefahr, dass Einzelne ihr eigenes Potenzial überschätzen, persönliche Kompetenzen übertreten und so die Grenzen ihres relevanten Systems überschreiten. Die richtige Entfaltung der Leistungspotenziale ist daher nicht nur ein Musterbruch des Führungsverständnisses, sondern ebenso ein fortlaufender Lernprozess für die beteiligten Mitarbeiter.

Die bereits beschriebenen soziokulturellen Prestigevorstellungen können ebenfalls Unannehmlichkeiten bereiten. Auch wenn eine Organisation bestrebt ist, eine angstfreie, Fehler tolerierende Kultur zu leben, müssen die Mitarbeiter zunächst lernen, dass konstruktive Kritik eben als solche wahrzunehmen und nicht als persönliches Scheitern[662] zu verstehen ist. Kritik sollte dementsprechend als Hilfestellung, als Reflexion des eigenen Handelns verstanden werden, die zur kontinuierlichen persönlichen und organisationalen Verbesserung beiträgt. Hinzu kommt, dass auch, wie in aktuellen Organisationsformen, einzelne Protagonisten opportunistisches Verhalten an den Tag legen. Dies kann zum Teil durch falsche Anreizsysteme gefördert werden. Ein solches eigennütziges Verhalten widerspricht dem kollaborativen Gedanken, der für resiliente Verhaltensmuster essenziell ist.

Konflikte zwischen Angestellten müssen aber nicht ausschließlich aus unkooperativen Verhaltensweisen resultieren. Durch die Abkehr von der klassischen Planungslogik und damit von der Prämisse, dass ein Zielzustand von Beginn an bekannt ist, bewegen sich die Beteiligten in einer Sphäre der Unsicherheit. Weder sind Vorgehensweisen und Lösungskonzepte noch Rahmenbedingungen für die Phase der Lösungsfindung festgelegt. Diese müssen stattdessen in den selbstorganisierenden interdisziplinären Teams erarbeitet werden. Dabei treffen die unterschiedlichsten Beobachter und mit ihnen ihre subjektiven Wahrnehmungen und Ideen aufeinander. Gerade diese multiplen Sichtweisen sind für die Entfaltung der Eigenvarietät essenziell, bergen aber auch das Risiko von Konflikten. In Fällen, in denen keine Einigung gefunden werden kann, existieren in der Regel Eskalationspfade über einen disziplinarischen Vorgesetzten. Bei der Integration resilienter Verhaltensmuster sollten dagegen die Beteiligten lernen, sich mithilfe der kollektiven Intelligenz auf Lösungen und Kompromisse selbstorganisierend zu einigen und persönliche Empfindsamkeiten dem gemeinschaftlichen Wohl – der Wahrung eines gesunden Unternehmens – unterzuordnen.

Letztendlich werden Veränderungen von alteingesessenen Werten, Normen und Kulturen stets auf Widerstände und Herausforderungen stoßen. So wird es immer Individuen geben, die entweder mit den ihnen gegebenen Freiheiten nicht zurechtkommen oder ihr eigenes Wohl

[662] An dieser Stelle ist der Begriff des Scheiterns im Sinne des negativ konnotierten Sprachgebrauchs zu verstehen.

durch opportunistisches Verhalten an die erste Stelle setzen. Jedoch darf aufgrund von vereinzeltem bewussten oder unbewussten Fehlverhalten nicht auf alte Muster zurückgegriffen werden, um die vermeintliche Kontrolle zurückzuerlangen. Statt aufgrund einiger weniger systemnonkonformer Protagonisten großflächig zu sanktionieren, empfiehlt es sich, vielmehr am Kurs der gelebten angstfreien, Fehler tolerierenden und vertrauensvollen Kultur festzuhalten und auf die Selbstorganisation des Systems zu vertrauen.[663] Gerade bei der Konfrontation mit solchen Komplikationen ist der Mut der Führungsverantwortlichen gefragt. Sie sollten lernen, den Mitarbeitern die geschaffenen Freiräume zu überlassen und die Kontrolle zum Wohle der Selbstorganisation des Systems auf ein nötiges Minimum zu reduzieren.

[663] In einem Beispiel eines Musterbruchs beschreiben Kaduk, Osmetz, Wüthrich und Hammer das Unternehmen Morning Star, welches auf jegliche formalen Aufgabenbeschreibungen, Gehaltsvorgaben und persönliche Fortbildungsmaßnahmen verzichtet. Stattdessen geht das Unternehmen konsequent vom mündigen Mitarbeiter aus. Trotz oder gerade wegen dieser geschaffenen Freiräume verlassen etwa die Hälfte aller neuen Mitarbeiter das Unternehmen innerhalb der ersten zwei Jahre. Nach Auffassung der Firma ist dies darin begründet, dass die Personen nicht mit der Verantwortung umgehen können (vgl. Kaduk et al. 2013, S. 155 f.). Durch die Selbstorganisation ergibt sich somit eine Art selbstgesteuerte Selektion.

Teil V: Fazit

Mit dem fünften und letzten Teil, dem Fazit, findet diese Arbeit ihren Abschluss. Die zentralen, konstruierten Erkenntnisse werden zum einen nochmals in Hinblick auf die anfangs gestellten Forschungsfragen zusammenfassend dargestellt, und zum anderen wird erläutert, welche Implikationen sich daraus für die Gestaltung resilienter Unternehmen ergeben. Im Anschluss erfolgt eine Diskussion der Ergebnisse. Im Fokus stehen dabei die Durchführung eines Viabilitätschecks mittels Experteninterviews, die Identifizierung von Limitationen der vorliegenden Skizze und zuletzt eine Rekapitulation des gestifteten wissenschaftstheoretischen Mehrwerts. Zum Abschluss dieser Forschungsarbeit wird ein Ausblick formuliert.

5.1 Implikationen für die Gestaltung eines resilienten Unternehmens

Gegenstand der Arbeit ist die Beantwortung der forschungsleitenden Fragestellung, was Organisationen vom menschlichen Immunsystem und dessen Umgang mit komplexen unsicheren Situationen lernen können. Ziel ist es, einen Beitrag für die organisationale Resilienzforschung zu leisten, dabei liegt der Fokus auf der Zeichnung resilienter Aufbau- und Ablaufstrukturen. Inwieweit dies gelungen ist, soll anhand der Beantwortung der in Teil I aufgeworfenen Fragestellungen und der Postulierung von Implikationen zur Gestaltung resilienter Unternehmen erfolgen.

Ausgangspunkt sind die oft zu beobachtenden existenziellen Bedrohungen von Unternehmen, die von komplexen unvorhersehbaren Krisen ausgehen. Aufgrund der Unsicherheit der Umwelt und der damit einhergehenden limitierten Möglichkeiten der Krisenprävention kommt der organisationalen Resilienz bei der Wahrung der Überlebensfähigkeit von Unternehmen eine entscheidende Bedeutung zu. Mit dem Ziel der Arbeit, eine Skizze resilienter Verhaltensmuster zu zeichnen, wurde daher auf Basis einer interdisziplinären Literatursichtung zu dieser Thematik in Teil II ein einheitliches Begriffsverständnis konstruiert. Demnach wird die organisationale Resilienz im hiesigen Kontext als die Fähigkeit eines Unternehmens beschrieben, Erschütterungen zu absorbieren, sodass die Funktionalität, Struktur und Identität gewahrt bleiben. Des Weiteren besitzt eine resiliente Organisation die Fähigkeit zu lernen, sowie die Fertigkeit, sich anzupassen und so wieder unter den geänderten Umständen einen Gleichgewichtszustand zu erreichen. Ferner wurden die Merkmale Redundanz, Bricolage, Kollaboration und Selbstorganisation als Treiber einer resilienten Organisation identifiziert.

Für das Immunsystem wie auch für Unternehmen gilt gleichermaßen, dass die größte Herausforderung bei der Krisenbewältigung in der Notwendigkeit besteht, trotz einer enormen Varietät unterschiedlicher Krisen frühstmöglich zu reagieren. Zugleich sollte der zu erarbeitende Lösungsansatz der Komplexität der Erschütterungen gerecht werden. Um dieser Herausforderung zu begegnen, wurde anhand des menschlichen Immunsystems als Inspirationsquelle eine Skizze resilienter Verhaltensmuster gezeichnet.[664] Diese Zeichnung baut auf einem kaskadenartigen Zusammenspiel einer komplexitätsreduzierenden und einer komplexitätsbewältigenden Meta-Routine auf, aus der sich ein vierstufiger Krisenbewältigungsprozess[665] ergibt: (I) Wahrnehmung von Krisenindikatoren, (II.1) Initiierung von Sofortmaßnahmen und (II.2) Schaffung notwendiger Rahmenbedingungen für die Entwicklung eines Lösungsansatzes, (III) Problemlösungsprozess und (IV) Nachbereitung.

Auch wenn die Bezeichnung der Krisenbewältigung als vierstufiger Prozess eine sequenzielle Vorgehensweise vermuten lässt, nehmen die postulierten Verhaltensmuster Abstand von klassischen Phasenmodellen. Die in Phasenmodellen implizierte vollumfassende Ursachen- und Krisenanalyse und die darauf aufbauende Entwicklung eines Gesamtkonzeptes werden angezweifelt. Stattdessen präsentieren sich die hier entwickelten resilienten Verhaltensmuster als eine agile Verfahrensweise.

Nach dem Approximationsprinzip erfolgt eine iterative Annäherung an eine gesamtheitliche Problematik. Hierfür wird die Krise in ihre Bestandteile, welche einzelne Störungen sind, untergliedert, die fortan modular bearbeitet werden. Die modulare Vorgehensweise ermöglicht eine schnellere Reaktion, da hierbei Module eines Lösungskonzeptes implementiert werden können, bevor die Entwicklung eines klassischen Gesamtkonzeptes abgeschlossen ist. Ferner gewährt diese Methode eine fortwährende Adaption und ein permanentes Lernen im Verlaufe der Krisenbewältigung. Im Sinne dieser agilen Vorgehensweise kann die initiale komplexitätsreduzierende Meta-Routine (Phase I und II.1) als erste unspezifische Iteration des agilen Prozesses interpretiert werden, die fortwährend problemspezifisch modifiziert und spezifiziert wird. Im Anschluss an diese Iteration verweilt der Prozess in der III. Phase, bestehend aus Situationsanalyse, Entwicklung und Implementierung, so lange, bis jegliche Module einer Störung abschließend entwickelt und implementiert sind.

Das kaskadenartige Konstrukt ist dem Aufbau des menschlichen Immunsystems entlehnt. Dieses aus einer systemtheoretischen Perspektive als relativ geschlossen, dynamisch, zielorientiert, äußerst komplex und probabilistisch charakterisierte System besteht u. a. aus den beiden verknüpften Sub-Systemen des angeborenen und des adaptiven Immunsystems. Mithilfe einer

[664] Vgl. Abbildung 19.
[665] Vgl. Abbildung 20.

kybernetischen Analyse in Teil III dieser Arbeit konnte aufgezeigt werden, dass der resiliente Umgang bei der Beseitigung von in den Körper eingedrungenen Pathogenen in der ultrastabilen Struktur des Systems, der damit einhergehenden Fähigkeit der Anpassung sowie in dem Besitz der notwendigen Resilienztreiber der Redundanz, der Bricolage, der Kollaboration und der Selbstorganisation begründet ist.

Von der Funktionsweise des menschlichen Immunsystems inspiriert, dient das angeborene Immunsystem als Vorbild für die komplexitätsreduzierende Meta-Routine. Die Integration einer solchen Routine verfolgt das Ziel, jegliche Anzeichen einer Krise so früh wie möglich zu detektieren und daraufhin unverzüglich korrektive Maßnahmen zu initiieren. Um diesem zeitlichen Druck gerecht zu werden, bedarf es der Einführung einer Heterarchie, nach der jeder über das nötige (Fach-)Wissen verfügende Mitarbeiter unabhängig von seiner formalen Rolle befähigt ist, lenkend einzugreifen, sobald er Abweichungen wahrnimmt. Durch die damit einhergehende Abkehr von einem zumeist langwierigen hierarchischen Entscheidungspfad kann die Reaktionsgeschwindigkeit verbessert werden.

Damit involvierte Mitarbeiter in der Lage sind, in kürzester Zeit eine Situation zu erfassen und entsprechende Entscheidungen zu treffen, empfiehlt es sich, ihnen einen Leitfaden an die Hand zu geben. Dieser repräsentiert ein der entsprechenden Situation angepasstes Portfolio an korrektiven Maßnahmen, die möglichen Krisenindikatoren entsprechende Handlungsstrategien zuordnet und so den Betroffenen in seiner Entscheidungsfindung unterstützt und legitimiert. Nach dem Vorbild des angeborenen Immunsystems, das nicht zwischen einzelnen Pathogenen, sondern nur zwischen Erregertypen unterscheidet und ferner nur auf Erreger reagiert, die bereits in den Körper eingedrungen sind, sollte bei der Bestimmung der Krisenindikatoren Folgendes Beachtung finden: Zum einen sollten Unternehmen sich nicht auf potenzielle Krisen und deren Ursachen fokussieren, sondern vielmehr die Organisation in Bezug auf mögliche Störungen der betrieblichen Abläufe unabhängig ihrer Ursachen analysieren. Zum anderen empfiehlt es sich, hinsichtlich festgelegter Indikatoren mögliche Abweichungen zu clustern. Damit werden bestimmte similäre Auslöser zusammengefasst und einer gemeinsamen Handlungsstrategie zugeordnet. Hierdurch bleibt das Repertoire an Sofortmaßnahmen überschaubar. Weder das Unternehmen noch der betroffene Entscheidungsträger wird durch eine überproportionale Auswahl an möglichen Entscheidungsoptionen in einer zeitkritischen Situation kognitiv überfordert.

Aufgrund dieser Vereinfachung geht eine gewisse Detailtiefe der Informationen zur vorliegenden Krise vorerst verloren. Diese spielt in dieser initialen Phase aber ohnehin nur eine untergeordnete Rolle. Unternehmen sollten den Anspruch, jegliche Krisen unverzüglich vor Ort bewältigen zu können, vernachlässigen. Verglichen mit dem menschlichen Immunsystem zeigt sich, dass auch die primäre Aufgabe des angeborenen Immunsystems in der Eindämmung einer Infektion, nicht in deren Beseitigung liegt. Erst im späteren Verlauf, nach der Entwicklung einer adaptiven Immunantwort, findet eine komplexitätsbewältigende Reaktion hinsichtlich der endgültigen Bewältigung der Krise statt. Demnach empfiehlt es sich, auch die korrektiven Sofortmaßnahmen entsprechend zu gestalten. Aufgrund der kurzen Zeitspanne für eine Situationsanalyse sollten die Handlungsstrategien nicht-invasiv im System arbeiten und im Sinne einer lokalen Eindämmung in der Lage sein, die betroffenen Teile des Unternehmens von der restlichen Organisation abzukoppeln, um weitere Ansteckungspotenziale zu reduzieren.

Die eigentliche Problemlösung erfolgt nach der ersten entschleunigenden Iteration des agilen Verfahrens und ist, in Anlehnung an das adaptive Immunsystem, Aufgabe der komplexitätsbewältigenden Meta-Routine. Nach der Auslösung des adaptiven Immunsystems finden sich Zellen des angeborenen sowie des adaptiven Immunsystems zusammen. Dieses Konglomerat beginnt fortan mit der antigenspezifischen Identifizierung des Erregers sowie mit der Entwicklung einer entsprechenden adaptiven Immunreaktion. Mit der Implementierung der resilienten Verhaltensmuster schaffen Unternehmen die notwendigen Strukturen, dass relevante Mitarbeiter in Krisenzeiten selbstorganisierend zu einem interdisziplinären Team zusammenfinden, ihr für die jeweilige Krisensituation relevantes Expertenwissen teilen und sich so gemeinsam der Krisenbewältigung widmen. Innerhalb dieser informalen Temporärorganisation sind hierfür Informationen, Ressourcen und jegliches relevante Wissen zu bündeln. Die Zusammensetzung, die Organisation der Aufgaben und der Zusammenarbeit sollte selbstorganisierend vonstattengehen und auf dem Prinzip der Heterarchie beruhen. Den konkret von der Krise betroffenen Personen kommt dabei aufgrund ihrer relevanten Informationen zur aktuellen Lage eine ebenso wichtige Rolle zu wie den Experten und den offiziellen Entscheidungsträgern. Die Problemlösungsfindung darf dabei nicht durch formale hierarchische Strukturen gehemmt oder gar blockiert werden. Ziel des Netzwerkes ist letztendlich die Zurverfügungstellung von Entfaltungsfreiräumen, sodass auf Basis einer ausreichend hohen Eigenvarietät die Lösungsansätze für die jeweiligen Module selbstorganisierend entwickelt werden können.

Eine komplexe Krise ist nicht ausschließlich auf unvorhersehbare Ereignisse zurückzuführen, sondern zugleich immer auch das Ergebnis eines unangepassten Unternehmens. Die Organisation verliert ihr Gleichgewicht, weil ihr unter den neuen Umständen droht, ihre Handlungsfähigkeit zu verlieren. Für die Bewältigung einer Krise und ihrer Ursachen müssen daher bei der Lösungsfindung alle bestehenden Sachzwänge innerhalb der Organisation wie Aufbau- und Ablaufstrukturen, die allgemeine Ausrichtung des Unternehmens, die Vision, Mission und die Ziele sowie die Geschäftsmodelle etc. hinterfragt und falls notwendig angepasst werden. Diese invasiven Eingriffe können dabei, wenn falsch eingesetzt, desaströse Folgen nach sich ziehen, weshalb sich eine äußerst sensible Entwicklung empfiehlt. Potenzielle Folgeschäden, ungewollte Wechselbeziehungen etc. müssen auf ein Minimum reduziert werden. Dafür empfiehlt sich u. a. eine operationale Geschlossenheit der Handlungen im Sinne der Bricolage. Für die Entwicklung des Lösungsansatzes werden vorhandenes Wissen und Ressourcen kreativ in einen neuen Kontext eingesetzt.

Da keine idealtypischen Lösungsansätze existieren, sollte die Entwicklung auf mehrdimensionalen Denkansätzen und horizontalen sowie vertikalen Selektionen aufbauen. Anstatt nach einer umfangreichen Situationsanalyse sich auf ein Gesamtkonzept festzulegen und dieses fortan weiter zu spezifizieren, empfiehlt es sich, mehrere unterschiedliche Ansätze zu fördern und zu verfolgen. Im Verlauf der Entwicklungsphase erfolgt zum einen parallel zu einer immer spezifischer werdenden Situationsanalyse die Eliminierung von Mängeln der einzelnen Lösungsansätze, woraus eine steigende Spezifität resultiert, und zum anderen eine fortwährende Eingrenzung der Auswahl an unterschiedlichen potenziellen Konzepten anhand ihrer Erfolgsaussichten. Letztendlich findet so zu einem gewissen Zeitpunkt der vielversprechendste, problemspezifischste Ansatz Anwendung.

Ist eine Krise nachhaltig beseitigt, erfolgt mit der vierten und letzten Phase eine Nachbereitung. Im Laufe einer adaptiven Immunantwort bildet sich im Immunsystem ein immunologisches Gedächtnis, das fortan für die Immunität des menschlichen Organismus gegenüber einem spezifischen Antigen sorgt. Um das Potenzial der Krisenbewältigung des Unternehmens nachhaltig zu fördern, wird daher empfohlen, erfolgreiche Handlungsstrategien im Unternehmen zu verankern. Durch die Aufnahme von problemspezifischen Maßnahmen in das komplexitätsreduzierende Portfolio der initialen Phase kann bei einer erneuten Konfrontation mit einer vergleichbaren Erschütterung schneller auf einen komplexitätsbewältigenden Lösungsansatz zurückgegriffen werden. So können bei einer gleichartigen Krise die zuvor gespeicherten Handlungsstrategien direkt angewandt werden. Dabei ist jedoch darauf zu achten, dass auch diese Handlungsmuster aufgrund ihrer invasiven Wirkungen vor jeder Anwendung mit Bezug auf die neue Situation kritisch hinterfragt werden. Bei einer vergleichbaren Krise kann das Wissen aus vorherigen Krisensituationen in den Problemlösungsprozess mit einbezogen werden, wodurch dieser beschleunigt wird.

Auch die bestehenden initialen Routinen müssen nach einer erfolgreich überstandenen Krise überprüft und reflektiert werden. Durch das Arbeiten am System im Verlauf der Problemlösung können sich Rahmenbedingungen verändert haben. Diese Veränderungen können zur Folge haben, dass bestimmte Sofortmaßnahmen obsolet sind oder unter den neuen Umständen Kollateralschäden verursachen.

Die Integration resilienter Verhaltensmuster zielt darauf ab, die Resilienzfähigkeit eines Unternehmens zu fördern. Die Meta-Routinen bilden dabei die Leitplanken für das Verhalten involvierter Mitarbeiter. Sie dienen als Orientierungsrahmen, nicht aber als starres Konstrukt von Verhaltensregeln, und setzen auf die Abkehr von disziplinarischem Linien- und Silo-Denken sowie auf die Förderung eines hohen Maßes an Selbstorganisation, das Prinzip der Heterarchie und eine ausgeprägte Kollaboration bei der Umsetzung der Verhaltensmuster.

Ferner ist ein verändertes Selbstverständnis von Führung und gelebter Kultur notwendig. Für Organisationen empfiehlt sich der Einzug einer Kultur des Vertrauens aus zweierlei Gründen: Zum einen kann die Steuerung der Nicht-Steuerbarkeit, die auf Vertrauen aufbaut, nur durch die Verhaltensweise der selbstorganisierenden Regelung gelingen. Zum anderen bedarf es der Erfüllung des Eigenvarietätstheorems. Die Entfaltung der Leistungspotenziale der Mitarbeiter kann nur erreicht werden, wenn den Individuen der nötige Freiraum gewährt wird. Dies wiederum setzt voraus, dass Führungsverantwortliche bestrebt sind, sich in ihrer Führungsaufgabe obsolet zu machen und einengende Konstrukte von Regeln und Formalien abzubauen. Ziel sollte es sein, die Vielfalt in einem Unternehmen als neuen Standard zu implementieren und so die Entfaltung von selbstreflektierenden mündigen Mitarbeitern zu fördern. Hierfür ist entscheidend, dass mittels der Kultur eine angstfreie, Fehler tolerierende Organisation unterstützt und gefördert wird, in der das Scheitern erlaubt ist. Denn nur durch das Hinterfragen des Bestehenden, das Beschreiten neuer Wege und die kreative Nutzung des vorhandenen Wissens kann am System gearbeitet werden.

Zuletzt fordern resiliente Verhaltensmuster das Aufgeben des weitverbreiteten und oft im falschen Kontext genutzten Effizienzgedankens. Der Erfolg eines Unternehmens darf nicht ausschließlich anhand monetärer Faktoren und des Grads der Effizienz eingesetzter Mittel bestimmt werden, denn die Wahrung der Überlebensfähigkeit kann nur durch eine nachhaltige Mixtur aus Effizienz und Resilienz erreicht werden. Das System benötigt dafür eine hinreichende Eigenvarietät, wozu neben den Potenzialen der Mitarbeiter ebenso Redundanzen bei Ressourcen, Zuständigkeiten, Kommunikation sowie multiple Sichtweisen innerhalb von Problemlösungsprozessen gehören.

5.2 Diskussion der Ergebnisse

5.2.1 Viabilitätstest

Konstruierte Erkenntnisse wie die hier präsentierte Skizze resilienter Verhaltensmuster besitzen nach der Philosophie des radikalen Konstruktivismus keinen Anspruch auf Objektivität und

Allgemeingültigkeit.[666] Stattdessen bestimmt die Viabilität der Erkenntnisse die Qualität. Die vorliegende Arbeit ist das Resultat einer konzeptionellen und theoretischen Forschungsarbeit. Um dabei dem Anspruch auf höchstmögliche Gangbarkeit gerecht zu werden sowie den blinden Fleck des Beobachters zu beleuchten und zu minimieren, erfolgte neben der Eigen-Reflexion eine regelmäßige Überprüfung und Spiegelung der Ergebnisse mit Experten aus der Immunologie und der Betriebswirtschaftslehre. Insbesondere durch die Gespräche mit Univ.-Prof. Dr. Bopp vom Institut für Immunologie der Universitätsmedizin der Johannes Gutenberg-Universität Mainz kann eine gewisse Plausibilität der mit dem menschlichen Immunsystem zusammenhängenden konstruierten Erkenntnisse in Teil III gewährleistet werden.

Die Betriebswirtschaftslehre als angewandte Wissenschaft[667] ist bestrebt, Erkenntnisse zu konstruieren, die bei der Bewältigung von Problemen aus der Praxis behilflich sein können. Aus diesem Grund bietet es sich zusätzlich an, die gewonnenen Erkenntnisse mithilfe von qualitativen Interviews aus einem praxisrelevanten Betrachtungswinkel reflektieren zu lassen. So wird ein Mehrwert in Bezug auf die Viabilität der Arbeit geschaffen. Dabei stehen die Praktikabilität einer möglichen Integration der vorgestellten resilienten Verhaltensmuster sowie mögliche praktische Umsetzungshürden dieses Entwurfs im Fokus der Betrachtung. Zwar kann die Bestätigung von Konstruktionen durch einen anderen subjektiven Beobachter dem „[...] Erlebten unmöglich eine unabhängige, ontologische ‚Existenz' verleihen."[668] Was im Allgemeinen jedoch als „objektive" Wirklichkeit empfunden wird, entsteht durch die Wahrnehmung des Erlebten durch anderer und kann im Alltagsleben und in der Epistemologie als real betrachtet werden.[669] Dadurch liefert die „[i]ntersubjektive Wiederholung von Erlebnissen [..] die sicherste Garantie der ‚objektiven' Wirklichkeit."[670]

5.2.1.1 Vorgehensweise und Methodik

Für dieses Vorhaben der Viabilitätsüberprüfung wurden Experten aus der Wirtschaft herangezogen. Nach Bogner und Menz[671] sind Experten Personen, die über technisches Wissen sowie Prozess- und Deutungswissen verfügen, das sich auf ein spezifisches Handlungsfeld bezieht. Das Expertenwissen umfasst dabei nicht nur Fachwissen, sondern ebenso Praxis- und Handlungswissen, „[...] *in das verschiedene und durchaus disparate Handlungsmaximen und*

[666] Vgl. Abschnitt 1.2.1.
[667] Vgl. Abschnitt 1.1.
[668] Glasersfeld 2012, S. 37.
[669] Vgl. Glasersfeld 2012, S. 33.
[670] Glasersfeld 2012, S. 33.
[671] Vgl. Bogner und Menz 2002b, S. 46.

individuelle Entscheidungsregeln, kollektive Orientierungen und soziale Deutungsmuster einfließen."[672]

Die Methode des Experteninterviews ermöglicht dabei die Erschließung dieses Wissens.[673] Bei der Auswahl der Experten wurde darauf geachtet, dass sowohl Verantwortliche aus der strategischen als auch aus der funktionalen, operativen Ebene vertreten sind. So finden sich unter den Experten Vorstände zweier (mittel-)großer Unternehmen, ein Leiter des Bereichs „Einkauf" eines weltweit operierenden pharmazeutischen Konzerns und eine Unternehmensberaterin einer internen Managementberatung eines deutschen Verkehrsunternehmens.[674] Durch diese sowohl thematische als auch funktionale Breite ist sowohl ein holistisch strategischer als auch ein funktional spezifischer Blickwinkel auf die vorliegende Skizze sichergestellt.

In der qualitativen Sozialforschung existieren unterschiedlichste Formen für die Erhebung verbaler Daten. So unterscheidet beispielsweise Flick zwischen den Leitfaden-Interviews, Erzählungen als Zugang und Gruppendiskussionen.[675] Mit dem Ziel, die Sichtweise des befragten Subjektes zur Geltung zu bringen, bieten sich für den hiesigen Kontext aufgrund ihrer relativ offenen Gestaltung vornehmlich Leitfaden-Interviews an.[676]

Das Handlungswissen aus dem beruflichen Alltag der befragten Experten eröffnet damit eine neue praxisorientierte Sichtweise auf die theoretisch konstruierten Erkenntnisse der vorliegenden Arbeit. Damit übereinstimmend können die hier verwendeten Experteninterviews als „explorativ-felderschließend"[677] bezeichnet werden, da „[...] sie zusätzliche Informationen wie Hintergrundwissen und Augenzeugenberichte liefern und zur Illustrierung und Kommentierung der Aussagen de[s] Forscher[s] zum Untersuchungsgegenstand dienen."[678] Aufgrund des Verlaufes der „[..] Auswertung fernab der Gleise quantifizierender Sozialforschung [..], sind Leitfaden-Gespräche [jedoch] kein Beweisinstrument."[679]

Im Rahmen der Durchführung der Gespräche kommt einem Leitfaden eine gewichtige Rolle zu.[680] Die leitfadenorientierte Interviewführung garantiert eine gewisse Vergleichbarkeit der Ergebnisse, sorgt für die thematische Fokussierung des Gespräches[681] und ermöglicht, „[...] den Befragten auf das interessierende Expertentum zu begrenzen und festzulegen."[682] Der im

---

672 Bogner und Menz 2002b, S. 46, Hervorh. i. O.
673 Vgl. Gläser und Laudel, 2010, S. 12.
674 Vgl. Anhang A für eine Kurzporträtierung der einzelnen Gesprächspartner.
675 Für eine detaillierte Ausführung bezüglich der unterschiedlichen Formen der Erhebung verbaler Daten sei an dieser Stelle auf Flick 2010, S. 193 ff. verwiesen.
676 Vgl. Flick 2010, S. 194.
677 Meuser und Nagel 2002, S. 75.
678 Meuser und Nagel 2002, S. 75.
679 Bogner und Menz 2002a, S. 17.
680 Vgl. Bogner und Menz 2002a, S. 17 sowie Flick 2010, S. 215.
681 Vgl. Mayer 2009, S. 38 und 56 sowie Flick 2010, S. 214 ff. und S. 270 ff.
682 Mayer 2009, S. 38.

Vorfeld erstellte offene Leitfaden basiert auf den in dieser Arbeit konstruierten theoretischen Erkenntnissen und dient als Strukturierungselement.[683] Der Verlauf des Gespräches ist jedoch nicht strikt an diesen gebunden, daher wird im Zusammenhang mit dem Leitfaden auch von einer „Orientierung bzw. [einem] Gerüst“[684] gesprochen. Als solches Gerüst kann der Leitfaden den Horizont der besprochenen Themen auf das eigentliche Interessensgebiet beschränken und zugleich genügend Offenheit bieten, sodass sich die Gedankengänge des Gesprächspartners und damit seine Sichtweise auf die Situationen frei entfalten können.[685]

Für die Auswertung der verbalen Daten wurden die Tonspuren transkribiert[686] und im Anschluss nach dem Inhalt der Aussagen kategorisiert, analysiert und interpretiert.[687, 688]

5.2.1.2 Evaluierung resilienter Verhaltensmuster aus praxisrelevanter Perspektive

Die Reflexion aus einem praxisrelevanten Betrachtungswinkel im Rahmen der durchgeführten Gespräche hat aufgezeigt, dass sich die konstruierten Erkenntnisse im realen unternehmerischen Umfeld grundsätzlich als praktikabel erweisen, wenngleich die Experten auf zu überwindende Hürden und Grenzen einer möglichen Integration hinweisen. Die Skizze resilienter Verhaltensmuster wurde überwiegend als plausibel, nachvollziehbar und nützlich bewertet. Ferner sehen sich die Gesprächspartner durch die Ergebnisse in ihren gedanklichen Konstrukten bestätigt, handeln sie doch nach eben jenen (Meta-)Prinzipien oder empfinden diese zumindest als erstrebenswert.[689]

Horneber und Thiesler heben insbesondere den kaskadenartigen Aufbau der Skizze und damit die Entschleunigung einer Krise als Mehrwert stiftend hervor und würdigen dabei die Abkehr von dem Bestreben, kritische Situationen direkt vor Ort zu bewältigen.[690] Das Prinzip der

---

683 Vgl. Anhang B.

684 Mayer 2009, S. 37. Vgl. auch Meuser und Nagel 2002, S. 77.

685 Vgl. Meuser und Nagel 2002, S. 77 sowie Mayer 2009, S. 38 und S. 43.

686 Bei Experteninterviews handelt es sich in der Regel um gemeinsam geteiltes Wissen, wodurch ein aufwendiges Notationssystem bei der Transkription, wie es bei einem narrativen Interview oder einer konversationsanalytischen Auswertung erfolgt, nicht als notwendig zu betrachten ist. Pausen, Stimmlage sowie nonverbale und parasprachliche Elemente sind nicht Gegenstand der Interpretation (vgl. Meuser und Nagel 2002, S. 83). Ferner wurde das gesprochene Wort im Sinne der Lesbarkeit in ein normales Schriftdeutsch übertragen. Dabei wurden Dialekte bereinigt, Satzbaufehler behoben und der Stil geglättet (vgl. Mayring 1996, S. 70). Im Gegensatz zu biografischen Interviews ist die Transkription der gesamten Tonspur nicht der Normalfall. Nähert sich der Diskussionsverlauf der Idealform an, erfolgt aufgrund der Fülle an relevanten Informationen eine ausführliche Transkription. Misslingt dagegen ein Interview (vgl. Meuser und Nagel 2002, S. 77 ff. für die unterschiedlichen Formen des Misslingens eines Experteninterviews), fällt das Transkribieren kurz und selektiv aus (vgl. Meuser und Nagel 2002, S. 83). Daher wurde das Ausmaß der wortgetreuen Transkription, in Anlehnung an Meuser und Nagel, in Abhängigkeit vom Diskussionsverlauf und von der Frage, ob es sich um Betriebs- oder Kontextwissen handelt, angepasst (vgl. Meuser und Nagel 2002, S. 83). An dieser Stelle sei bezüglich der Transkription auf Mayring 1996, S. 65 ff., Kowal und O'Connell 2000, S. 437 ff. sowie Meuser und Nagel 2002, S. 83 verwiesen.

687 Für die Codierung wurde das Computerprogramm MaxQDA verwendet.

688 Für eine detailliertere Ausführung bezüglich der Auswertung von Interviews sei an dieser Stelle auf Meuser und Nagel 2002, S. 80 ff., Mayer 2009, S. 47 ff. sowie Flick 2010, S. 402 ff. verwiesen.

689 Vgl. Horneber 2016, Interview, Thiesler 2016, Interview, Viernow 2016, Interview sowie Welsch 2016, Interview.

690 Vgl. Horneber 2016, Interview, S. 29 und S. 31 sowie Thiesler 2016, Interview, S. 3.

Entschleunigung findet bereits ansatzweise in Unternehmen in Form von beispielsweise Krisenkommunikationshandbüchern[691], Backup-Standorten bei kritischen Zulieferern[692] oder festgelegten Abläufen bei unvorhergesehenen Rückläufern von Medikamenten[693] Anwendung und hat sich dabei in der realen Umwelt bewährt. Die Mechanismen sind jedoch noch nicht in allen Bereichen der Unternehmen verbreitet. Obwohl Horneber dieses Vorgehen als ein sehr wichtiges Prinzip in der Krisenbewältigung auffasst und selbst nach diesem handelt, merkt er Folgendes an: [..] je länger ich darüber nachdenke, desto weniger bin ich mir sicher, ob das überhaupt so praktiziert wird."[694] Somit äußert er Zweifel, ob auch alle Organisationsebenen sich an diesen entschleunigenden Routinen orientieren.[695] Es ist für ihn gut vorstellbar, dass teilweise betroffene Personen in kritischen Zeiten in Hektik verfallen und voreilig reagieren, ohne richtig darüber nachzudenken.[696] Auch Thiesler beobachtet die Tendenz von Mitarbeitern, überhastet Entscheidungen zu treffen und nach der Ursache und/oder den Schuldigen für eine Krise zu suchen.[697] Dabei empfindet Thiesler das kaskadenartige Vorgehen als durchaus plausibel: „[*Die Funktion des Immunsystems*] macht das Ganze so logisch nachvollziehbar. Der Körper, der sich über Millionen von Jahren entwickelt hat. Aber wir fühlen uns zum Teil schlauer und wollen Probleme sofort abstellen."[698]

Im Gespräch zeigt sich Thiesler zudem von den Vorteilen iterativer und agiler Verfahren überzeugt.[699] Er sieht die Gefahr in den Methoden der „Big Design Up Front" darin, dass Unternehmen sich meist zu schnell zu viel vornehmen und als Folge vermehrt Fehlentscheidungen treffen.[700] Neben den anpassungsfähigen Iterationen implizieren agile Vorgehensweisen die Merkmale der Heterarchie und der Selbstorganisation. Diese sind essenziell für die Funktionsweise aller Phasen der Skizze resilienter Verhaltensmuster. Das Prinzip der Heterarchie und die Selbstorganisation wurden daher auch ausführlich und kontrovers diskutiert. Auch wenn die Experten mit der Idee der Skizze grundsätzlich übereinstimmen, weisen sie daraufhin, dass aufgrund der bestehenden organisatorischen Strukturen und des Faktors „Mensch" bei einer möglichen Integration Hürden zu überwinden und Grenzen zu beachten sind. Während das menschliche Immunsystem als ein biologisches System zu beschreiben ist, ist gerade die soziale Komponente einer der wichtigsten Faktoren eines Unternehmens, stellt es doch eine Gemeinschaft unterschiedlicher Charaktere dar. Das Immunsystem besteht dagegen nicht aus

[691] Die AGAPLESION gAG besitzt für gewisse Krisen ein Krisenkommunikationshandbuch, mit dem Verhaltensrichtlinien für Mitarbeiter für die bestimmten Situationen einhergehen (vgl. Horneber 2016, Interview, S. 22 f.).
[692] Vgl. Viernow 2016, Interview, S. 35.
[693] Vgl. Viernow 2016, Interview, S. 48 f.
[694] Horneber 2016, Interview, S. 31.
[695] Vgl. Horneber 2016, Interview, S. 31.
[696] Vgl. Horneber 2016, Interview, S. 29.
[697] Vgl. Thiesler 2016, Interview, S. 3 und S. 4.
[698] Thiesler 2016, Interview, S. 10, Anm. d. Verf.
[699] Vgl. Thiesler 2016, Interview, S. 8.
[700] Vgl. Thiesler 2016, Interview, S. 2.

einzelnen Individuen mit eigenem Bewusstsein. „Die Zelle hat keine Meinung und ist neutral. Das haben Sie im betrieblichen Umfeld nicht.“[701] Somit haben individuelle Aspekte wie beispielsweise eigene Zielvorstellungen und -verfolgungen der Protagonisten, potenzielle Schwierigkeiten bei der selbstorganisierenden Entscheidungsfindung durch unterschiedlichste Charaktere und die Abhängigkeit von der Subjektivität und der kognitiven Kapazität der Personen keine ausführliche Berücksichtigung innerhalb dieser Arbeit erfahren.

Die Idee der selbstorganisierenden, heterarchischen Detektion von Krisen innerhalb der hier präsentierten komplexitätsreduzierenden Meta-Routine, sehen die Experten als praktikabel. Horneber und Thiesler betonen in diesem Zusammenhang, dass Mitarbeiter durch eine Philosophie „der offenen Türen“[702] und Mechanismen wie das Ideenmanagement[703], Whistleblowing[704] oder CIRS[705] dazu angeregt werden sollen, jederzeit Fehler im alltäglichen Betrieb zu melden. Mit der Skizze übereinstimmend werden zudem für bestimmte Arten von Krisensituationen schon heute präsituativ Leitfäden für Verhaltensregeln erstellt und den Mitarbeitern an die Hand gegeben.[706] Diese sind zumeist für Situationen und Bereiche ausgelegt, die besonders kritisch für die Überlebensfähigkeit der Organisation sind. Horneber merkt im Zusammenhang mit der Prämisse, dass involvierte Personen selbstständig Abweichungen wahrnehmen, jedoch an, dass die Protagonisten im Besitz des entsprechenden Wissens über die zu überwachende Situation sein müssen.[707] Thiesler und Welsch weisen ferner darauf hin, dass ein solches Frühwarnsystem für einen reibungslosen Ablauf einen gewissen Typus Mensch bedarf. Nicht alle Mitarbeiter können oder wollen Verantwortung übernehmen. Stattdessen wünschen sich manche ein klar abgegrenztes Aufgabengebiet und eindeutig formulierte Arbeitsanweisungen.[708]

Im Rahmen der Gespräche hat sich gezeigt, dass die Entwicklung krisenbewältigender Maßnahmen in temporären Netzwerken, in denen Fachexperten sowie direkt betroffene Individuen vereint sind, in der Praxis bereits Anwendung findet.[709] Dabei zeichnet sich jedoch auch ab,

[701] Viernow 2016, Interview, S. 46.
[702] Thiesler 2016, Interview, S. 5. Vgl. auch Horneber 2016, Interview, S. 19.
[703] Die Initiative des Ideenmanagements ermöglicht Mitarbeitern, Vorschläge einzureichen, die zu Verbesserungen von sub-optimalen Arbeitsabläufen beitragen sollen (vgl. Thiesler 2016, Interview, S. 5).
[704] Vgl. Thiesler 2016, Interview, S. 5.
[705] CIRS steht für Critical Incident Reporting System. CIRS ist eine Software, die es Mitarbeitern ermöglicht, anonym Störungen zu melden. Diese werden von einem Team ausgewertet und systemisch, inklusive entsprechend zu befolgenden Maßnahmen, kommuniziert, damit solche Fehler nicht erneut auftreten (vgl. Horneber 2016, Interview, S. 23 f.).
[706] Die AGAPLESION gAG besitzt für bestimmte Situationen klare Verhaltensrichtlinien, beispielsweise in Form eines Krisenkommunikationshandbuches (vgl. Horneber 2016, Interview, S. 22 f.), und auch Boehringer Ingelheim hat feste Abläufe für Krisen wie Medikamentenrückrufe oder Defekte an chemischen Einrichtungen deklariert (vgl. Viernow 2016, Interview, S. 48 f.).
[707] Vgl. Horneber 2016, Interview, S. 19 f.
[708] Vgl. Thiesler 2016, Interview, S. 2 sowie Welsch 2016, Interview, S. 51 und S. 53.
[709] Vgl. Horneber 2016, Interview, S. 25, Thiesler 2016, Interview, S. 4 f. und S. 6 sowie Viernow 2016, Interview, S. 48 f.

dass in Krisensituationen zumeist ein verantwortlicher und weisungsbefugter Krisenmanager benannt wird, der als Projektbeauftragter die Koordination und Zusammensetzung der Teams übernimmt.[710] Eine selbstorganisierende Zusammenfindung eines Netzwerkes bedarf dagegen entsprechender Strukturen. Diese müssen eine systemische Kommunikation des vorliegenden Sachverhaltes ermöglichen, sodass Mitarbeiter auf Krisensituationen aufmerksam gemacht werden und beurteilen können, ob sie zur Krisenbewältigung etwas beitragen können.[711] Die Etablierung solcher Strukturen gestaltet sich umso schwieriger, je größer und unübersichtlicher das betroffene Unternehmen ist.[712] Zudem betont Welsch in diesem Kontext, dass die Heterarchie und die Selbstorganisation den mündigen und motivierten Mitarbeiter erfordern.[713]

Aus den Ausführungen der Experten geht hervor, dass die in der Praxis vorherrschenden interdisziplinären Teams, entgegen der hier postulierten Vorstellung von Ad-hoc-Netzwerken, keine Entscheidungsgewalt besitzen. Vielmehr nehmen sie eine beratende Funktion ein, indem sie ein Lösungskonzept entwickeln und dieses den formalen Entscheidungsträgern vorstellen.[714] Begründet wird dies u. a. mit dem schon angesprochenen Faktor „Mensch“. Als Grund wird zum einen das Argument aufgeführt, dass die Beteiligten zum Teil keine Verantwortung übernehmen wollen oder es nicht können, da sie solche Situationen überfordern könnten,[715] und zum anderen, dass eine asymmetrische Verteilung von Wissen und Erfahrung in der Krisenbewältigung sowie eine unklare Verteilung von Verantwortungen für getroffene Entscheidungen vorliegt.[716] Horneber fasst diesen Umstand wie folgt zusammen:

> „Jeder hat alles richtiggemacht, aber keiner trägt die Verantwortung, wenn es schiefgegangen ist. Kompetenz einbringen ja, aber Verantwortung zu tragen, ist was anderes. Vielleicht kann es funktionieren, aber ich sehe das aus den genannten Gründen eher kritisch.“[717]

Thiesler sieht daher auch die oberen Hierarchieebenen in der Verantwortung:

> „Wir sagen, dass [...] die oberen Hierarchieebenen dafür bezahlt werden, dass sie eben Entscheidungen übernehmen und auch mit den Folgen leben müssen. Wir sagen auch, dass wir vielleicht ein bisschen mehr Erfahrung in der Entscheidungsfindung, insbesondere bei kritischen Situationen, besitzen.“[718]

---

[710] Vgl. Horneber 2016, Interview, S. 22 sowie Thiesler 2016, Interview, S. 7.
[711] Vgl. Horneber 2016, Interview, S. 22 sowie Welsch 2016, Interview, S. 59.
[712] Vgl. Horneber 2016, Interview, S. 22 und S. 23 sowie Welsch 2016, Interview, S. 59.
[713] Vgl. Welsch 2016, Interview, S. 59.
[714] Vgl. Horneber 2017, Interview, S. 24 und S. 25 sowie Thiesler 2016, Interview, S. 3.
[715] Vgl. Thiesler 2016, Interview, S. 6.
[716] Vgl. Horneber 2016, Interview, S. 25 sowie Thiesler 2016, Interview, S. 3 und S. 4.
[717] Horneber 2016, Interview, S. 25.
[718] Thiesler 2016, Interview, S. 3.

Die Funktionsweise eines heterarchischen selbstorganisierenden Netzwerkes hängt zudem davon ab, wie sich die Personen innerhalb der Teams verhalten.[719] Zwischenmenschliche Zusammenarbeit ist stets von den Emotionen der Beteiligten geprägt. Dies können Unsicherheit und Angst oder die Sehnsucht nach einer starken Führung sein, aber auch aggressive Gefühle, die gezeichnet sind von polarisierenden Meinungen, Macht- und Statusfragen, unterschiedlichen Herangehensweisen bei der Problemlösung etc., die in Konflikte münden können.[720] In solchen Umgebungen können eine Heterarchie und die mit ihr einhergehenden Freiräume ohne führende Autoritäten Unsicherheiten verstärken und damit kontraproduktiv wirken. Befindet sich beispielsweise unter den Mitgliedern ein „[...] Alpha-Tier [..], das meint sich durchsetzen zu müssen“[721], oder eine politisch starke Person, die sich gegen den agilen Gedanken zu widersetzen versucht, schränkt dies die Effektivität solcher Netzwerke erheblich ein.[722]

Eine weitere Hürde für ein agiles Vorgehen besteht laut Viernow und Thiesler darin, dass Menschen in Unternehmen Hierarchien gewohnt sind[723] und diese zum Teil auch nicht wegzunegieren sind.[724] Hinzu kommt, dass die derzeitige Bereitschaft für ein agiles Verfahren bei den Unternehmen eingeschränkt zu sein scheint.[725] Horneber und Thiesler sind der Auffassung, dass in dieser Phase der Krisenbewältigung Hierarchien und formale Gremien, mit Ausnahme von Krisensituationen äußerster Dringlichkeit,[726] miteinbezogen werden sollten,[727] jedoch hat dies laut Welsch oftmals zur Folge, dass ein hierarchischer organisatorischer Überbau eine agile Vorgehensweise blockiert.[728] Aber nicht nur bestehende Strukturen können als Hürde agiler Methoden verstanden werden. Viernow sieht ferner Herausforderungen in den Anforderungen an die Führungskräfte, die mit solch einer Vorgehensweise einhergehen:

> „Es erfordert sehr viel Kompetenz und Größe sich davon zurückzunehmen und zu sagen, dass man selbst nicht so viel davon versteht, es aber andere innerhalb eines Teams gibt, die mehr davon verstehen und dass man selbst letztendlich nicht nur nach Hierarchien handelt. Das eine Mal Teamleiter und dann Teammitglied zu sein ist für viele Führungskräfte nicht so einfach.“[729]

Im Entscheidungsfindungsprozess können neben den in den Interviews angeführten Schwierigkeiten weitere potenzielle Probleme bei selbstorganisierenden Teams auftreten. Die Ent-

[719] Vgl. Welsch 2016, Interview, S. 54, S. 55 und S. 56.
[720] Vgl. Chalupsky et al. 2000, S. 166 f.
[721] Welsch 2016, Interview, S. 56.
[722] Vgl. Welsch 2016, Interview, S. 52 und S. 53.
[723] Vgl. Viernow 2016, Interview, S. 41.
[724] Vgl. Thiesler 2016, Interview, S. 2.
[725] Vgl. Viernow 2016, Interview, S. 47 f.
[726] Vgl. Horneber 2016, Interview, S. 24.
[727] Vgl. Horneber 2016, Interview, S. 24 sowie Thiesler 2016, Interview, S. 3.
[728] Vgl. Welsch 2016, Interview, S. 52 und S. 54.
[729] Viernow 2016, Interview, S. 41.

scheidungsfindung auf Basis eines Konsenses und nicht auf der Ausübung von Macht repräsentiert nur eine Möglichkeit.[730] Auch wenn diese nach dem Vorbild des Immunsystems erstrebenswert zu sein scheint, sollte bedacht werden, dass die Individuen eventuell diese Form aufgrund von zwischenmenschlichen Konflikten nicht zulassen.[731] Wahrnehmungen und Aussagen von Personen sind immer eine Repräsentation einer subjektiv konstruierten Wirklichkeit in Abhängigkeit von einem Beobachter und seinen kognitiv begrenzten Kapazitäten, wodurch unterschiedliche Meinungen unausweichlich sind.[732] Auch steigt die Gefahr, dass sich individuelle Meinungen unter Gruppenzwang nicht entfalten könnten oder dass Kompromisse lediglich anhand des kleinsten gemeinsamen Nenners getroffen werden.[733]

Grundsätzlich sieht Welsch dennoch Potenzial in einer heterarchischen Zusammenarbeit und Entscheidungsfindung. Wenn den richtigen Mitarbeitern gewisse Freiräume geboten werden, dann blühen sie auf und „vollbringen Wunder“[734]. Die Expertin betont dabei, dass es für ein funktionierendes Ad-hoc-Netzwerk entscheidend ist, dass eine kritische Masse an mündigen, motivierten Individuen vorhanden ist, die notfalls „den Rest einfach mitzieht“[735], und dass den Protagonisten die richtigen organisatorischen Rahmenbedingungen geboten werden müssen. Diese sollten ein Umfeld erschaffen, in dem Trial-and-Error erlaubt ist und das die Mitarbeiter beschützt, wenn Probleme und Schwierigkeiten auftreten.[736] Gleichwohl dürfen die Freiräume nicht unbegrenzt ausfallen. Viernow weist unter Anführung der Firma Google[737] darauf hin, dass ansonsten die Protagonisten dazu neigen, opportunistisches Verhalten zu entwickeln und die Freiräume zu missbrauchen.[738] Horneber beschreibt die Gefahr, die von einem heterarchischen Entscheidungsweg ausgehen kann, wie folgt:

> „Wenn Sie so einen Bypass, der für Krisen gedacht ist, in einer Organisation haben, dann wird der ganz schnell missbraucht. [...] Also ich würde glauben, dass dann dieser Regelkreis sehr schnell entartet und dann zu Effekten führt, die damit nie beabsichtigt waren, weil es ausgenutzt wird.“[739]

Deshalb dürfe „[...] man [..] auch nicht blauäugig sein, weil jeder immer bestimmte eigene Interessen beginnt zu entwickeln.“[740] In sozialen Systemen existieren bezüglich Zweck- und

[730] Vgl. Kirsch et al. 2009, S. 159 f.
[731] Für eine detaillierte Ausführung zum kollektiven Entscheidungsfindungsprozess und dabei potenziell auftretenden Konflikten sei an dieser Stelle u. a. auf Krisch et al. 2009, S. 154 ff. verwiesen.
[732] Vgl. Kirsch et al. 2009, S. 123 ff.
[733] Vgl. Chalupsky et al. 2000, S. 148 f.
[734] Welsch 2016, Interview, S. 53.
[735] Welsch 2016, Interview, S. 53.
[736] Vgl. Viernow 2016, Interview, S. 42 und S. 47 sowie Welsch 2016, Interview, S. 53.
[737] Viernow erwähnt Google als Beispiel für eine Organisation, die den Ansatz von Netzwerken und Entfaltungsfreiräumen extensiv verfolgt hat. Dabei haben sie festgestellt, dass ohne gewisse Rahmenbedingungen die Beteiligten zum Teil ihren eigenen Interessen nachgegangen sind und nicht im Sinne des Kollektivs gehandelt haben (vgl. Viernow 2016, Interview, S. 42).
[738] Vgl. Horneber 2016, Interview, S. 25 sowie Viernow 2016, Interview, S. 42.
[739] Horneber 2016, Interview, S. 25.
[740] Horneber 2016, Interview, S. 25.

Zielorientierung gewisse Ermessensspielräume, wodurch die Elemente eines Unternehmens, die einzelnen Individuen, eigene Ziele parallel verfolgen können. Dies kann zu einem Problem werden, wenn dabei die persönlichen Ziele über die des Unternehmens gestellt und persönliche Erfolge auf Kosten des Kollektivs verfolgt werden.[741] Zellen des menschlichen Immunsystems sind hingegen durch ihre Gene derart programmiert, dass ihr Ziel in der Erfüllung des gemeinsamen Zweckes, der Wahrung der Überlebensfähigkeit ihres Organismus, liegt.

Welsch weist bezüglich des Problemlösungsprozesses noch auf einen weiteren Punkt hin: die Implementierung entwickelter Lösungsansätze. Sie sieht darin eines der größten Probleme agiler Methoden. In ihrem beruflichen Alltag musste sie oftmals beobachten, dass letztendlich Umsetzungen daran gescheitert sind, dass die organisatorischen Strukturen oder einzelne Personen dies blockierten.[742] Welsch formuliert es wie folgt:

> „Ich glaube schon, dass das [*agile Vorgehen*] funktionieren kann. Ich glaube es funktioniert dann, wenn Sie von vorneherein Ihr Unternehmen nach diesen Prinzipien [*einer resilienten Vorgehensweise mit Heterarchie und Selbstorganisation*] aufbauen. Ich habe meine Zweifel, ob das in einem Unternehmen funktioniert, das andere Strukturen und Entscheidungswege gewohnt ist. Ich glaube, dass dann zwei komplett gegenseitige Welten aufeinandertreffen. Dann funktioniert es nur, [..] wenn man nicht im Herrschaftsbereich eines anderen wildern geht"[743], und „[w]enn Sie die Strukturen [*die Entscheidungswege*] aushebeln, die das sonst bremsen [..]."[744]

Zusammenfassend zeigen die Experteninterviews auf, dass die Sichtweisen bezüglich der Realisierbarkeit der Heterarchie und der Selbstorganisation differieren. Zwar sind sich die Experten bei dem Nutzen von interdisziplinären, temporären Netzwerken und dem Mehrwert von mündigen Mitarbeitern einig. Darüber hinaus sind die Meinungen in der Umsetzbarkeit der vorgestellten Ansätze konträr. Horneber und Thiesler sehen eine unüberwindbare Grenze bei der Entscheidungsgewalt. Ihres Erachtens haben die formalen Entscheidungsträger zumeist mehr Erfahrungen sowie Wissen bezüglich der Krisenbewältigung und sind darüber hinaus für die gewählten Entscheidungen verantwortlich. Daher sprechen sich die beiden Experten dafür aus, dass der finale Beschluss auch von diesen Entscheidern getroffen werden sollte.[745] Dagegen sind Viernow und Welsch der Meinung, dass unter bestimmten Rahmenbedingungen sehr wohl Heterarchie und Selbstorganisation im Rahmen der Krisenbewältigung funktionieren

---

[741] In diesem Zusammenhang sei beispielhaft die Prinzipal-Agent-Theorie erwähnt, welche die Beziehung zwischen einem Auftraggeber und einem Agenten thematisiert. Die Theorie befasst sich u. a. mit der Tatsache, dass Auftraggeber und Agent zum Teil unterschiedliche Ziele verfolgen, die bei einem Widerspruch zu Konflikten führen können. Da die Prinzipal-Agent-Theorie den Beteiligten Opportunismus unterstellt, werden in diesem Zusammenhang potenzielle Probleme wie verdeckte Handlungen und Absichten sowie mögliche Lösungsmechanismen wie bürokratische Kontrollen, Controlling-Instrumente oder Incentivierungen, aber auch Vertrauen und Unternehmenskultur thematisiert. Für einen detaillierten Einblick in die Prinzipal-Agent-Theorie sei an dieser Stelle auf Eisenhardt 1989 und die dort aufgeführte Literatur sowie Jost 2001, S. 9 ff. verwiesen.
[742] Vgl. Welsch 2016, Interview, S. 54, S. 55 und S. 56.
[743] Welsch 2016, Interview, S. 57, Anm. d. Verf.
[744] Welsch 2016, Interview, S. 58, Anm. d. Verf.
[745] Vgl. Horneber 2016, Interview, S. 24 und S. 25 sowie Thiesler 2016, Interview, S. 3.

können. Viernow sieht die agilen, temporären und sich immer wieder neubildenden Netzwerke als einen entscheidenden Faktor bei der Sicherstellung der Zukunftsfähigkeit von Organisationen.[746]

In Abschnitt 3.1.6 wurde bereits darauf hingewiesen, dass das menschliche Immunsystem unter bestimmten Umständen an seine Grenzen stößt und bei der Wahrung der Überlebensfähigkeit des menschlichen Organismus versagt. Der Mensch greift heutzutage daher vermehrt durch die Verabreichung von Medikamenten, Vitaminen und anderen pflanzlichen Arzneimitteln als externe Lenkungsinstanz in den operational geschlossenen Regelkreis des Immunsystems ein. So wurde auch dieser Aspekt der operationalen Geschlossenheit, das Prinzip der Bricolage, im Rahmen der Experteninterviews kontrovers diskutiert. Dabei bezogen sich die Experten vorwiegend auf Wissen als externes Element.[747] Viernow betrachtet die Realisierbarkeit des Prinzips der Bricolage als abhängig von den bestehenden organisationalen Strukturen. Zur Veranschaulichung führt er den Vergleich mit einer Kugel an, die nach einem Impuls in eine entsprechende Richtung rollt und ohne weiteren Impuls in dieser Bahn verweilt. Ähnlich attestiert Viernow einem Unternehmen ein hohes Beharrungsvermögen. Es bedarf von Zeit zu Zeit Impulse von außen, um den Kurs der Organisation zu verändern, was gegen das Prinzip der Bricolage sprechen würde.[748] Zugleich verweist Viernow aber auch auf Hamel, amerikanischer Ökonom und Gastprofessor an der London Business School. Hamels Auffassung nach verfügt eine Organisation über ausreichend Wissen, das über alle Hierarchieebenen verteilt ist, sodass Anstöße von außen nicht zwangsläufig notwendig sind. Jedoch wird diese Innovationskraft von innen meist aufgrund organisatorischer Strukturen nicht zugelassen.[749] Viernow sagt:

> „Manchmal gibt es eben den Zustand, dass Sie das von außen brauchen aufgrund der Starrheit oder Sie stellen den Führungsstil um, lassen Failure zu, gehen mit Konflikten anders um und lassen auch eben diese Hierarchie-Thematik außen vor."[750]

Auch Welsch sieht in den Strukturen ein entscheidendes Merkmal für das Umsetzen einer operationalen Geschlossenheit. Sie ist, übereinstimmend mit Hamel, davon überzeugt, dass „[...] man genau die richtige Person für jede Problemlösung irgendwo im Konzern hat. Man weiß nur nicht, wo sie sitzt."[751] Für Welsch „[...] gibt [es] eine kritische Größe, ab der ein

---

[746] Vgl. Viernow 2016, Interview, S. 50.

[747] Viernow kommentierte zusätzlich Akquisitionen als Möglichkeit externe Elemente miteinzubeziehen. Mit Verweis auf eine Quote von über achtzig Prozent gescheiterter Deals (vgl. Viernow 2016, Interview, S. 46) äußerte er dahingehend Skepsis. Insbesondere der Mensch als „unkontrollierbare[r] Faktor" (Viernow 2016, Interview, S. 46) erschwert, seines Erachtens nach, die Integrationen neuer Unternehmensteile (vgl. Viernow 2016, Interview, S. 46).

[748] Vgl. Viernow 2016, Interview, S. 47.

[749] Vgl. Viernow 2016, Interview, S. 47.

[750] Viernow 2016, Interview, S. 47.

[751] Welsch 2016, Interview, S. 58.

Unternehmen so unübersichtlich wird und Sie Krisenbewältigung ohne den Zukauf von Know-how nicht mehr hinbekommen […].“[752] Neben den notwendigen strukturellen Voraussetzungen, sieht Thiesler, entgegen Hamel, in einem mittelständigen Unternehmen zudem die Problematik, dass das Wissen abseits der Kernkompetenzen begrenzt ist und dass bestimmte Sachverhalte externer Inputs bedürfen, auch wenn Thiesler prinzipiell auf die „Bordmittel“[753] vertraut.[754] Unter solchen Umständen wird daher in der Wirtschaft bei der Entwicklung komplexitätsbewältigender Lösungsansätze vermehrt auf externe Unternehmensberater, Agenturen o. ä. zurückgegriffen,[755] wodurch die operationale Geschlossenheit durchbrochen wird. Externe Beratungen übernehmen dabei zum einen Aufgaben wie das Hinterfragen von bestehenden Sachzwängen und das Arbeiten am System während der komplexitätsbewältigenden Problemlösung, zum anderen erhoffen sich Organisationen mittels dieser Experten, ihren blinden Fleck beleuchten und dadurch unvoreingenommen die aktuelle Organisation reflektieren zu können.[756] Auch werden Beratungen vermehrt beauftragt, um bestimmte strategische Entscheidungen zu legitimieren.[757, 758]

Horneber besitzt eine differenziertere Sichtweise bezüglich der operationalen Geschlossenheit eines Unternehmens. Das Prinzip der Bricolage ist nach seiner Auffassung so lange wünschenswert, bis sich die Notwendigkeit einer disruptiven Transformation des Unternehmens ergibt, denn „[..] dann schlägt es komplett um. Von hilfreich in schädlich.“[759] Bei Krisen, die inkrementelle Justierungen der Organisation erfordern, vertritt er die Meinung, dass diese mit eigenen Ressourcen zu bewältigen sind. Jedoch können seines Erachtens diese altbewährten Ressourcen bei Trendbrüchen in der relevanten Industrie hinderlich bei einem Neuanfang sein. Daher ist es seiner Meinung nach für bestimmte Situationen „[…] komplett

---

752 Welsch 2016, Interview, S. 59.

753 Thiesler 2016, Interview, S. 9.

754 Vgl. Thiesler 2016, Interview, S. 9.

755 Der Jahresumsatz 2014 der Branche für Strategie-, Organisations-, IT- und Human Resources-Berater belief sich auf 25,2 Milliarden Euro (vgl. BDU e.V. 2015, S. 5).

756 Vgl. für die Funktion des Beraters als Beobachter zweiter Ordnung vor allem Winter 1999, S. 186 ff. aber auch Werr und Styhre 2002/2003, S. 47, Appelbaum und Steed 2005, S. 69, Bamberger und Wrona 2012, S. 7 f. sowie Ennsfellner et al. 2014, S. 38.

757 Vgl. Bamberger und Wrona 2012, S. 7 sowie Ennsfellner et al. 2014, S. 38.

758 Berater und ihre Ansätze stehen zum Teil aber auch unter erheblicher Kritik. So werden Berateransätze u. a. hinsichtlich ihrer Wissenschaftlichkeit und ihres Problemlösungspotenzials infrage gestellt (vgl. Fink 2009, S. 9 f.). Für eine kurze Ausführung bezüglich der Kritikpunkte an Berateransätzen wird an dieser Stelle auf Bamberger und Wrona 2012, S. 11 ff. sowie auf die dort aufgeführte Literatur verwiesen. Ferner kann eine geringe Akzeptanz der Belegschaft gegenüber externen Beratern vorherrschen, die den Erfolg der Beratungsleistung schmälert (vgl. Steyrer 1991, S. 25 sowie Appelbaum und Steed 2005, S. 80). Des Weiteren ist eine der Hauptursachen von geäußerter Unzufriedenheit gegenüber beratenden Dienstleitungen, dass Unternehmensberatungen nicht ausreichend auf unternehmensspezifische Gegebenheiten eingehen, standardisierte Ansätze verwenden und nicht die erhoffte Unterstützung bei der Implementierung erbringen (vgl. Steyrer 1991, S. 31, Werr und Styhre 2002/2003, S. 49, Appelbaum und Steed 2005, S. 80 sowie Fink 2009, S 10). Auch die interviewten Experten stehen dem Einsatz externer Beratungsunternehmen zum Teil kritisch gegenüber (vgl. Horneber 2016, Interview, S. 27 sowie Thiesler 2016, Interview, S. 10). Letztendlich kann trotz der Kritikpunkte nicht bestritten werden, dass ein relativ großer Markt für externe Beratungsdienstleistungen existiert und dieser Erfolg Unternehmensberatungen in ihrem Wirken bestätigt.

759 Horneber 2016, Interview, S. 28.

kontraproduktiv, ein System zu schließen."[760] Horneber verweist bei seiner Argumentation auf Beispiele wie u. a. Quelle, die nicht in der Lage waren, ihr Unternehmen an den Bedingungen der Digitalisierung neu auszurichten.[761]

Abschließend lässt sich sagen, dass eine operationale Geschlossenheit, soweit möglich, der Hinzufügung externer Elemente vorzuziehen ist. Diese stößt jedoch innerhalb eines Unternehmens, ebenso wie im menschlichen Immunsystem, unter bestimmten Umständen an Grenzen, was eine Öffnung des Systems für externe Elemente notwendig erscheinen lässt, um die Überlebensfähigkeit zu wahren.

Die Integration der hier präsentierten Skizze bedarf neben den Merkmalen der Kollaboration, der Selbstorganisation und der Bricolage auch der Zurverfügungstellung von Redundanzen. Zum einen greifen die komplexitätsreduzierenden Routinen zur Entschleunigung der Krise auf ungebundene Ressourcen zurück. Zum anderen sollten vor Ort betroffene Personen sowie Fachexperten für die Bildung der Ad-hoc-Netzwerke abgestellt und damit von den alltäglichen Betriebsabläufen befreit werden, um einen Problemlösungsansatz erarbeiten zu können. Diese Personen sind folglich durch personelle Reserven auszugleichen. Jedoch ist Redundanz ein natürlicher Gegenspieler der Effizienz und oft mit hohen zusätzlichen Kosten für Unternehmen verbunden, die die Wettbewerbsfähigkeit der Organisation entsprechend gefährden.

So sind sich die Experten auch einig, dass Redundanzen nur in einem limitierten Ausmaß aufgebaut werden können.[762] Thiesler beschreibt die Situation mit dem Streben nach dem „goldene[n] Mittelweg"[763]. Als Unternehmen sei ein System nicht in der Lage, für alles einen Vertreter zu etablieren, da ansonsten die Verwaltungskostenquote „[...] jenseits von Gut und Böse liegen [würde]."[764] Zugleich weist er aber auf die Gefahr hin, in die sich Unternehmen begeben, wenn sie ohne jegliche Reserven agieren.[765] Grundsätzlich empfiehlt es sich, im Unternehmen eine gewisse Flexibilisierungsquote anzustreben, sodass das System „atmen"[766] und kurzfristig auf Schocks reagieren kann, auch wenn dies nicht im betriebswirtschaftlichen Sinne zu sein scheint.[767] Unter dem Effizienzgedanken wird Redundanz nicht selten abgebaut, da der Markt die Preise diktiert. Ist ein Konkurrent in der Lage, effizienter zu produzieren und entsprechende Leistungen anzubieten, ist die Wettbewerbsfähigkeit stark

[760] Horneber 2016, Interview, S. 26.
[761] Vgl. Horneber 2016, Interview, S. 26 ff.
[762] Vgl. Horneber 2016, Interview, S. 30, Thiesler 2016, Interview, S. 7 f., Viernow 2016, Interview, S. 48 sowie Welsch 2016, Interview, S. 56.
[763] Thiesler 2016, Interview, S. 7.
[764] Thiesler 2016, Interview, S. 7.
[765] Vgl. Thiesler 2016, Interview, S. 7.
[766] Viernow 2016, Interview, S. 40.
[767] Vgl. Welsch 2016, Interview, S. 55.

gefährdet.[768] Statt kapazitative Redundanz bereitzustellen, versuchen Unternehmen laut Horneber unter diesen Umständen, Wissen redundant innerhalb einer Organisation zu verteilen.[769] Letztendlich sehen sich Unternehmen bezüglich der Redundanz einem Trade-off gegenüber, wobei sich die Suche nach dem „goldenen Mittelweg“ und einer nachhaltigen Balance von Redundanz und Effizienz als empfehlenswert erweist. Dies geht einher mit den wissenschaftstheoretischen Erkenntnissen von Lietaer et al.[770]

Die Reflexion der Skizze resilienter Verhaltensmuster aus einem praxisrelevanten Blickwinkel hat aufgezeigt, dass die grundsätzlichen Prinzipien der Agilität, der Selbstorganisation und des kaskadenartigen Vorgehens mit der Entschleunigung einer Krise in der Praxis teilweise bereits Anwendung finden oder eine Umsetzung als erstrebenswert empfunden wird. Dabei sind die skizzierten Mechanismen skalierbar und können deswegen sowohl auf einer operativen als auch auf einer unternehmensstrategischen Ebene angewandt werden.[771] Inwieweit eine Integration der Skizze in die Praxis gelingen kann, hängt vor allem davon ab, in welchem Maße der soziale Aspekt berücksichtigt wird und die Hindernisse überwunden werden können. Die soziale Komponente verleiht der Organisation im Vergleich zum Immunsystem eine ganz andere Eigendynamik. Somit unterliegt die Umsetzbarkeit und Viabilität der hier konstruierten Erkenntnisse in einer realen Umwelt den angeführten Limitationen. Gleichwohl erweist sich der Entwurf unter Berücksichtigung dieser aufgezeigten Hürden und Grenzen aus Sicht der Experten dennoch als praktikabel und Mehrwert stiftend.[772] Für Welsch stellt die Skizze resilienter Verhaltensmuster „[i]n einer idealen Welt [..] die Ideallösung [dar]“[773], und trotz der Limitationen ist die vorgestellte Vorgehensweise ihres Erachtens einer streng hierarchischen Funktionsweise vorzuziehen.[774]

5.2.2 Methodologische Limitationen

Aufgrund der Wahl des menschlichen Immunsystems als Inspirationsquelle und der verwendeten Forschungsmethodik, dem interdisziplinären Ansatz, ergeben sich zu den soeben aufgeführten Punkten weitere Limitationen im Zusammenhang mit dem hier zu vollziehenden Wissenstransfer.

---

[768] Vgl. Welsch 2016, Interview, S. 56.
[769] Vgl. Horneber 2016, Interview, S. 30 f.
[770] Vgl. Lietaer et al. 2010.
[771] Vgl. Viernow 2016, Interview, S. 45.
[772] Vgl. Horneber 2016, Interview, S. 29 und S. 31, Thiesler 2016, Interview, S. 10 sowie Viernow 2016, Interview, S. 50.
[773] Welsch 2016, Interview, S. 51.
[774] Vgl. Welsch 2016, Interview, S. 51.

Die Wahl des menschlichen Immunsystems als Inspirationsquelle hat zur Folge, dass aufgrund des Naturells des Immunsystems die resilienten Verhaltensmuster ausschließlich auf den Prinzipien der Rückkopplung, der Verhaltensweise, der Regelung und der Anpassung basieren. Das Prinzip der Steuerung, also das Bestreben, Störungen zu neutralisieren, bevor sie ein System beeinflussen,[775] lässt sich dagegen nicht beobachten, da das Immunsystem ausschließlich reaktiv agiert. Selbst Eingriffe des Super-Systems „Mensch“ in das Immunsystem durch Impfungen oder Verabreichungen von die Immunabwehrkräfte fördernden Mitteln sind nicht als Steuerung im kybernetischen Sinne zu interpretieren. Zwar wird im Vorhinein Einfluss durch eine externe Instanz genommen, jedoch wird durch diese Maßnahmen das Immunsystem nur in seiner eigentlichen Wirkung verstärkt. Eine Immunantwort wird dessen ungeachtet dennoch erst durch eine Abweichung von Ist- und Sollwert aktiviert. Die Verhaltensweise der Steuerung wird zwar als alleiniges Lenkungselement für ein komplexes probabilistisches System, wie es sowohl das Immunsystem als auch eine Organisation ist, ausgeschlossen.[776] Jedoch liegt die Betonung auf „alleinig“. Sehr wohl ist es möglich, die Lenkungsweise der Steuerung mit derjenigen der Regelung sowie Anpassung zu kombinieren und somit zusätzlich eine Vorkopplung in das Regelsystem zu integrieren.[777] Als Beispiel kann die Krisenprävention im Kontext des Krisenmanagements verstanden werden. Ziel dieser ist es, Krisen zu verhindern oder zu neutralisieren, bevor sie das Unternehmen schädigen.[778] Damit entspricht sie dem Verständnis von Vorkopplung.[779] Auch dann, wenn komplexe, unvorhersehbare Krisen den Gegenstand vorliegender Arbeit bilden, sollte eine konstruktive Auseinandersetzung bezüglich einer Erweiterung der hier skizzierten resilienten Verhaltensmuster durch eine Vorkopplung erfolgen.

Das methodologische Vorgehen erforderte die Bildung eines konzeptionellen Modells der Funktionsweise des menschlichen Immunsystems. In Abschnitt 3.1 wurde hierzu die subjektive Wahrnehmung eines Beobachters der relevanten Situation oder genauer gesagt des relevanten Systems beschrieben. Bei der Erstellung dieses Modells wurden bestimmte Intentionen verfolgt. Mit dem Fokus auf den Aufbau- und Ablaufstrukturen des Immunsystems bei einer Immunabwehrreaktion sind bestimmte Aspekte hervorgehoben und andere dagegen nicht näher erläutert worden. Durch die Betrachtung des Immunsystems aus diesem gesonderten Blickwinkel konnten nicht all seine Facetten berücksichtigt werden, wodurch sich ein blinder

775 Vgl. Ducrocq 1959, S. 8.
776 Vgl. Krieg 1971, S. 73 f.
777 Vgl. u. a. Gomez et al. 1975, S. 879.
778 Vgl. u. a. Müller 1986, S. 15, Krystek 1987, S. 121 ff. sowie Schreyögg 2004, S. 31 ff.
779 Vgl. Ducrocq 1959, S. 8, Krieg 1971, S. 72 sowie Flechtner 1972, S. 28.

Fleck des Beobachters ergibt. Ferner macht sich die Beschreibung Abstraktionen zunutze, da sonst die Komplexität des Immunsystems nicht zu erfassen ist.[780]

Des Weiteren wurde für das Vorhaben eines interdisziplinären Wissenstransfers eine Übersetzung der Objektsprache in eine Meta-Sprache, die der allgemeinen Systemtheorie, vorgenommen, sodass zwischen den beiden Disziplinen der Betriebswirtschaftslehre und der Immunologie Verständigungsprobleme überbrückt werden konnten.[781] Eine solche Übersetzung stellt die Transformation eines konzeptionellen in ein homomorphes Modell dar, was wiederum mit weiteren Vereinfachungen und Verlusten in der Detailtiefe einhergeht.[782] Diese Vorgehensweise der Modellbildung nach Beer[783] hat signifikanten Einfluss auf die Güte des Wissenstransfers. Zwar verliert der Transfer nach Beer nicht an Validität, jedoch kann er sehr wohl an Aussagekraft einbüßen,[784] was nochmals die Relevanz des durchgeführten Viabilitätstests hervorhebt.

5.2.3 Wissenschaftstheoretischer Mehrwert

Das grundlegende Ziel, einen Beitrag zur organisationalen Resilienzforschung durch die Identifizierung resilienter Verhaltensmuster mithilfe einer kybernetischen Analyse des menschlichen Immunsystems zu erbringen, wurde durch die hier präsentierte Arbeit erreicht. Ausgangspunkte waren ein Plädoyer von Müller-Seitz, dem Umgang mit unsicheren Ereignissen mehr Aufmerksamkeit zu widmen, und die Forderung, eine stärkere Auseinandersetzung mit der Thematik der organisationalen Resilienz zu führen, da gerade in diesem Bereich die Managementpraxis auf Basis der bestehenden Konzepte unzureichend zu sein scheint.[785] Letztendlich nimmt sich diese Arbeit dieses Plädoyers an und bietet mit der präsentierten Skizze resilienter Verhaltensmuster einen ersten explorativen Schritt, diese Forschungslücke zu schließen.

Ausgehend von dem in Teil II konstruierten Begriffsverständnis und den identifizierten Resilienztreibern konnte das menschliche Immunsystem als resilientes System charakterisiert werden. Die Verhaltensweise des Immunsystems, in der eben jene Resilienz begründet liegt, wurde auf ihre Aufbau- und Ablaufstruktur hin analysiert. Die abstrahierten Erkenntnisse, die in der Skizze resilienter Verhaltensmuster visualisiert sind,[786] wurden in Teil IV in ein unternehmerisches Umfeld transferiert, sodass letztlich Implikationen zur Gestaltung resilienter

[780] Vgl. Abschnitt 3.1.6.
[781] Vgl. Immelmann 1987, S. 86 f., Voßkamp 1987, S. 99 sowie Vollmer 2010, S. 64 f.
[782] Vgl. Abschnitt 1.2.3.
[783] Vgl. Beer 1966, S. 95 ff.
[784] Vgl. Beer 1966, S. 113.
[785] Vgl. Müller-Seitz 2014, S. 104.
[786] Vgl. Abbildung 19.

Unternehmen formuliert werden konnten. In ihnen findet sich schlussendlich die Antwort auf die forschungsleitende Fragestellung, was Organisationen von dem menschlichen Immunsystem und dessen Umgang mit komplexen unsicheren Situationen lernen können.

Dennoch bedarf es der kritischen Betrachtung der gewonnenen Erkenntnisse im Zusammenhang mit existierenden Forschungsarbeiten. In diesem Kontext ist festzustellen, dass die postulierten resilienten Verhaltensmuster viele bereits bekannte Facetten der Krisenbewältigung, der organisationalen Resilienz- sowie Routinenforschung und des Projektmanagements aufweisen. So umfasst die hiesige Skizze Elemente des schon bekannten agilen Projektmanagements und der dazugehörigen Anforderungen an ein System.[787] Außerdem wird auch hier auf die Verwendung komplexitätsreduzierender und -bewältigender Routinen im Umgang mit Unsicherheiten[788] zurückgegriffen sowie auf die unterschiedlichen Treiber eines resilienten Systems (Redundanz, Bricolage, Kollaboration und Selbstorganisation) hingewiesen.[789] Ferner weisen Teile der Skizze starke Parallelen zu dem betrieblichen Kontinuitätsmanagement auf.[790] Aus diesem Blickwickel scheint der wissenschaftstheoretische Mehrwert zunächst limitiert. Werden dagegen der gesamtheitliche Bezugsrahmen dieser Arbeit und das Zusammenspiel der einzelnen Ansätze betrachtet, so bestätigt sich der Leitsatz „Das Ganze ist mehr als die Summe seiner Teile“[791]. Denn das Herausstechende dieser Arbeit liegt in der Kombination von Aufbau- und Ablaufstrukturen und dem kaskadenartigen Ineinandergreifen verschiedener Ansätze aus unterschiedlichen betriebswirtschaftlichen Forschungsrichtungen. Agile Methoden finden hauptsächlich in klassischer Projektarbeit wie beispielsweise der Softwareentwicklung Anwendung,[792] wohingegen sie im hiesigen Kontext, nach dem Vorbild des menschlichen Immunsystems, im Krisenbewältigungsmanagement angesiedelt werden. Im Umgang mit Unsicherheiten werden komplexitätsreduzierende und -bewältigende (Meta-)Routinen kaskadenartig verknüpft und zusätzlich in eine agile Vorgehensweise eingebettet. Ferner grenzen sich die hier beschriebenen resilienten Verhaltensweisen durch die Agilität, verbunden mit einem hohen Maß an Selbstorganisation und Heterarchie, von den klassischen Krisenmanagementmodellen ab. Die hier postulierte Skizze für Aufbau- und Ablaufstrukturen in Unternehmungen leistet somit durch diese Erweiterung und Neuanordnung bereits bestehender Modelle einen wissenschaftstheoretischen Mehrwert, der Denkanstöße für mögliche Ansätze zu einem resilienten Umgang mit komplexen, unsicheren Situationen liefert.

787 Vgl. Abschnitt 4.2.2.
788 Vgl. Abschnitt 4.1.
789 Vgl. Abschnitt 4.2.
790 Vgl. Abschnitt 4.2.1.1.2.
791 Aristoteles, zitiert nach: Bertalanffy 1972, S. 18.
792 Vgl. Korn 2016, S. 120 sowie S. 122.

Neben der Präsentation der Skizze resilienter Verhaltensmuster ist ein weiterer wissenschaftstheoretischer Mehrwert in der Infanterisierung und der Übersetzung des Immunsystems in die Meta-Sprache der allgemeinen Systemtheorie sowie der Kybernetik zu sehen. Ferner werden mithilfe des interdisziplinären Ansatz die Wirksamkeit und schlussendlich die Bedeutung der angeführten Ansätze und Methodiken durch ein seit Jahrmillionen bewährtes System weiter bekräftigt. So bestätigen die durch das Immunsystem gewonnenen Erkenntnisse die Relevanz der durch die Forschung identifizierten Merkmale der Redundanz, Bricolage, Kollaboration, Selbstorganisation, Fähigkeit zu lernen und Anpassungsfähigkeit der Resilienz sowie die für die Anpassungsfähigkeit notwendige ultrastabile Struktur.

Mit der Arbeit wurde letztlich auch aufgezeigt, dass Unternehmen stets von den Strukturen und Abläufen der Natur lernen können. Der regelmäßige Wechsel des Betrachtungswinkels auf eine gegebene (Problem-)Situationen und der Blick über den „disziplinären Tellerrand" hinaus eröffnen dabei eine vollständig neue Perspektive.

Mit der Wahl des menschlichen Immunsystems als Inspirationsquelle geht aber auch einher, dass der Forschungshorizont für bestimmte Aspekte eingeschränkt ist. Das vorliegende Begriffsverständnis von organisationaler Resilienz weist auf die Wahrung der Identität eines Systems hin. Wie in Teil II dargelegt, ist dies nur eine von vielen Möglichkeiten, diesen Begriff zu interpretieren. Nelson et al. führen beispielsweise ebenso die Transformation eines Systems – also eine Veränderung der Identität – als möglichen Prozess resilienten Verhaltens an.[793] So kann es sehr wohl ein Ziel von Unternehmen sein, sich ständig neu zu erfinden und nach Erschütterungen eine vollständig neue Identität mit neuer Funktionsweise und Struktur zu erlangen. Diese Facette der Resilienz wurde im hiesigen Kontext aufgrund des Naturells des Immunsystems, das gerade darin liegt, die Identität und Überlebensfähigkeit des menschlichen Organismus in seiner bestehenden Form zu wahren, nicht berücksichtigt. Ebenso adressiert die Arbeit nur einen Teilausschnitt der organisationalen Routinenforschung. Sie betrachtet einzelne Elemente von Routinen, um zu verstehen, wie die genauen Abläufe der Routinen gestaltet sind (ostensive Komponente), ohne jedoch der Funktion und Relevanz von Artefakten aufgrund des Abstraktionsgrades des Transfers Beachtung zu schenken. Auch auf die performative Komponente wird aufgrund des fehlenden sozialen Aspektes des Immunsystems hier nicht näher eingegangen.[794] Zusammenfassend befasst sich die Arbeit also mit einem

[793] Vgl. Nelson et al. 2007, S. 400.

[794] Für Arbeiten bezüglich der Funktion und Relevanz von Artefakten sei hier u. a. auf D'Adderio 2003, 2008 und 2011 sowie Leonardi 2011 verwiesen. Forschungsbemühungen im Bereich der performativen Komponente befassen sich u. a. mit psychologischen Aspekten, um zu verstehen, wie Routinen entstehen, sich verändern (vgl. u. a. Cohen und Bacdayan 1994, Feldman 2000, Feldman und Pentland 2003, Aroles und McLean 2016, Bertels et al. 2016 sowie Cohendet und Simon 2016) und wahrgenommen werden (vgl. Danner-Schröder und Geiger 2016), oder mit dem Einfluss, den die einzelnen Individuen und ihre Interaktionen ausüben (vgl. u. a. Cohen und Bacdayan 1994, Feldman 2000, Rerup und Feldman 2011, Bucher und Langley 2016 sowie Dittrich et al. 2016). Auch im Fokus sind Interaktionen zwischen einzelnen Routinen (vgl. u. a. Deken et al. 2016,

isolierten Teil der „practice perspective"[795] der organisationalen Routinenforschung und nicht mit Interaktionen zwischen den drei unterschiedlichen Komponenten.

5.3 Ausblick

Unternehmen bewegen sich in einer unsicheren Umwelt, die aufgrund der weiter voranschreitenden Globalisierung und Digitalisierung stetig an Dynamik und somit auch an Komplexität zunimmt. Das Umfeld für Organisationen wird daher auch in Zukunft durch die Unberechenbarkeit von Ereignissen geprägt sein, was das zu Beginn der Arbeit angeführte Plädoyer von Müller-Seitz in seiner Relevanz bestärkt: „[...] dem praktischen Umgang mit [..] Unsicherheit sowie Resilienz als dynamischen Managementansatz mehr Beachtung zu schenken."

Die vorliegende Arbeit folgte diesem Vorhaben und repräsentiert eine theoretische Skizze für den Umgang mit komplexen unischeren Situationen. Dem Credo des radikalen Konstruktivismus folgend, gibt es jedoch nicht die „eine" idealtypische Lösung, und somit ist die hier gezeichnete Skizze resilienter Verhaltensmuster als Produkt eines subjektiven Beobachters sowie als Inspiration für weitere praktische und theoretische Forschungsbemühungen zu verstehen.

Es empfiehlt sich daher, die aufgezeigte Forschungslücke weiter zu erkunden, um den hier postulierten Weg im Ganzen oder in Teilen wissenschaftstheoretisch zu überprüfen und/oder alternative Lösungswege zu konstruieren. Ansatzpunkte für weitere potenzielle Forschungsansätze ergeben sich hierbei u. a. aus den identifizierten möglichen Herausforderungen und Limitationen im Fall einer Integration der vorgestellten resilienten Verhaltensmuster. So könnten Forschungsvorhaben sich dem Faktor „Mensch" widmen und untersuchen, wie betroffene Individuen auf eine über alle Phasen eines Krisenbewältigungsprozesses hinweg gelebte Heterarchie reagieren. Bestätigen sich die von den Experten geäußerten Bedenken, dass ein hierarchiefreier Raum Involvierte überfordert, oder blühen sie im Angesicht der ihnen erteilten Freiräume auf? Lassen sich unterschiedliche Reaktionen auf ein solches System feststellen, und auf welche Einflussfaktoren lassen sich solche Unterschiede zurückführen? Auch an der

Kremser und Schreyögg 2016 sowie Yi et al. 2016) oder die Frage, inwieweit das Forschungsgebiet der Konventionen dazu beitragen kann, organisationale Routinen besser zu verstehen (vgl. u. a. Kozica und Kaiser 2015).

795 Mit Verweis auf Parmigiani und Howard-Grenville (2011) unterteilen Kozica und Kaiser die Forschung um organisationale Routinen in zwei Strömungen ein: die „capabilities perspective" und die „practice perspective" (vgl. Kozica und Kaiser 2015, S. 40). Dabei steht die „capabilities perspective" für eine ressourcenorientierte Sichtweise, in deren Fokus die Frage steht, welche Auswirkungen organisationale Routinen auf die Performance von Organisationen besitzen und wie Routinen zur Bildung von spezifischen organisationalen Eigenschaften beitragen (vgl. Kozica und Kaiser 2015, S. 40). Die „practice perspective" dagegen befasst sich mit der inneren Dynamik von Routinen. Forschungsgegenstand sind die einzelnen Teile von Routinen, um die genauen Abläufe zu verstehen und den Einfluss von Akteuren und Artefakten zu untersuchen (vgl. Kozica und Kaiser 2015, S. 40).

angeführten möglichen Umsetzungshürde aufgrund bestehender Strukturen kann angeknüpft werden: Ist die Integration einer Skizze resilienter Verhaltensmuster nur auf einem weißen Blatt Papier möglich, oder bestehen Wege, historisch gewachsene Organisationen dahingehend zu transformieren?

Letztendlich sollte das Ziel einer betriebswirtschaftlichen Forschungsarbeit aber darin liegen, ein Konstrukt der Erkenntnisse zu erschaffen, das sich unter den Bedingungen einer praxisrelevanten Problematik als anwendbar und nützlich erweist. Auch wenn sich eine gewisse Gangbarkeit der abduktiv gewonnenen Erkenntnisse durch die Reflexionen wissenschaftstheoretischer Experten und der Fachleute aus der Praxis zu bestätigen scheint, kann sich die Viabilität der Skizze insbesondere im Hinblick auf die diskutierten Herausforderungen und Limitationen letztendlich nur in einem realen Umfeld bewähren. Denn die „Abduktion ohne Überprüfung ist bedeutungslos“[796]. „Die Leistung einer Abduktion ist, [...], für die Erreichung guter Theorien völlig unzureichend – unvollkommen.“[797] Sie bedarf nach Peirces dreistufiger Erkenntnislogik zusätzlich einer induktiven systematischen Überprüfung.[798] Im hiesigen Kontext lässt sich diese Logik wie folgt beschreiben: Durch die Abduktion entstand im Verlauf der Untersuchung eine mögliche Erklärung für die beobachtbaren Abwehrmechanismen – die Skizze resilienter Verhaltensmuster. Darauf aufbauend wurden mit dem Transfer und den Implikationen zur Gestaltung resilienter Unternehmen Voraussagen deduziert: Eine Integration der resilienten Verhaltensmuster soll Unternehmen in ihrer Resilienzfähigkeit stärken. Diese hypothetischen Vorhersagen müssen nun im dritten Schritt mithilfe von Beobachtung und Induktion geprüft werden.

Hierfür bedarf es Unternehmen, die sich von der Skizze resilienter Verhaltensmuster in Gänze oder in Teilen inspirieren lassen. Unternehmen, die ihren Mitarbeitern das Vertrauen schenken und die Freiräume bieten, um sich entfalten zu können. Unternehmen, die Fehler zulassen und „intelligente“ Fehler im Sinne von Edmondson[799] provozieren. Unternehmen, die die Nachhaltigkeit ihres Unternehmenserfolges kurzfristigen Renditen und Effizienzstreben vorziehen. Schlussendlich Unternehmen, die den Mut aufbringen, alte Pfade zu verlassen, unkonventionelle Wege zu beschreiten, gewillt sind, sich ständig zu hinterfragen und sich auf Experimente einzulassen.[800]

---

796 Reichertz 2013, S. 131.
797 Reichertz 2013, S. 127.
798 Vgl. Reichertz 2013, S. 130 f.
799 Vgl. Edmondson 2011, S. 50 f.
800 Dem Experiment kommt dabei eine induktive Prüffunktion zu (vgl. Schaller 2016, S. 283). Organisationales Experimentieren unterscheidet sich insofern von klassischen Projekten, als Experimente ergebnisoffen sind und somit deren Ausgang unbekannt ist (vgl. Wüthrich 2011, S. 218). Für eine weitere Ausführung über das Experiment im organisatorischen Kontext sei an dieser Stelle auf Wüthrich et al. 2009, S. 269 ff., Kaduk et al. 2013, S. 15 ff. sowie Schaller 2016 verwiesen.

Anhang

Anhang A: Verzeichnis der Gesprächspartner

Herr Dr. Ekkehard Thiesler

Herr Dr. Ekkehard Thiesler absolvierte eine Lehre im Volksbankenbereich, bevor er Betriebswirtschaftslehre an der Universität Mannheim studierte und im Anschluss als Trainee bei der DZ-Bank, damals noch DG-Bank, angestellt war. Promoviert hat Herr Dr. Thiesler an der TU Darmstadt am Lehrstuhl für Bankenlehre zum Thema „Zukunftsfähigkeit von genossenschaftlichen Primärbanken in Deutschland". Herr Dr. Thiesler war Prokurist sowie Vorstandsmitglied bei der Volksbank Heilbronn und ist seit 2005 Vorsitzender des Vorstandes der Bank für Kirche und Diakonie, der KD-Bank.

Das Interview wurde am 07. September 2016 in Mainz durchgeführt und dauerte ungefähr eine Stunde.

Herr Dr. Markus Horneber

Herr Dr. Markus Horneber studierte Betriebswirtschaftslehre an der Friedrich-Alexander-Universität Erlangen-Nürnberg und promovierte dort am Lehrstuhl für Industriebetriebslehre zum Thema „Innovatives Entsorgungsmanagement". Nach zweieinhalb Jahren als kaufmännischer Leiter des Geschäftszweigs Standard Derivate des Geschäftsbereichs Halbleiter bei Siemens war Herr Dr. Hornheber 14 Jahre Verwaltungsdirektor der Diakonie Neuendettelsau. Nach einem weiteren Jahr als kaufmännischer Geschäftsführer des Klinikums Chemnitz gGmbH, übernahm Herr Dr. Horneber 2012 den Vorsitz des Vorstandes der AGAPLESION gAG.

Das Interview wurde am 09. September 2016 in Frankfurt am Main durchgeführt und dauerte ungefähr eineinhalb Stunden.

Herr Dr. Jörg Viernow

Herr Dr. Jörg Viernow studierte Physik an der Leibniz Universität Hannover und promovierte zu dem Thema „Design von Nanostrukturen auf Silizium". Herr Dr. Viernow arbeitete dreieinhalb Jahre als externer Unternehmensberater bei der Strategieberatung A.T. Kearney mit Schwerpunkt in der Automotive-Branche, bevor er im Jahr 2002 zu Boehringer Ingelheim wechselte. Nachdem er dort im Bereich Operations und als Assistenz eines Konzernvorstandes tätig war, ist Herr Dr. Viernow heute Vice-President und verantwortet seit 2010 einen von vier Bereichen des globalen Einkaufs von Boehringer Ingelheim.

Das Interview wurde am 16. September 2016 in Ingelheim am Rhein durchgeführt und dauerte ungefähr eineinhalb Stunden.

Frau Amelie Welsch

Frau Amelie Welsch absolvierte eine Bankausbildung im Rahmen eines dualen Studiums. Im Anschluss war sie als Marketing-Referentin einer Privatbank tätig, bevor sie ab 2002 Betriebswirtschaftslehre an der Universität Lüneburg studierte. Nach fünf Jahren als externe Unternehmensberaterin bei der Strategieberatung Accenture, wechselte Frau Welsch 2012 zur DB Management Consulting, der internen Unternehmensberatung der Deutschen Bahn AG, und ist heute als Projektleiterin in der Practice „Marketing & Sales“ tätig.

Das Interview wurde am 20. September 2016 in Frankfurt am Main durchgeführt und dauerte ungefähr eine Stunde und fünfzehn Minuten.

Anhang B: Interview-Leitfaden

1 Einführung in die Thematik

Kurze Vorstellung der eigenen Person sowie Abriss der Forschungsarbeit.

- Was ist Ihre Funktion und Ihr Aufgabenbereich innerhalb des Unternehmens?

2 Resiliente Verhaltensmuster im Rahmen der Krisenbewältigung

Präsentation der Skizze resilienter Verhaltensmuster und dem daraus resultierenden Krisenbewältigungsprozess anhand der Implikationen für die Gestaltung resilienter Verhaltensmuster, der Abbildung „Skizze resilienter Verhaltensmuster" sowie der Abbildung „Resiliente Verhaltensmuster als Krisenbewältigungsprozess".

(1) Wie beurteilen Sie die resilienten Verhaltensmuster im Kontext unvorhersehbarer Unternehmenskrisen?
   - Inwieweit sehen Sie Parallelen/Unterschiede zu dem Krisenmanagement in Ihrem Unternehmen?
   - Welche Schwachstellen, Limitationen oder Barrieren besitzt Ihres Erachtens die vorgestellte Skizze, die für die Implementierung in Unternehmen hinderlich sind? Wie könnten diese umgangen werden?

(2) Wie bewerten Sie den Nutzen und die Umsetzbarkeit der ...
   - ... Heterarchie und Selbstorganisation bei der Wahrnehmung von Krisenindikatoren und der Initiierung von Sofortmaßnahmen?
   - ... Krisenvorbereitung anhand von potenziellen Auswirkungen auf das Unternehmen und nicht anhand von spezifischen Krisen und deren Ursachen?
   - ... kaskadenartigen Zusammensetzung und der damit einhergehenden Abkehr der Bemühungen, komplexe Krisen vor Ort zu lösen und stattdessen entschleunigend einzugreifen?
   - ... Heterarchie und Selbstorganisation bei der Zusammensetzung und Organisation eines interdisziplinären Teams?
   - ... Heterarchie und Selbstorganisation bei der Entwicklung eines Lösungsansatzes und bei der Entscheidungsfindung?
   - ... agilen Methodik im Rahmen der Krisenbewältigung und die damit einhergehende Unterteilung der Krise in Störungen?
   - ... operationalen Geschlossenheit in der Krisenbewältigung?

- … Zurverfügungstellung notwendiger Redundanzen in Anbetracht der Wettbewerbsfähigkeit?

(3) Inwieweit kann die hier präsentierte Skizze resilienter Verhaltensmuster als Denkanstoß für die Reflexion des eigenen Krisenmanagements dienlich sein?

- Welchen Erkenntnisgewinn und/oder welche Anwendungsmöglichkeiten konnten Sie sich aus den Implikationen zur Gestaltung resilienter Unternehmen ableiten?

Literaturverzeichnis

Allenby, B.; Fink, J. (2005): Toward Inherently Secure and Resilient Societies. In: Science (309), S. 1034–1036.

Ameln, F. von (2004): Konstruktivismus. Die Grundlagen systemischer Therapie, Beratung und Bildungsarbeit. Tübingen, Stuttgart: Francke (UTB Psychologie, Philosophie, 2585).

Appelbaum, S. H.; Steed, A. J. (2005): The critical success factors in the client-consulting relationship. In: Journal of Management Development 24 (1), S. 68–93.

Argyris, C.; Schön, D. A. (1999): Die lernende Organisation. Grundlagen, Methode, Praxis. Stuttgart: Klett-Cotta (Management – Die blaue Reihe).

Aroles, J.; McLean, C. (2016): Rethinking Stability and Change in the Study of Organizational Routines: Difference and Repetition in a Newspaper-Printing Factory. In: Organization Science 27 (3), S. 535–550.

Ashby, W. R. (1960): Design for a brain. The origin of adaptive behavior. 2. Aufl. London: Chapman & Hall Limited.

Ashby, W. R. (1961): General System Theory and the Problem of the Black Box. In: Mittelstaedt, H. (Hrsg.): Regelungsvorgänge in lebenden Wesen. Nachrichtenverarbeitung, Steuerung und Regelung in Organismen. München: R. Oldenbourg Verlag, S. 51–62.

Ashby, W. R. (1985): Einführung in die Kybernetik. 2. Aufl. Frankfurt a. M.: Suhrkamp (Suhrkamp-Taschenbuch Wissenschaft, 34).

Bamberger, I.; Wrona, T. (2012): Konzeptionen der strategischen Unternehmensberatung. In: Bamberger, I.; Wrona, T. (Hrsg.): Strategische Unternehmensberatung. Konzeptionen – Prozesse – Methoden. 6. Aufl. Wiesbaden: Gabler Verlag (SpringerLink Bücher), S. 1–43.

Bamberger, I.; Wrona, T. (Hrsg.) (2012): Strategische Unternehmensberatung. Konzeptionen – Prozesse – Methoden. 6. Aufl. Wiesbaden: Gabler Verlag (SpringerLink Bücher).

Beck, K.; Beedle, M.; van Bennekum, A.; Cockburn, A.; Cunningham, W.; Fowler, M.; Grenning, J.; Highsmith, J.; Hunt, A.; Jeffries, R.; Kern, J.; Marick, B.; Robert, C. M.; Mellor, S.; Schwaber, K.; Sutherland, J.; Thomas, D. (2001a): Manifest für Agile Softwareentwicklung. Agile Alliance. Online verfügbar unter http://agilemanifesto.org/iso/de/manifesto.html, zuletzt geprüft am 13.09.2016.

Beck, K.; Beedle, M.; van Bennekum, A.; Cockburn, A.; Cunningham, W.; Fowler, M.; Grenning, J.; Highsmith, J.; Hunt, A.; Jeffries, R.; Kern, J.; Marick, B.; Robert, C. M.; Mellor, S.; Schwaber, K.; Sutherland, J.; Thomas, D. (2001b): Prinzipien hinter dem Agilen Manifest. Agile Alliance. Online verfügbar unter http://agilemanifesto.org/iso/de/principles.html, zuletzt geprüft am 13.09.2016.

Becker, M. C. (2004): Organizational routines: a review of the literature. In: Industrial and Corporate Change 13 (4), S. 643–677.

Becker, M. C. (2008): The past, present and future of organizational routines: introduction to the Handbook of Organizational Routines. In: Becker, M. C. (Hrsg.): Handbook of organizational routines. Cheltenham, UK, Northampton, MA: Edward Elgar, S. 3–14.

Becker, M. C. (Hrsg.) (2008): Handbook of organizational routines. Cheltenham, UK, Northampton, MA: Edward Elgar.

Becker, M. C.; Knudsen, T. (2005): The role of routines in reducing pervasive uncertainty. In: Journal of Business Research 58, S. 746–757.

Beer, S. (1959): Kybernetik und Management. 3. Aufl. Frankfurt a. M.: S. Fischer.

Beer, S. (1966): Decision and Control. The meaning of Operational Research and Management Cybernetics. London: John Wiley & Sons.

Beer, S. (1973): Kybernetische Fuehrungslehre. Frankfurt a. M.: Herder Herder.

Bertalanffy, L. von (1932): Allgemeine Theorie, Physikochemie, Aufbau und Entwicklung des Organismus. Berlin: Gebrüder Borntraeger (Theoretische Biologie, 1).

Bertalanffy, L. von (1951): General System Theory: A New Approach to Unity of Science. Problems of General System Theory. In: Human Biology 23 (4), S. 302–312.

Bertalanffy, L. von (1953): Biophysik des Fließgleichgewichts. Einführung in die Physik offener Systeme und ihre Anwendung in der Biolgoie. Braunschweig: Friedrich Vieweg & Sohn.

Bertalanffy, L. von (1972): Vorläufer und Begründer Systemtheorie. In: Kurzrock, R. (Hrsg.): Systemtheorie. Berlin: Colloquium-Verlag (Forschung und Information, Bd. 12).

Bertels, S.; Howard-Grenville, J. A.; Pek, S. (2016): Cultural Molding, Shielding, and Shoring at Oilco: The Role of Culture in the Integration of Routines. In: Organization Science 27 (3), S. 573–593.

Berthod, O.; Müller-Seitz, G.; Sydow, J. (2013): Interorganizational Crisis Management. In: Thießen, A. (Hrsg.): Handbuch Krisenmanagement. Wiesbaden: Springer VS (SpringerLink), S. 139–152.

Blattman, J. N.; Antia, R.; Sourdive, D. J. D.; Wang, X.; Kaech, S. M.; Murali-Krishna, K.; Altman, J. D.; Ahmed, R. (2002): Estimating the Precursor Frequency of Naive Antigen-specific CD8 T Cells. In: The Journal of Experimental Medicine 195 (5), S. 657–664.

Böckenförde, B. (1996): Unternehmenssanierung. 2. Aufl. Stuttgart: Schäffer-Poeschel (Kompaktes Wissen für Führungskräfte).

Boden, M. A. (1999): What is Interdisciplinarity? In: Cunningham, R. (Hrsg.): Interdisciplinarity and the Organisation of Knowledge in Europe. A Conference by the Academia Europea. Cambridge 24-26 September 1997. Luxembourg: Office for Official Publications of the European Communities, S. 13–24.

Bogner, A.; Littig, B.; Menz, W. (Hrsg.) (2002): Das Experteninterview. Theorie, Methode, Anwendung. Wiesbaden: VS Verlag für Sozialwissenschaften.

Bogner, A.; Menz, W. (2002a): Expertenwissen und Forschungspraxis: die modernisierungstheoretische und die methodische Debatte um die Experten. Zur Einführung in ein unübersichtliches Problemfeld. In: Bogner, A.; Littig, B.; Menz, W. (Hrsg.): Das Experteninterview. Theorie, Methode, Anwendung. Wiesbaden: VS Verlag für Sozialwissenschaften, S. 7–29.

Bogner, A.; Menz, W. (2002b): Das theoriegenerierende Experteninterview. Erkenntnisinteresse, Wissensformen, Interaktion. In: Bogner, A.; Littig, B.; Menz, W. (Hrsg.): Das Experteninterview. Theorie, Methode, Anwendung. Wiesbaden: VS Verlag für Sozialwissenschaften, S. 33–70.

Boin, A.; McConnell, A. (2007): Preparing for Critical Infrastructure Breakdowns: The Limits of Crisis Management and the Need for Resilience. In: Journal of Contingencies and Crisis Management 15 (1), S. 50–59.

Bonanno, G. A.; Galea, S.; Bucciarelli, A.; Vlahov, D. (2006): Psychological Resilience after Disaster: New York City in the Aftermath of the September 11th Terrorist Attack. In: Psychological Science 17 (3), S. 181–186.

Bromiley, P.; McShane, M.; Nair, A.; Rustambekov, E. (2015): Enterprise Risk Management: Review, Critique, and Research Directions. In: Long Range Planning 48, S. 265–276.

Brösel, G.; Keuper, F.; Wölbling, I. (2007): Zur Übertragung biologischer Konzepte in die Betriebswirtschaft. In: Zeitschrift für Management 2 (4), S. 436–466.

Bruneau, M.; Chang, S. E.; Eguchi, R. T.; Lee, G. C.; O'Rourke, T. D.; Reinhorn, A. M.; Shinozuka, M.; Tierney, K.; Wallace, W. A.; Winterfeld, D. von (2003): A Framework to Quantitatively Assess and Enhance the Seismic Resilience of Communities. In: Earthquake Spectra 19 (4), S. 733–752.

Bucher, S.; Langley, A. (2016): The Interplay of Reflective and Experimental Spaces in Interrupting and Reorienting Routine Dynamics. In: Organization Science 27 (3), S. 594–613.

Bundesverband Deutscher Unternehmensberater BDU e.V. (2015): Facts & Figures zum Beratermarkt 2014/2015. Bonn. Online verfügbar unter http://www.bdu.de/media/174319/facts-figures-zum-beratermarkt-2015.pdf, zuletzt geprüft am 09.08.2016.

Büttner, S. (2001): Die kybernetisch-intelligente Unternehmung. Strukturen, Prozesse und „Brainpower" im Lichte der organisationalen Komplexitätsbewältigungs-, Anpassungs-, Lern- und Innovationsfähigkeit. Bern Stuttgart Wien: Paul Haupt (St. Galler Beiträge zum Integrierten Management, 14).

Cameron, K. S.; Dutton, J. E.; Quinn, R. E. (Hrsg.) (2003): Positive organizational scholarship. Foundations of a new discipline. San Francisco, Calif.: Berrett-Koehler.

Carpenter, S.; Walker, B.; Anderies, J. M.; Abel, N. (2001): From Metaphor to Measurement: Resilience of What to What? In: Ecosystems 4 (8), S. 765–781.

Chalupsky, J.; Gottob, S.; Huber, T.; Kratz, H.; Mayer, M.; Pfetzing, K. et al. (2000): Der Mensch in der Organisation. 5. Aufl. Gießen: Schmidt (Schriftenreihe Organisation, 4).

Charpa, U. (1996): Grundprobleme der Wissenschaftsphilosophie. Paderborn: Schöningh (UTB für Wissenschaft, 1952).

Cockburn, A. (2003): Agile Software-Entwicklung. Bonn: verlag moderne industrie.

Cohen, M. D.; Bacdayan, P. (1994): Organizational Routines Are Stored as Procedural Memory: Evidence from a Laboratory Study. In: Organization Science 5 (4), S. 554–568.

Cohendet, P. S.; Simon, L. O. (2016): Always Playable: Recombining Routines for Creative Efficiency at Ubisoft Montreal's Video Game Studio. In: Organization Science 27 (3), S. 614–632.

Comfort, L. K. (1994): Risk and Resilience: Inter-organizational Learning Following the Northridge Earthquake of 17 January 1994. In: Journal of Contingencies and Crisis Management 2 (3), S. 157–170.

Comfort, L. K.; Sungu, Y.; Johnson, D.; Dunn, M. (2001): Complex Systems in Crisis: Anticipation and Resilience in Dynamic Environments. In: Journal of Contingencies and Crisis Management 9 (3), S. 144–158.

Coutu, D. L. (2002): How Resilience Works. In: Harvard Business Review 80 (5), S. 46–56.

Crichton, M. T.; Ramsay, C. G.; Kelly, T. (2009): Enhancing Organizational Resilience Through Emergency Planning: Learnings from Cross-Sectoral Lessons. In: Journal of Contingencies and Crisis Management 17 (1), S. 24–37.

Cunningham, R. (Hrsg.) (1999): Interdisciplinarity and the Organisation of Knowledge in Europe. A Conference by the Academia Europea. Cambridge 24-26 September 1997. Luxembourg: Office for Official Publications of the European Communities.

D'Adderio, L. (2003): Configuring software, reconfiguring memories: the influence of integrated systems on the reproduction of knowledge and routines. In: Industrial and Corporate Change 12 (2), S. 321–350.

D'Adderio, L. (2008): The performativity of routines: Theorising the influence of artefacts and distributed agencies on routines dynamics. In: Research Policy 37 (5), S. 769–789.

D'Adderio, L. (2011): Artifacts at the centre of routines: performing the material turn in routines theory. In: Journal of Institutional Economics 7 (2), S. 197–230.

Danner, H. (1994): Methoden geisteswissenschaftlicher Pädagogik. Einführung in Hermeneutik, Phänomenologie und Dialektik. 3. Aufl. München: Reinhardt (UTB für Wissenschaft, 947).

Danner-Schröder, A.; Geiger, D. (2016): Unravelling the Motor of Patterning Work: Toward an Understanding of the Microlevel Dynamics of Standardization and Flexibility. In: Organization Science 27 (3), S. 633–658.

Dean, S. R. (Hrsg.) (1973): Schizophrenia: the first ten Dean award lectures. New York: MSS Information Corp.

Deken, F.; Carlile, P. R.; Berends, H.; Lauche, K. (2016): Generating Novelty Through Interdependent Routines: A Process Model of Routine Work. In: Organization Science 27 (3), S. 659–677.

Dequech, D. (1999): Expectations and Confidence under Uncertainty. In: Journal of Post Keynesian Economics 21 (3), S. 415–430.

Dequech, D. (2000): Confidence and action: a comment on Barbalet. In: Journal of Socio-Economics 29, S. 503–515.

Dittrich, K.; Guérard, S.; Seidl, D. (2016): Talking About Routines: The Role of Reflective Talk in Routine Change. In: Organization Science 27 (3), S. 678–697.

Ducrocq, A. (1959): Die Entdeckung der Kybernetik. Über Rechenanlagen, Regelungstechnik und Informationstheorie. Frankfurt a. M.: Europäische Verlagsanstalt.

Eddington, A. (1949): Philosophie der Naturwissenschaft. Bern: A. Francke AG Verlag.

Edmondson, A. C. (2011): Strategies For Learning From Failure. In: Harvard Business Review 89 (4), S. 48–55.

Eisenhardt, K. M. (1989): Agency Theory: An Assessment and Review. In: The Academy of Management Review 14 (1), S. 57–74.

Engelhardt, C.; Hall, K.; Ortner, J. (Hrsg.) (2004): Prozesswissen als Erfolgsfaktor. Effiziente Kombination von Prozessmanagement und Wissensmanagement. Gabler Edition Wissenschaft. Wiesbaden: Deutscher Universitätsverlag.

Ennsfellner, I.; Bodenstein, R.; Herget, J. (2014): Exzellenz in der Unternehmensberatung. Qualitätsstandards für die Praxis Inklusive der EN 16114. Wiesbaden: Springer Gabler (SpringerLink).

Federowski, R. (2009): Unternehmensroutinen im Turnaroundmanagement. Analyse der Wirkung von Routinen und routinenbewusste Gestaltung der Krisenbewältigung. Wiesbaden: Gabler Verlag (Schriften zum europäischen Management).

Feldman, M. S. (2000): Organizational Routines as a Source of Continuous Change. In: Organization Science 11 (6), S. 611–629.

Feldman, M. S. (2003): A performative perspective on stability and change in organizational routines. In: Industrial and Corporate Change 12 (4), S. 727–752.

Feldman, M. S.; Pentland, B. T. (2003): Reconceptualizing Organizational Routines as a Source of Flexibility and Change. In: Administrative Science Quarterly (48), S. 94–118.

Ferger, C. (2004): Ideen zum lernenden System und zur Fehlerbekämpfung abgeleitet aus der Wirkungsweise des Immunsystems. In: Engelhardt, C.; Hall, K.; Ortner, J. (Hrsg.): Prozesswissen als Erfolgsfaktor. Effiziente Kombination von Prozessmanagement und Wissensmanagement. Gabler Edition Wissenschaft. Wiesbaden: Deutscher Universitätsverlag, S. 151–161.

Fiksel, J. (2003): Designing Resilient, Sustainable Systems. In: Environmental Science & Technology 37 (23), S. 5330–5339.

Fink, D. (2009): Strategische Unternehmensberatung. München: Franz Vahlen (Vahlens Handbücher der Wirtschafts- und Sozialwissenschaften).

Fink, S. (2002): Crisis management. Planning for the inevitable. Lincoln: iUniverse.

Flechtner, H.-J. (1972): Grundbegriffe der Kybernetik. Eine Einführung. 5. Aufl. Stuttgart: Hirzel.

Flick, U. (2010): Qualitative Sozialforschung. Eine Einführung. 7. Aufl. Reinbek bei Hamburg: Rowohlt Taschenbuch Verlag (Rororo Rowohlts Enzyklopädie, 55694).

Flick, U.; Kardorff, E. von; Steinke, I. (Hrsg.) (2000): Qualitative Forschung. Ein Handbuch. 5. Aufl. Reinbek: Rowohlt Taschenbuch Verlag (Rororo Rowohlts Enzyklopädie, 55628).

Foerster, H. von (1994): Wissen und Gewissen. Versuch einer Brücke. 2. Aufl. Frankfurt a. M.: Suhrkamp (Suhrkamp-Taschenbuch Wissenschaft, 876).

Foerster, H. von (Hrsg.) (2012): Einführung in den Konstruktivismus. 13. Aufl. München: Piper (Veröffentlichungen der Carl-Friedrich-von-Siemens-Stiftung, 5).

Folke, C.; Carpenter, S.; Elmqvist, T.; Gunderson, L. H.; Holling, C. S.; Walker, B. (2002): Resilience and Sustainable Development: Building Adaptive Capacity in a World of Transformations. In: AMBIO: A Journal of the Human Environment 31 (5), S. 437–440.

Frodeman, R. (Hrsg.) (2010): The Oxford handbook of interdisciplinarity. Oxford, New York: Oxford University Press (Oxford handbooks).

Garmezy, N. (1973): Competence and adaptation in adult schizophrenic patients and children at risk. In: Dean, S. R. (Hrsg.): Schizophrenia: the first ten Dean award lectures. New York: MSS Information Corp, S. 163–204.

Gavrilova, M. L.; Gervasi, O. (Hrsg.) (2006): Computational science and its applications – ICCSA 2006. International conference, Glasgow, UK, May 8–11, 2006; proceedings. Berlin: Springer (Lecture notes in computer science, 3980).

Gersick, C. J. G.; Hackman, J. R. (1990): Habitual Routines in Task-Performing Groups. In: Organizational Behavior and Human Decision Processes 47, S. 65–97.

Gibson, C. A.; Tarrant, M. (2010): A 'conceptual models' approach to organisational resilience. In: The Australian Journal of Emergency Management 25 (2), S. 6–12.

Giesen, C. (2015): Joe Überall. Süddeutsche.de. Online verfügbar unter http://www.sueddeutsche.de/wirtschaft/report-joe-ueberall-1.2507863, zuletzt geprüft am 30.08.2016.

Gittell, J. H.; Cameron, K.; Lim, S.; Rivas, V. (2006): Relationships, Layoffs, and Organizational Resilience: Airline Industry Responses to September 11. In: The Journal of Applied Behavioral Science 42 (3), S. 300–329.

Gläser, J.; Laudel, G. (2010): Experteninterviews und qualitative Inhaltsanalyse als Instrumente rekonstruierender Untersuchungen. 4. Aufl. Wiesbaden: VS Verlag (Lehrbuch).

Glasersfeld, E. von (1998a): Radikaler Konstruktivismus. Ideen, Ergebnisse, Probleme. 2. Aufl. Frankfurt a. M.: Suhrkamp (Suhrkamp-Taschenbuch Wissenschaft, 1326).

Glasersfeld, E. von (1998b): Die Radikal-Konstruktivistische Wissenstheorie. In: Ethik und Sozialwissenschaften 9 (4), S. 503–511.

Glasersfeld, E. von (2012): Konstruktion der Wirklichkeit und des Begriffs der Objektivität. In: Foerster, H. von (Hrsg.): Einführung in den Konstruktivismus. 13. Aufl. München: Piper (Veröffentlichungen der Carl-Friedrich-von-Siemens-Stiftung, 5), S. 9–39.

Gomez, P. (1978): Die kybernetische Gestaltung des Operations Managements. Eine Systemmethodik zur Entwicklung anpassungsfähiger Organisationsstrukturen. Bern: Paul Haupt (Schriftenreihe Unternehmung und Unternehmensführung, 7).

Gomez, P.; Malik, F.; Oeller, K.-H. (1975): Systemmethodik. Grundlagen einer Methodik zur Erforschung und Gestaltung komplexer soziotechnischer Systeme. Bern, Stuttgart: Paul Haupt (Veröffentlichungen der Hochschule St. Gallen für Wirtschafts- und Sozialwissenschaften. Schriftenreihe Betriebswirtschaft, Bd. 4).

Grote, G. (2004): Uncertainty management at the core of system design. In: Annual Reviews in Control 28 (2), S. 267–274.

Grote, G.; Weichbrodt, J. C.; Günter, H.; Zala-Mezö, E.; Künzle, B. (2009): Coordination in high-risk organizations: the need for flexible routines. In: Cognition, Technology, and Work 11 (1), S. 17–27.

Gunderson, L. H. (2000): Ecological Resilience--In Theory and Application. In: Annual Review of Ecology and Systematics 31, S. 425–439.

Häberle, S. G. (2008): Das neue Lexikon der Betriebswirtschaftslehre. Kompendium und Nachschlagewerk. 3 Bände. München: De Gruyter Oldenbourg (3).

Hamel, G.; Välikangas, L. (2003): The Quest for Resilience. In: Harvard Business Review (9), S. 52–63.

Handmer, J. W.; Dovers, S. R. (1996): A Typology of Resilience: Rethinking Institutions for Sustainable Development. In: Organization & Environment 9 (4), S. 482–511.

Hartmann, N. (1949): Der Aufbau der realen Welt. Grundriss der allgemeinen Kategorienlehre. 2. Aufl. Meisenheim am Glan: Weltkulturverlag Anton Hain.

Hassenstein, B. (1972): Element und System – geschlossene und offene Systeme. In: Kurzrock, R. (Hrsg.): Systemtheorie. Berlin: Colloquium-Verlag (Forschung und Information, Bd. 12), S. 29–38.

Hawes, C.; Reed, C. (2006): Theoretical Steps Towards Modelling Resilience in Complex Systems. In: Gavrilova, M. L.; Gervasi, O. (Hrsg.): Computational science and its applications – ICCSA 2006. International conference, Glasgow, UK, May 8–11, 2006; proceedings. Berlin: Springer (Lecture notes in computer science, 3980), S. 644–653.

Heckhausen, H. (1987): „Interdisziplinäre Forschung" zwischen Intra-, Multi- und Chimären-Disziplinarität. In: Kocka, J. (Hrsg.): Interdisziplinarität. Praxis, Herausforderung, Ideologie. Frankfurt a. M.: Suhrkamp (Suhrkamp-Taschenbuch Wissenschaft, 671), S. 129–145.

Heintzen, M.; Kruschwitz, L. (Hrsg.) (2004): Unternehmen in der Krise. Ringvorlesung der Fachbereiche Rechts- und Wirtschaftswissenschaft der Freien Universität Berlin im Sommersemester 2003. Berlin: Duncker & Humblot (Betriebswirtschaftliche Schriften – Bd. 158).

Herbane, B. (2010): The evolution of business continuity management. A historical review of practices and drivers. In: Business History 52 (6), S. 978–1002.

Herbane, B.; Elliott, D.; Swartz, E. M. (2004): Business Continuity Management. Time for a strategic role? In: Long Range Planning 37 (5), S. 435–457.

Hermann, K.; Geramanis, O. (Hrsg.) (2016): Führen in ungewissen Zeiten. Impulse, Konzepte und Praxisbeispiele. Wiesbaden: Springer Gabler.

Highsmith, J. (2002): Agile software development ecosystems. Boston, Mass.: Addison-Wesley (The agile software development series).

Hiles, A. (2011b): Enterprise Risk Management. In: Hiles, A. (Hrsg.): The definitive handbook of business continuity management. 3. Aufl. Hoboken, N.J: Wiley, S. 3–21.

Hiles, A. (Hrsg.) (2011a): The definitive handbook of business continuity management. 3. Aufl. Hoboken, N.J: Wiley.

Hills, A. (2000): Revisiting Institutional Resilience as a Tool in Crisis Management. In: Journal of Contingencies and Crisis Management 8 (2), S. 109–118.

Hind, P.; Frost, M.; Rowley, S. (1996): The resilience audit and the psychological contract. In: Journal of Managerial Psychology 11 (7), S. 18–29.

Hofmann, M. (Hrsg.) (1991): Theorie und Praxis der Unternehmensberatung. Bestandsaufnahme und Entwicklungsperspektiven. Heidelberg: Physica-Verlag (Management-Forum).

Holling, C. S. (1973): Resilience and Stability of Ecological Systems. In: Annual Review of Ecology and Systematics 4 (1), S. 1–23.

Holling, C. S. (1996): Engineering Resilience versus Ecolgocial Resilience. In: Schulze, P. C. (Hrsg.): Engineering within ecological constraints. Washington, D.C.: National Academy Press, S. 31–43.

Horne III, J. F. (1997): The Coming Age of Organizational Resilience. In: Business Forum 22 (2/3), S. 24–28.

Horne III, J. F.; Orr, J. E. (1998): Assessing Behaviors That Create Resilient Organizations. In: Employment Relations Today 24, S. 29–39.

Horneber, M. (2016): Interview. Interviewt von Rippel, J. F. am 09.09.2016 in Frankfurt a. M. (Tonband).

Howard-Grenville, J. A. (2005): The Persistence of Flexible Organizational Routines: The Role of Agency and Organizational Context. In: Organization Science 16 (6), S. 618–636.

Howell, F. G.; Gentry, J. B.; Smith, M. H. (Hrsg.) (1975): Mineral Cycling in Southeastern Ecosystems. ERDA Symposium Series. Springfield, Virgina: National Technical Information Service, U. S. Department of Commerce (CONF-740513).

Immelmann, K. (1987): Interdisziplinarität zwischen Natur- und Geisteswissenschaften – Praxis und Utopie. In: Kocka, J. (Hrsg.): Interdisziplinarität. Praxis, Herausforderung, Ideologie. Frankfurt a. M.: Suhrkamp (Suhrkamp-Taschenbuch Wissenschaft, 671), S. 82–91.

Jansen, S. A. (2013): Resistenz durch Resilienz. Über die existentielle Eleganz von Risiko-Organisationen. In: Jansen, S. A.; Schröter, E.; Stehr, N. (Hrsg.): Fragile Stabilität – stabile Fragilität. Wiesbaden: Springer VS, S. 117–128.

Jansen, S. A.; Schröter, E.; Stehr, N. (Hrsg.) (2013): Fragile Stabilität – stabile Fragilität. Wiesbaden: Springer VS.

Janssen, M. A.; Schoon, M. L.; Ke, W.; Börner, K. (2006): Scholarly networks on resilience, vulnerability and adaptation within the human dimensions of global environmental change. In: Global Environmental Change 16 (3), S. 240–252.

Jenkins, M. K.; Moon, J. J. (2012): The Role of Naive T Cell Precursor Frequency and Recruitment in Dictating Immune Response Magnitude. In: Journal of Immunology 188 (9), S. 4135–4140.

Jost, P.-J. (2001): Einführung in die Prinzipal-Agenten-Theorie. In: Jost, P.-J. (Hrsg.): Die Prinzipal-Agenten-Theorie in der Betriebswirtschaftslehre. Stuttgart: Schäffer-Poeschel, S. 9–81.

Jost, P.-J. (Hrsg.) (2001): Die Prinzipal-Agenten-Theorie in der Betriebswirtschaftslehre. Stuttgart: Schäffer-Poeschel.

Jungert, M. (2010): Was zwischen wem und warum eigentlich? Grundsätzliche Fragen der Interdisziplinarität. In: Jungert, M.; Romfeld, E.; Sukopp, T.; Voigt, U. (Hrsg.): Interdisziplinarität. Theorie, Praxis, Probleme. Darmstadt: WBG – Wissenschaftliche Buchgesellschaft, S. 1–12.

Jungert, M.; Romfeld, E.; Sukopp, T.; Voigt, U. (Hrsg.) (2010): Interdisziplinarität. Theorie, Praxis, Probleme. Darmstadt: WBG – Wissenschaftliche Buchgesellschaft.

Kaduk, S.; Osmetz, D.; Wüthrich, H. A.; Hammer, D. (2013): Musterbrecher. Die Kunst, das Spiel zu drehen. Hamburg: Murmann.

Kaiser, S.; Kozica, A. (2013): Organisationale Routinen. Ein Blick auf den Stand der Forschung. In: OrganisationsEntwicklung (1), S. 15–18.

Kaiser, S.; Kozica, A.; Lipowsky, U. (Hrsg.) (2014): Zukunftsfähige Unternehmensführung zwischen Stabilität und Wandel. Düsseldorf: Handelsblatt Fachmedien GmbH (Schmalenbachs Zeitschrift für betriebswirtschaftliche Forschung, Sonderheft 68/14).

Kaufmann, F.-X. (1987): Interdisziplinäre Wissenschaftspraxis. Erfahrungen und Kriterien. In: Kocka, J. (Hrsg.): Interdisziplinarität. Praxis, Herausforderung, Ideologie. Frankfurt a. M.: Suhrkamp (Suhrkamp-Taschenbuch Wissenschaft, 671), S. 63–81.

Kendra, J. M.; Wachtendorf, T. (2003): Elements of Resilience After the World Trade Center Disaster: Reconstituting New York City's Emergency Operations Centre. In: Disasters 27 (1), S. 37–53.

Kirsch, W.; Seidl, D.; van Aaken, D. (2009): Unternehmensführung. Eine evolutionäre Perspektive. s.l.: Schäffer-Poeschel Verlag.

Kirsch, W.; Seidl, D.; van Aaken, D. (2010): Evolutionäre Organisationstheorie. s.l.: Schäffer-Poeschel Verlag.

Klein, J. T. (2010): A taxonomy of interdisciplinarity. In: Frodeman, R. (Hrsg.): The Oxford handbook of interdisciplinarity. Oxford, New York: Oxford University Press (Oxford handbooks), S. 15–30.

Klusmann, S.; Maier, A. (2016): Konzernchef Joe Kaeser über seine Wachstumsversprechen, seine Pläne mit Osram und warum Führung notfalls wehtun muss. In: manager magazin 46 (1), S. 40–44.

Knight, F. H. (1971): Risk, uncertainty and profit. Chicago: University of Chicago Press.

Knoll, L. (Hrsg.) (2015): Organisationen und Konventionen. Die Soziologie der Konventionen in der Organisationsforschung. Wiesbaden: Springer VS (Organisationssoziologie).

Kocka, J. (Hrsg.) (1987): Interdisziplinarität. Praxis, Herausforderung, Ideologie. Zentrum für Interdisziplinäre Forschung; Symposion über "Ideologie und Praxis der Interdisziplinarität. Schelskys Konzept und was daraus wurde". Frankfurt a. M.: Suhrkamp (Suhrkamp-Taschenbuch Wissenschaft, 671).

Kockelmans, J. J. (1979): Why Interdisciplinarity? In: Kockelmans, J. J. (Hrsg.): Interdisciplinarity and higher education. University Park: Pennsylvania State University Press, S. 123–160.

Kockelmans, J. J. (Hrsg.) (1979): Interdisciplinarity and higher education. University Park: Pennsylvania State University Press.

Köhn, R. (2016): Joe Kaeser trommelt für Siemens. Frankfurter Allgemeine Zeitung. Online verfügbar unter http://www.faz.net/aktuell/wirtschaft/unternehmen/joe-kaeser-trommelt-fuer-siemens-14035001.html, zuletzt geprüft am 30.08.2016.

Korn, H.-P. (2016): Erfolgreiche Führung war immer schon agil! In: Hermann, K.; Geramanis, O. (Hrsg.): Führen in ungewissen Zeiten. Impulse, Konzepte und Praxisbeispiele. Wiesbaden: Springer Gabler, S. 115–139.

Kowal, S.; O'Connel, D. C. (2000): Zur Transkription von Gesprächen. In: Flick, U.; Kardorff, E. von; Steinke, I. (Hrsgg.): Qualitative Forschung. Ein Handbuch. 5. Aufl. Reinbek: Rowohlt Taschenbuch Verlag (Rororo Rowohlts Enzyklopädie, 55628), S. 437–447.

Kozica, A.; Kaiser, S. (2015): Beiträge der Économie des conventions zur Forschung zu organisationalen Routinen. In: Knoll, L. (Hrsg.): Organisationen und Konventionen. Die Soziologie der Konventionen in der Organisationsforschung. Wiesbaden: Springer VS (Organisationssoziologie), S. 37–59.

Kozica, A.; Kaiser, S.; Friesl, M. (2014): Organizational Routines: Conventions as a Source of Change and Stability. In: Schmalenbach Business Review (3), S. 334–356.

Kremser, W.; Schreyögg, G. (2016): The Dynamics of Interrelated Routines: Introducing the Cluster Level. In: Organization Science 27 (3), S. 698–721.

Krieg, W. (1971): Kybernetische Grundlagen der Unternehmensgestaltung. Bern und Stuttgart: Paul Haupt (Unternehmung und Unternehmungsführung, 2).

Krohn, W. (2010): Interdisciplinary cases and disciplinary knowledge. In: Frodeman, R. (Hrsg.): The Oxford handbook of interdisciplinarity. Oxford, New York: Oxford University Press (Oxford handbooks), S. 31–49.

Krystek, U. (1981): Krisenbewältigungs-Management und Unternehmungsplanung. Wiesbaden: Gabler Verlag (Neue Betriebswirtschaftliche Forschung, 17).

Krystek, U. (1987): Unternehmungskrisen. Beschreibung, Vermeidung und Bewältigung überlebenskritischer Prozesse in Unternehmungen. Wiesbaden: Gabler.

Krystek, U. (2002): Unternehmenskrisen: Vermeidung und Bewältigung. In: Pastors, P. M. (Hrsg.): Risiken des Unternehmens – vorbeugen und meistern. 3. Aufl. Mering: Hampp, S. 87–134.

Krystek, U.; Lentz, M. (2013): Unternehmenskrisen: Beschreibung, Ursachen, Verlauf und Wirkungen überlebenskritischer Prozesse in Unternehmen. In: Thießen, A. (Hrsg.): Handbuch Krisenmanagement. Wiesbaden: Springer VS (SpringerLink), S. 29–51.

Krystek, U.; Moldenhauer, R. (2007): Handbuch Krisen- und Restrukturierungsmanagement. Generelle Konzepte, Spezialprobleme, Praxisberichte. s.l.: Kohlhammer Verlag.

Kurzrock, R. (Hrsg.) (1972): Systemtheorie. Berlin: Colloquium-Verlag (Forschung und Information, Bd. 12).

Kuster, J.; Huber, E.; Lippmann, R.; Schmid, A.; Schneider, E.; Witschi, U.; Wüst, R. (2011): Handbuch Projektmanagement. Dordrecht: Springer.

Lamnek, S. (2005): Qualitative Sozialforschung. Lehrbuch. 4. Aufl. Weinheim: Beltz PVU.

Lengnick-Hall, C. A.; Beck, T. E. (2005): Adaptive Fit Versus Robust Transformation: How Organizations Respond to Environmental Change. In: Journal of Management 31 (5), S. 738–757.

Lengnick-Hall, C. A.; Beck, T. E. (2009): Resilience Capacity and Strategic Agility: Prerequisites for Thriving in a Dynamic Environment. In: Nemeth, C. P.; Hollnagel, E.; Dekker, S. (Hrsg.): Preparation and Restoration. Farnham: Ashgate Publishing Limited (Resilience Engineering Perspectives, 2), S. 39–70.

Lengnick-Hall, C. A.; Beck, T. E.; Lengnick-Hall, M. L. (2011): Developing a capacity for organizational resilience through strategic human resource management. In: Human Resource Management Review 21 (3), S. 243–255.

Leonardi, P. M. (2011): When Flexible Routines Meet Flexible Technologies: Affordance, Constraint, and the Imbrication of Humand and Material Agencies. In: MIS Quarterly 35 (1), S. 147–167.

Lietaer, B.; Ulanowicz, R. E.; Goerner, S. J.; McLaren, N. (2010): Is Our Monetary Strucutre a Systemic Cause for Financial Instability? Evidence and Remedies from Nature. In: Journal of Futures Studies 14 (3), S. 89–108.

Luhmann, N. (1964): Funktionen und Folgen formaler Organisation. Berlin: Duncker & Humblot (Schriftenreihe der Hochschule Speyer, 20).

Luhmann, N. (2008): Einführung in die Systemtheorie. 4. Aufl. Heidelberg: Carl-Auer-Systeme-Verl. (Sozialwissenschaften).

Luthans, F. (2002): The need for and meaning of positive organizational behavior. In: Journal of Organizational Behavior 23 (6), S. 695–706.

Maclean, N. (1992): Young men & fire. Chicago: University of Chicago Press.

Maier, A. (2014a): Brüchiger Burgfrieden. In: manager magazin 44 (2), S. 24.

Maier, A. (2014b): Alles Ich. In: manager magazin 44 (11), S. 30–38.

Maier, A. (2015): Verschlusssache. In: manager magazin 45 (10), S. 18–20.

Malik, F. (1981): Management-Systeme. Bern: Schweizer Volksbank (Die Orientierung, 78).

Malik, F. (1996): Strategie des Managements komplexer Systeme. Ein Beitrag zur Management-Kybernetik evolutionärer Systeme. 5. Aufl. Bern Stuttgart Wien: Paul Haupt.

Mallak, L. (1998): Putting Organizational Resilience to Work. In: Industrial Management 40 (6), S. 8–13.

manager magazin (2015a): Sanktionsspirale. Wirtschaft warnt vor weiteren Milliarden-Einbußen im Russland-Geschäft. manager magazin online. Online verfügbar unter http://www.manager-magazin.de/unternehmen/artikel/wirtschaft-warnt-vor-milliarden-einbussen-im-russland-geschaeft-a-1015726.html, zuletzt aktualisiert am 29.01.2015, zuletzt geprüft am 25.08.2016.

manager magazin (2015b): Rubel- und Wirtschaftskrise. Moskau senkt Konjunkturprognose drastisch – Metro und Otto leiden. manager magazin online. Online verfügbar unter http://www.manager-magazin.de/unternehmen/handel/rubel-krise-setzt-metro-und-otto-zu-a-1016156.html, zuletzt aktualisiert am 01.02.2015, zuletzt geprüft am 25.08.2016.

manager magazin (2015c): Trotz hoher Verluste für Unternehmen. EU verlängert Sanktionen gegen Russland. manager magazin online. Online verfügbar unter http://www.manager-magazin.de/politik/weltwirtschaft/eu-verlaengert-wirtschaftssanktionen-gegen-russland-a-1040150.html, zuletzt aktualisiert am 22.06.2015, zuletzt geprüft am 25.08.2016.

March, J. G.; Olsen, J. P. (1975): The uncertainty of the past: oragnizational learning under ambiguity. In: European Journal of Political Research 3, S. 147–171.

March, J. G.; Olsen, J. P. (1987): Ambiguity and choice in organizations. 2. Aufl. Oslo: Scandinavian University Press.

Martin, M.; Resch, R. (2009): Immunologie. Stuttgart: UTB (UTB basics, 3174).

Masten, A. S.; Coatsworth, J. D. (1998): The Development of Competence in Favorable and Unfavorable Environments. Lessons From Research on Successful Children. In: American Psychologist 53 (2), S. 205–220.

Maturana, H. R. (1988): Kognition. In: Schmidt, S. J. (Hrsg.): Der Diskurs des radikalen Konstruktivismus. 2. Aufl. Frankfurt a. M.: Suhrkamp (Suhrkamp-Taschenbuch Wissenschaft, 636), S. 89–118.

Mayer, H. O. (2009): Interview und schriftliche Befragung. Entwicklung, Durchführung und Auswertung. 5. Aufl. München: Oldenburg.

Mayring, P. (1996): Einführung in die qualitative Sozialforschung. Eine Anleitung zu qualitativem Denken. 3. Aufl. Weinheim: Beltz.

Meuser, M.; Nagel, U. (2002): ExpertInneninterviews – vielfach erprobt, wenig bedacht. Ein Beitrag zur qualitativen Methodendiskussion. In: Bogner, A.; Littig, B.; Menz, W. (Hrsgg.): Das Experteninterview. Theorie, Methode, Anwendung. Wiesbaden: VS Verlag für Sozialwissenschaften, S. 71–93.

Mir, R.; Watson, A. (2000): Strategic Management and the Philosophy of Science: The Case for a Constructivist Methodology. In: Strategic Management Journal 21, S. 941–953.

Mittelstaedt, H. (Hrsg.) (1961): Regelungsvorgänge in lebenden Wesen. Nachrichtenverarbeitung, Steuerung und Regelung in Organismen. München: R. Oldenbourg Verlag.

Mittelstraß, J. (1987): Die Stunde der Interdisziplinarität? In: Kocka, J. (Hrsg.): Interdisziplinarität. Praxis, Herausforderung, Ideologie. Frankfurt a. M.: Suhrkamp (Suhrkamp-Taschenbuch Wissenschaft, 671), S. 152–158.

Müller, R. (1986): Krisenmanagement in der Unternehmung. Vorgehen, Maßnahmen und Organisation. 2. Aufl. Frankfurt a. M.: Lang (Kölner Schriften zur Betriebswirtschaft und Organisation, 5).

Müller-Seitz, G. (2014): Von Risiko zu Resilienz – Zum Umgang mit Unerwartetem aus Organisationsperspektive. In: Kaiser, S.; Kozica, A.; Lipowsky, U. (Hrsg.): Zukunftsfähige Unternehmensführung zwischen Stabilität und Wandel. Düsseldorf: Handelsblatt Fachmedien GmbH (Schmalenbachs Zeitschrift für betriebswirtschaftliche Forschung, Sonderheft 68/14), S. 102–122.

Murphy, K.; Travers, P.; Walport, M. (2009): Janeway Immunologie. 7. Aufl. Heidelberg: Spektrum, Akademischer Verlag.

Nelson, D. R.; Adger, W. N.; Brown, K. (2007): Adaptation to Environmental Change: Contributions of a Resilience Framework. In: Annual Review of Environment and Resources 32 (1), S. 395–419.

Nemeth, C. P.; Hollnagel, E.; Dekker, S. (Hrsg.) (2009): Preparation and Restoration. Farnham: Ashgate Publishing Limited (Resilience Engineering Perspectives, 2).

Norris, F. H.; Stevens, S. P.; Pfefferbaum, B.; Wyche, K. F.; Pfefferbaum, R. L. (2008): Community Resilience as a Metaphor, Theory, Set of Capacities, and Strategy for Disaster Readiness. In: American Journal of Community Psychology 41 (1-2), S. 127–150.

Parmigiani, A.; Howard-Grenville, J. A. (2011): Routines Revisited: Exploring the Capabilities and Practice Perspectives. In: The Academy of Management Annals 5 (1), S. 413–453.

Pastors, P. M. (Hrsg.) (2002): Risiken des Unternehmens – vorbeugen und meistern. 3. Aufl. Mering: Hampp.

Patalong, F. (2016): Fehlende Fahrdienstleiter. Was wurde aus dem Bahn-Chaos in Mainz? Spiegel Online. Online verfügbar unter http://www.spiegel.de/wirtschaft/unternehmen/deutsche-bahn-was-wurde-aus-dem-fahrdienstleitermangel-in-mainz-a-1066945.html, zuletzt aktualisiert am 19.06.2016, zuletzt geprüft am 30.08.2016.

Pawlowsky, P.; Geppert, M. (2005): Organisationales Lernen. In: Weik, E.; Lang, R. (Hrsg.): Moderne Organisationstheorien 1. Handlungsorientierte Ansätze. 2. Aufl. Wiesbaden: Gabler Verlag, S. 259–293.

Pearson, C. M.; Clair, J. A. (1998): Reframing Crisis Management. In: Academy of Management Review 23 (1), S. 59–76.

Peirce, C. S. (1973): Lectures on pragmatism. Englisch – deutsch = Vorlesungen über Pragmatismus. Hamburg: Meiner (Philosophische Bibliothek, 281).

Penrose, J. M. (2000): The Role of Perception in Crisis Planning. In: Public Relations Review 26 (2), S. 155–171.

Pentland, B. T.; Feldman, M. S. (2005): Organizational routines as a unit of analysis. In: Industrial and Corporate Change 14 (5), S. 793–815.

Popper, K. R. (1974): Intellectual Autobiography. In: Schilpp, P. A. (Hrsg.): The philosophy of Karl Popper. La Salle, Ill.: Open Court (The library of living philosophers, 14, 1 – 2), S. 3–181.

Popper, K. R. (1974b): Objective knowledge. An evolutionary approach. Oxford: Clarendon Press.

Popper, K. R. (2009): Vermutungen und Widerlegungen. Das Wachstum der wissenschaftlichen Erkenntnis. 2. Aufl. Tübingen: Mohr Siebeck (Gesammelte Werke).

Power, M. (2009): The risk management of nothing. In: Accounting, Organizations and Society 34 (6-7), S. 849–855.

Probst, G. J. B. (1981): Kybernetische Gesetzeshypothesen als Basis für Gestaltungs- und Lenkungsregeln im Management. Eine Methodologie zur Betrachtung von Management-Situationen aus kybernetischer Sicht. Bern: Paul Haupt.

Probst, G. J. B. (1987): Selbst-Organisation. Ordnungsprozesse in sozialen Systemen aus ganzheitlicher Sicht. Berlin: P. Parey (Biologie und Evolution interdisziplinär).

Probst, G. J. B.; Büchel, B. S. T. (1994): Organisationales Lernen. Wettbewerbsvorteil der Zukunft. Wiesbaden: Gabler Verlag.

Probst, G. J. B.; Raub, S.; Romhardt, K. (2012): Wissen managen. Wie Unternehmen ihre wertvollste Ressource optimal nutzen. 7. Aufl. Wiesbaden: Springer Gabler.

Probst, G. J. B.; Romhardt, K. (1997): Bausteine des Wissensmanagements – ein praxisorientierter Ansatz. In: Wieselhuber und Partner (Hrsg.): Handbuch Lernende Organisation. Unternehmens- und Mitarbeiterpotentiale erfolgreich erschließen. Wiesbaden: Gabler, S. 129–143.

Reich, J. W. (2006): Three psychological principles of resilience in natural disasters. In: Disaster Prevention and Management 15 (5), S. 793–798.

Reichertz, J. (2000): Abduktion, Deduktion und Induktion in der qualitativen Forschung. In: Flick, U.; Kardorff, E. von; Steinke, I. (Hrsg.): Qualitative Forschung. Ein Handbuch. 5. Aufl. Reinbek: Rowohlt Taschenbuch Verlag (Rororo Rowohlts Enzyklopädie, 55628), S. 276–286.

Reichertz, J. (2013): Die Abduktion in der qualitativen Sozialforschung. Über die Entdeckung des Neuen. 2. Aufl. Dordrecht: Springer (Qualitative Sozialforschung, 13).

Reinmoeller, P.; van Baardwijk, N. (2005): The Link Between Diversity and Resilience. In: MIT Sloan Management Review 46 (4), S. 60–65.

Reiss, M.; Reiss, G. (2009): Praxisbuch IT-Dokumentation. Betriebshandbuch, Systemdokumentation und Notfallhandbuch im Griff. München: Addison-Wesley.

Rerup, C.; Feldman, M. S. (2011): Routines as a Source of Change in Organizational Schemata: The Role of Trial-and-Error Learning. In: Academy of Management Journal 54 (3), S. 577–610.

Resilience Alliance (2015a): Resilience Alliance. Online verfügbar unter http://www.resalliance.org/, zuletzt geprüft am 04.09.2016.

Resilience Alliance (2015b): Resilience Alliance. Resilience. Online verfügbar unter http://www.resalliance.org/resilience, zuletzt geprüft am 04.09.2016.

Rink, L.; Kruse, A.; Haase, H. (2015): Immunologie für Einsteiger. 2. Aufl. Berlin: Springer Spektrum.

Robinson, J. (2011): Operational Risk Management: a Primer. In: Hiles, A. (Hrsg.): The definitive handbook of business continuity management. 3. Aufl. Hoboken, N.J: Wiley, S. 66–73.

Rochlin, G. I. (1989): Informal organizational networking as a crisis-avoidance strategy: US naval flight operations as a case study. In: Industrial Crisis Quarterly 3, S. 159–176.

Schaller, P. D. (2016): Experimentelle Organisationsentwicklung. Wandlungsfähige, lernende Organisationen nach dem Vorbild wissenschaftlicher Empirie. Baden-Baden: Nomos.

Schein, E. H. (2010): Organizational culture and leadership. 4. Aufl. San Francisco, Calif.: Jossey-Bass (The Jossey-Bass business & management series).

Schilpp, P. A. (Hrsg.) (1974): The philosophy of Karl Popper. La Salle, Ill.: Open Court (The library of living philosophers, 14, 1 – 2).

Schmidt, S. J. (1988): Der Radikale Konstruktivismus: Ein neues Paradigma im interdisziplinären Diskurs. In: Schmidt, S. J. (Hrsg.): Der Diskurs des radikalen Konstruktivismus. 2. Aufl. Frankfurt a. M.: Suhrkamp (Suhrkamp-Taschenbuch Wissenschaft, 636), S. 11–88.

Schmidt, S. J. (Hrsg.) (1988): Der Diskurs des radikalen Konstruktivismus. 2. Aufl. Frankfurt a. M.: Suhrkamp (Suhrkamp-Taschenbuch Wissenschaft, 636).

Schreyögg, G. (2004): Krisenmanagement: Theoretische Grundlagen und praktische Maßnahmen. In: Heintzen, M.; Kruschwitz, L. (Hrsg.): Unternehmen in der Krise. Ringvorlesung der Fachbereiche Rechts- und Wirtschaftswissenschaft der Freien Universität Berlin im Sommersemester 2003. Berlin: Duncker & Humblot (Betriebswirtschaftliche Schriften – Bd. 158), S. 13–36.

Schreyögg, G. (2014): Pfadabhängigkeit und Pfadbruch in Unternehmen. In: Kaiser, S.; Kozica, A.; Lipowsky, U. (Hrsg.): Zukunftsfähige Unternehmensführung zwischen Stabilität und Wandel. Düsseldorf: Handelsblatt Fachmedien GmbH (Schmalenbachs Zeitschrift für betriebswirtschaftliche Forschung, Sonderheft 68/14), S. 1–17.

Schreyögg, G.; Geiger, D. (2016): Organisation. Grundlagen moderner Organisationsgestaltung. 6. Aufl. (Lehrbuch).

Schreyögg, G.; Ostermann, S. M. (2013): Krisenwahrnehmung und Krisenbewältigung. In: Thießen, A. (Hrsg.): Handbuch Krisenmanagement. Wiesbaden: Springer VS (SpringerLink), S. 117–138.

Schulze, P. C. (Hrsg.) (1996): Engineering within ecological constraints. Washington, D.C.: National Academy Press, zuletzt geprüft am 20.02.2016.

Schütt, C.; Bröker, B. (2011): Grundwissen Immunologie. s.l.: Spektrum Akademischer Verlag.

Schwenn, K. (2013): Spar-Fahrplan der Bahn. Alle reden vom Wetter. Frankfurter Allgemeine Zeitung. Online verfügbar unter http://www.faz.net/aktuell/politik/inland/spar-fahrplan-der-bahn-alle-reden-vom-wetter-12427240.html, zuletzt aktualisiert am 07.08.2013, zuletzt geprüft am 30.08.2016.

Sitkin, S. B.; Sutcliffe, K. M.; Schroeder, R. G. (1994): Distinguishing Control from Learning in Total Quality Management: A Contingency Perspective. In: Academy of Management Review 19 (3), S. 537–564.

Smith, D.; Fischbacher, M. (2009): The Changing Nature of Risk and Risk Management: The Challenge of Borders, Uncertainty and Resilience. In: Risk Management 11 (1), S. 1–12.

Stanton, R. (2005): Beyond disaster recovery: the benefits of business continuity. In: Computer Fraud & Security (7), S. 18–19.

Starr, R.; Newfrock, J.; Delurey, M. (2003): Enterprise Resilience: Managing Risk in the Networked Economy. In: Strategy + Business 30, S. 1–10.

Steinmann, H.; Schreyögg, G. (2005): Management. Grundlagen der Unternehmensführung. 6. Aufl. Wiesbaden: Gabler (Lehrbuch).

Stewart, M.; Reid, G.; Mangham, C. (1997): Fostering Children's Resilience. In: Journal of Pediatric Nursing 12 (1), S. 21–31.

Steyrer, J. (1991): "Unternehmensberatung" – Stand der deutschsprachigen Theorienbildung und empirischen Forschung. In: Hofmann, M. (Hrsg.): Theorie und Praxis der Unternehmensberatung. Bestandsaufnahme und Entwicklungsperspektiven. Heidelberg: Physica-Verlag (Management-Forum), S. 1–44.

Student, D. (2014): Tief im Westen. In: manager magazin 44 (3), S. 56–61.

Student, D. (2015a): Zweistromland. Kernspaltung des Konzerns – ein Werkstattbericht über das derzeit spektakulärste Vorhaben der deutschen Wirtschaft. In: manager magazin 45 (5), S. 40–44.

Student, D. (2015b): Die Ruhr-Tragödie. In: manager magazin 45 (11), S. 48–53.

Sutcliffe, K. M.; Vogus, T. J. (2003): Organizing for Resilience. In: Cameron, K. S.; Dutton, J. E.; Quinn, R. E. (Hrsg.): Positive organizational scholarship. Foundations of a new discipline. San Francisco, Calif.: Berrett-Koehler, S. 94–110.

Sutton, R. I.; Staw, B. M. (Hrsg.) (1999): Research in organizational behavior. An annual series of analytical essays and critical reviews. Greenwich, Conn.: Jai Press (Research in organizational behavior, v. 21).

Sydow, J.; Schreyögg, G.; Koch, J. (2009): Organizational Path Dependence: Opening the Black Box. In: The Academy of Management Review 34 (4), S. 689–709.

The Committee of Sponsoring Organization (2004): Unternehmensweites Risikomanagement – Übergreifendes Rahmenwerk. Online verfügbar unter http://www.coso.org/documents/coso_erm_executivesummary_german.pdf, zuletzt geprüft am 30.08.2016.

Thiesler, E. (2016): Interview. Interviewt von Rippel, J. F. am 07.09.2016 in Mainz (Tonband).

Thießen, A. (2013): Krisenmanagement. In: Thießen, A. (Hrsg.): Handbuch Krisenmanagement. Wiesbaden: Springer VS (SpringerLink), S. 3–18.

Thießen, A. (Hrsg.) (2013): Handbuch Krisenmanagement. Wiesbaden: Springer VS (SpringerLink).

Thommen, J.-P.; Achleitner, A.-K. (2006): Allgemeine Betriebswirtschaftslehre. Umfassende Einführung aus managementorientierter Sicht. 5. Aufl. Wiesbaden: Gabler (Gabler-Lehrbuch).

Töpfer, A. (2013): Die Managementperspektive im Krisenmanagement – Welche Rolle spielt das Management bei der Bewältigung von Krisensituationen? In: Thießen, A. (Hrsg.): Handbuch Krisenmanagement. Wiesbaden: Springer VS (SpringerLink), S. 237–268.

Ulrich, H. (1970): Die Unternehmung als produktives soziales System. 2. Aufl. Bern und Stuttgart: Paul Haupt.

Ulrich, H. (2001a): Die Betriebswirtschaftslehre als anwendungsorientierte Sozialwissenschaft. In: Ulrich, H. (Hrsg.): Gesammelte Schriften, Bd. 5. 5 Bände. Bern: Haupt (5), S. 17–51.

Ulrich, H. (2001b): Praxisbezug und wissenschaftliche Fundierung einer transdiziplinären Managementlehre. In: Ulrich, H. (Hrsg.): Gesammelte Schriften, Bd. 5. 5 Bände. Bern: Haupt (5), S. 459–468.

Ulrich, H. (Hrsg.) (2001): Gesammelte Schriften. Stiftung zur Förderung der Systemorientierten Managementlehre. 5 Bände. Bern: Haupt (5).

Ulrich, H.; Probst, G. J. B. (1995): Anleitung zum ganzheitlichen Denken und Handeln. Ein Brevier für Führungskräfte. 4. Aufl. Bern: Haupt.

Ungericht, B.; Wiesner, M. (2011): Resilienz. Zur Widerstandskraft von Individuen und Organisationen. In: Zeitschrift Führung + Organisation (3), S. 188–194.

Van De Ven, A. H.; Delbecq, A. L.; Koenig, R. (1976): Determinants of Coordination Modes within Organizations. In: American Sociological Review 41 (2), S. 322–338.

Vidal, M. C. R.; Carvalho, P. V. R.; Santos, M. S.; Santos, I. J. L. dos (2009): Collective work and resilience of complex systems. In: Journal of Loss Prevention in the Process Industries 22 (4), S. 516–527.

Viernow, J. (2016): Interview. Interviewt von Rippel, J. F. am 16.09.2016 in Ingelheim am Rhein (Tonband).

Vollmer, G. (2010): Interdisziplinarität – unerlässlich, aber leider unmöglich? In: Jungert, M.; Romfeld, E.; Sukopp, T.; Voigt, U. (Hrsg.): Interdisziplinarität. Theorie, Praxis, Probleme. Darmstadt: WBG – Wissenschaftliche Buchgesellschaft, S. 47–75.

Voßkamp, W. (1987): Interdisziplinarität in den Geisteswissenschaften (am Beispiel einer Forschungsgruppe zur Funktionsgeschichte der Utopie). In: Kocka, J. (Hrsg.): Interdisziplinarität. Praxis, Herausforderung, Ideologie. Frankfurt a. M.: Suhrkamp (Suhrkamp-Taschenbuch Wissenschaft, 671), S. 92–105.

Wall, T. D.; Cordery, J. L.; Clegg, C. W. (2002): Empowerment, Performance, and Operational Uncertainty: A Theoretical Integration. In: Applied Psychology: An International Review 51 (1), S. 146–169.

Webster, J. R.; Waide, J. B.; Patten, B. C. (1975): Nutrient Recycling and the Stability of Ecosystems. In: Howell, F. G.; Gentry, J. B.; Smith, M. H. (Hrsg.): Mineral Cycling in Southeastern Ecosystems. Springfield, Virgina: National Technical Information Service, U. S. Department of Commerce (CONF-740513), S. 1–27.

Weick, K. E. (1976): Educational Organizations as Loosely Coupled Systems. In: Administrative Science Quarterly 21 (1), S. 1–19.

Weick, K. E. (1993): The Collapse of Sensemaking in Organizations: The Mann Gulch Disaster. In: Administrative Science Quarterly 38 (4), S. 628–652.

Weick, K. E.; Sutcliffe, K. M. (2010): Das Unerwartete managen. Wie Unternehmen aus Extremsituationen lernen. 2. Aufl. Stuttgart: Schäffer-Poeschel.

Weick, K. E.; Sutcliffe, K. M.; Obstfeld, D. (1999): Organizing for High Reliability: Processes of Collective Mindfulness. In: Sutton, R. I.; Staw, B. M. (Hrsg.): Research in organizational behavior. An annual series of analytical essays and critical reviews. Greenwich, Conn.: Jai Press (Research in organizational behavior, Volume 21), S. 81–123.

Weik, E.; Lang, R. (Hrsg.) (2005): Moderne Organisationstheorien 1. Handlungsorientierte Ansätze. 2. Aufl. Wiesbaden: Gabler Verlag.

Welsch, A. (2016): Interview. Interviewt von Rippel, J. F. am 20.09.2016 in Frankfurt a. M. (Tonband).

Werner, E. E. (1995): Resilience in Development. In: Current Directions in Psychological Science 4 (3), S. 81–85.

Werner, E. E.; Smith, R. S. (1977): Kauai's children come of age. Honolulu: University Press of Hawaii.

Werr, A.; Styhre, A. (2002/2003): Management Consultants – Friend or Foe?: Understanding the Ambiguous Client-Consultant Relationship. In: International Studies of Management & Organization 32 (4), S. 43–66.

Wiener, N. (1958): Mensch und Menschmaschine. Frankfurt a. M., Berlin: Alfred Metzner Verlag.

Wiener, N. (1963): Kybernetik. Regelung und Nachrichtenübertragung in Lebewesen und Maschine. Düsseldorf, Wien: Econ-Verlag.

Wieselhuber und Partner (Hrsg.) (1997): Handbuch Lernende Organisation. Unternehmens- und Mitarbeiterpotentiale erfolgreich erschließen. Wieselhuber und Partner. Wiesbaden: Gabler.

Wildavsky, A. B. (1988): Searching for safety. New Brunswick, USA: Transaction Books (Studies in social philosophy & policy, Number 10).

Winter, W. (1999): Theorie des Beobachters. Skizzen zur Architektonik eines Metatheoriesystems. Frankfurt a. M.: Verlag Neue Wissenschaft.

Wüthrich, H. A. (2002): Moskito statt Synchronschwimmer. Plädoyer für das Überdenken stereotyper Automatismen im Management. In: io new management (11), S. 18–21.

Wüthrich, H. A. (2009): Reinvent Strategy – die intelligente Planung des Unplanbaren. In: io new management (12), S. 40–43.

Wüthrich, H. A. (2011): zutrauen | loslassen | experimentieren. Eine neue Führungshaltung ist gefragt. In: Zeitschrift Führung + Organisation 80 (4), S. 212–219.

Wüthrich, H. A. (2016): Resilienzzentrierte Führung. In: Hermann, K.; Geramanis, O. (Hrsg.): Führen in ungewissen Zeiten. Impulse, Konzepte und Praxisbeispiele. Wiesbaden: Springer Gabler, S. 17–31.

Wüthrich, H. A.; Osmetz, D.; Kaduk, S. (2007): Leadership schafft Wettbewerbsvorteile 2. Ordnung. In: Zeitschrift Führung + Organisation 76 (6), S. 312–319.

Wüthrich, H. A.; Osmetz, D.; Kaduk, S. (2009): Musterbrecher. Führung neu leben. Wiesbaden: Springer Fachmedien (uniscope. Die SGO-Stiftung für praxisnahe Managementforschung).

Yi, S.; Knudsen, T.; Becker, M. C. (2016): Inertia in Routines: A Hidden Source of Organizational Variation. In: Organization Science 27 (3), S. 782–800.

SCHRIFTEN DES INSTITUTS FÜR ENTWICKLUNG ZUKUNFTSFÄHIGER ORGANISATIONEN

Herausgegeben von Prof. Sonja A. Sackmann, Ph. D., Prof. Dr. Stephan Kaiser, Prof. Dr. Hans A. Wüthrich und Prof. Dr. Axel Schaffer, Universität der Bundeswehr München

Band 4
Martin Rost
Kompetenzmanagement und Dynamic Capabilities – Eine empirische Fallstudie bei einem Unternehmen aus der Automobilzulieferindustrie
Lohmar – Köln 2014 ♦ 344 S. ♦ € 63,- (D) ♦ ISBN 978-3-8441-0381-6

Band 5
Sabrina Niederle
Die Bedeutung der Entrepreneurship Education für die Employability – Eine empirische Analyse am Beispiel des unternehmerischen Qualifizierungsprogramms Manage&More der UnternehmerTUM
Lohmar – Köln 2015 ♦ 344 S. ♦ € 63,- (D) ♦ ISBN 978-3-8441-0434-9

Band 6
Franz Röösli
Initialisierung musterbrechender Managementinnovation – Eine interdisziplinäre Betrachtung
Lohmar – Köln 2015 ♦ 336 S. ♦ € 63,- (D) ♦ ISBN 978-3-8441-0435-6

Band 7
Edigna Kessel
Die gesellschaftliche Konstruktion von Gleichförmigkeit – Der Primat der Wirtschaft als dominante kognitive Institution
Lohmar – Köln 2016 ♦ 276 S. ♦ € 64,- (D) ♦ ISBN 978-3-8441-0477-6

Band 8
J. Felix Rippel
Biologische und organisationale Resilienz – Das menschliche Immunsystem als Inspirationsquelle resilienter Verhaltensmuster
Lohmar – Köln 2017 ♦ 240 S. ♦ € 60,- (D) ♦ ISBN 978-3-8441-0518-6

JOSEF EUL VERLAG